机械工业出版社高职高专土建类"十二五"规划教材

建 筑 结 构

（上册）
第 2 版

主　编　刘凤翰

副主编　彭　国　李小敏

参　编（以姓氏笔画为序）

邢海霞　刘丽巧　刘保忠

祁顺彬　金　萃　魏俊亚

主　审　郭继武

机 械 工 业 出 版 社

本书按照高职高专建筑工程技术专业培养目标的要求，结合现行《混凝土结构设计规范》（GB 50010—2010）、《砌体结构设计规范》（GB 50003—2011）、《钢结构设计规范》（GB 50017—2011）及《建筑抗震设计规范》（GB 50011—2010）等编写。

全书分上、下两册，分别介绍了建筑结构设计原则、钢筋混凝土结构、砌体结构、钢结构、建筑结构抗震、平法识图等内容。

本书编写时，注重实用原则，对传统的建筑结构教材内容作了必要的调整，如删去了钢筋混凝土排架结构厂房、钢筋混凝土预制楼盖等内容，增加了使用非常广泛的平法识图等方面的知识。编写中删减了一些繁琐的理论推导，为了提高学生专业知识的拓展能力，保留了必要的理论知识。

本书可作为高职高专院校土建类各专业及其他成人高校相应专业的教材，也可作为相关工程技术人员的参考用书。

图书在版编目（CIP）数据

建筑结构. 上册/刘凤翰主编. —2 版. —北京：机械工业出版社，2013.9（2019.8 重印）

机械工业出版社高职高专土建类"十二五"规划教材

ISBN 978-7-111-43684-3

Ⅰ. ①建… Ⅱ. ①刘… Ⅲ. ①建筑结构—高等职业教育—教材 Ⅳ. ①TU3

中国版本图书馆 CIP 数据核字（2013）第 187768 号

机械工业出版社（北京市百万庄大街 22 号 邮政编码 100037）

策划编辑：张荣荣 责任编辑：张荣荣 责任校对：张 征
封面设计：张 静 责任印制：张 博

北京铭成印刷有限公司印刷

2019 年 8 月第 2 版第 4 次印刷

184mm×260mm · 16.25 印张 · 402 千字

标准书号：ISBN 978-7-111-43684-3

定价：45.00 元

第 2 版序

近年来，随着国家经济建设的迅速发展，建设工程的发展规模不断扩大，建设速度不断加快，对建筑类具备高等职业技能的人才需求也随之不断加大。2008 年，我们通过深入调查，组织了全国三十余所高职高专院校的一批优秀教师，编写出版了本套教材。

本套教材以《高等职业教育土建类专业教育标准和培养方案》为纲，编写中注重培养学生的实践能力，基础理论贯彻"实用为主、必需和够用为度"的原则，基本知识采用广而不深、点到为止的编写方法，基本技能贯穿教学的始终。在教材的编写过程中，力求文字叙述简明扼要、通俗易懂。本套教材结合了专业建设、课程建设和教学改革成果，在广泛的调查和研讨的基础上进行规划和编写，在编写中紧密结合职业要求，力争能满足高职高专教学需要并推动高职高专土建类专业的教材建设。

本套教材出版后，经过四年的教学实践和行业的迅速发展，吸收了广大师生、读者的反馈意见，并按照国家最新颁布的标准、规范进行了修订。第 2 版教材强调理论与实践的紧密结合，突出职业特色，实用性、实操性强，重点突出，通俗易懂，配备了教学课件，适用于高职高专院校、成人高校及二级职业技术院校、继续教育学院和民办高校的土建类专业使用，也可作为相关从业人员的培训教材。

由于时间仓促，也限于我们的水平，书中疏漏甚至错误之处在所难免，殷切希望能得到专家和广大读者的指正，以便修改和完善。

本教材编审委员会

第 2 版前言

教育部要求高等职业教育必须增强学生职业能力的培养，本书按照高职高专建筑工程技术专业职业能力培养目标的需求，结合新规范编写。全书分上、下两册，分别介绍了建筑结构设计原则、钢筋混凝土结构、砌体结构、钢结构、建筑结构抗震、平法识图等内容。

本书为上册，包括绪论，建筑结构设计的基本原则，钢筋混凝土材料的主要力学性能，钢筋混凝土受弯构件承载力计算，钢筋混凝土受压构件，钢筋混凝土受拉构件，钢筋混凝土受扭构件，钢筋混凝土构件的变形与裂缝，预应力混凝土结构，钢筋混凝土楼盖、楼梯、雨篷，多层与高层钢筋混凝土结构房屋，建筑结构抗震，平法识图等内容。

本书编写时，注重实用原则，对传统的建筑结构教材内容作了必要的调整，如删去了钢筋混凝土排架结构厂房、钢筋混凝土预制楼盖等内容，删减了一些繁琐的理论推导。为便于学习，每章均包含有提要、学习重点、小结、例题、思考题、习题等内容。

本书由刘凤翰担任主编，李小敏、彭国担任副主编。本书绪论、第 1 章由南京交通职业技术学院刘凤翰编写；第 2 章由山西综合职业技术学院刘保忠编写；第 4 章、第 7 章由浙江工业职业技术学院李小敏编写；第 3 章由南京交通职业技术学院彭国编写；第 5 章由石家庄职业技术学院刘丽巧编写；第 6 章由山西工程职业技术学院邢海霞编写；第 8 章由南京交通职业技术学院祁顺彬编写；第 9 章由刘凤翰、彭国编写；第 10 章由天津城市建设学院魏俊亚编写；第 11 章由天津城市建设学院魏俊亚与山西工程职业技术学院金萃编写，第 12 章由南京交通职业技术学院彭国编写。全书由刘凤翰进行统稿，并按主审意见进行了修改和定稿。

郭继武担任本书主审，并提出了许多宝贵意见。

在本书编写过程中，我们参阅了一些公开出版和发表的文献，并得到了编者所在单位及机械工业出版社的大力支持，谨此一并致谢。

由于编者水平和经验有限，编写时间仓促，书中定有诸多不妥之处，敬请广大读者和同行专家批评指正。

编　者

目　　录

VI

绪　　论

0.1　建筑结构的概念

　　一只恐龙，其巨大的身体得以支撑和奔跑觅食，是缘于其巨大而精致的骨骼（图 0-1），像许多动物一样，骨骼系统承受了动物自身的重量，并承受捕食或运动中产生的各种力。

　　一个雕塑，我们将其外表打开，就会发现里面有一个骨架体系（图 0-2），这个骨架体系支承着整个雕塑，承受着雕塑的自重，雨、雪、风荷载，甚至地震作用。

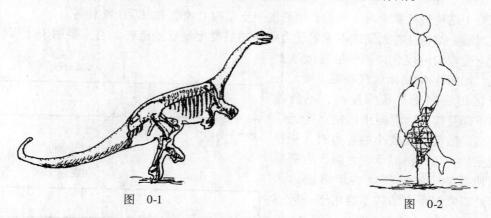

图　0-1　　　　　　　　　　　　　　　　　　图　0-2

　　一幢建筑，它也像上面所说的动物或雕塑的情况一样，存在这样一个骨架（图 0-3），该骨架能够承受和传递各种荷载和其他作用，我们称之为建筑结构。

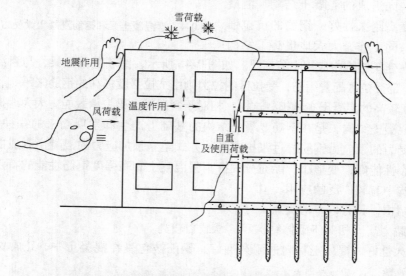

图 0-3　建筑结构所承受的荷载及作用示意图

各种荷载，包括结构自重、人群及家具设备的使用荷载，以及风荷载、雪荷载、屋面积灰荷载等。其他作用中，包括温度变化、地基不均匀沉降及地震作用等。

《建筑结构》这门课程主要是从结构承载能力和满足正常使用的角度去研究和分析建筑物，研究建筑物的结构构造原理、结构设计原理。

0.2 建筑结构的分类

0.2.1 按所用材料分类

按照承重结构所用的材料不同，建筑结构可分为混凝土结构、砌体结构、钢结构、木结构等。

1. 混凝土结构

混凝土结构包括素混凝土结构、钢筋混凝土结构、预应力混凝土结构等。

素混凝土结构是指无筋或不配置受力钢筋的混凝土制成的结构。它主要用于受压构件。素混凝土受弯构件仅允许用于卧置地基上的情况。如图 0-4a 所示，素混凝土梁，上部受压区因混凝土抗压强度高，不易破坏，但下部受拉区因混凝土抗拉强度远低于抗压强度数值，故较小的外力时，受拉区混凝土就会达到极限承载力而产生裂缝破坏，使得整个素混凝梁的承载能力很低。因此，素混凝土结构不能用于一般建筑物中。

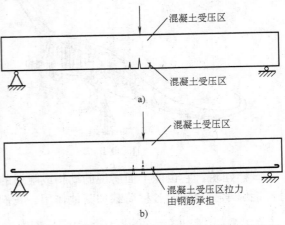

图 0-4　素混凝土梁和钢筋混凝土梁受力破坏示意图

钢筋混凝土结构，是利用混凝土材料与钢筋材料共同组成的混凝土结构。混凝土的抗压强度高耐久性好，钢筋的抗拉强度高，两者共同工作，大大地提高了结构的性能，故在建筑结构中应用十分广泛。如图 0-4b 所示，钢筋混凝土梁，与素混凝土梁不同的是，在梁下部受拉区配置钢筋，受拉区的拉力则由抗拉强度极高的钢筋来承担，上部受压区仍由抗压强度较高的混凝土来承担，这样，相对于素混凝土梁，承载能力大大地提高了。

预应力混凝土结构，是在钢筋混凝土结构的基础上产生和发展而来的一种新工艺结构，它是由配置受力的预应力钢筋通过张拉或其他方式建立预加应力的混凝土制成的结构。这种结构具有抗裂性能好，变形小，能充分发挥高强混凝土和高强度钢筋性能的特点，在一些较大跨度的结构中有较广泛的应用。

混凝土结构，具有以下的优点：

（1）承载力高。相对于砌体结构等，承载力较高。

（2）耐久性好。混凝土材料的耐久性好，钢筋被包裹在混凝土中，正常情况下，它可保持长期不被锈蚀。

（3）可模性好。可根据工程需要，浇筑成各种形状的结构或结构构件。

（4）耐火性好。混凝土材料耐火性能是比较好的，而钢筋在混凝土保护层的保护下，在发生火灾后的一定时间内，不致很快达到软化温度而导致结构破坏。

（5）可就地取材。混凝土结构用量最多是砂石材料，可就地取材。

（6）抗震性能好。钢筋混凝土结构因为整体性好，具有一定的延性，故其抗震性能也较好。

混凝土结构除具有上述优点外，也还存在着一些缺点，如自重大、抗裂能力差、现浇时耗费模板多、工期长等。

2. 砌体结构

砌体结构是指用块材通过砂浆砌筑而成的结构，块材包括普通粘土砖、承重粘土空心砖、硅酸盐砖、混凝土中小型砌块、粉煤灰中小型砌块或料石和毛石等。

砌体结构有就地取材、造价低廉、耐火性能好以及施工方法简易等优点，在多层建筑中广为应用。

砌体结构除具有上述一些优点外，还存在着自重大、强度低、抗震性能差等缺点。

3. 钢结构

钢结构是由钢材制成的结构。它具有强度高、自重轻、材质均匀，以及制作简单、运输方便等优点。在现代建筑中得到了较为广泛的应用，特别是应用于大跨度结构的屋盖、工业厂房、高层建筑、高耸结构等。如大跨度的体育场馆的屋盖，几乎都是钢结构的，如北京的奥运场馆"水立方"、"鸟巢"以及其他的场馆。现代的高层建筑中使用钢结构也非常普遍，如中国中央电视台的新台址、上海的金茂大厦等。工业厂房中，采用钢结构的比例也很大。

钢结构的主要缺点是，容易锈蚀、维修费用高、耐火性能差等。

4. 木结构

木结构是指采用木材制成的结构。在古代，木结构应用得十分广泛。木结构有价格高、易燃、易腐蚀和结构变形大等缺点，在现代建筑中应用很少，仅在一些仿古建筑或对古建筑的维修中少量应用。

本套《建筑结构》教材的内容，主要是按以上四种结构来分别讲解的。

0.2.2 按承重结构类型分类

1. 砖混结构

砖混结构是指由砌体结构构件和其他材料制成的构件所组成的结构。例如，许多多层住宅、宿舍等建筑，承重墙体采用砖砌体，水平承重构件，如梁和楼板等采用钢筋混凝土结构构件，故都属于砖混结构。

砖混结构具有就地取材、施工方便、造价低等优点，也有整体性相对弱、抗震性能低等缺点，多用于层数较少、房间尺寸相对较小的住宅、旅馆、办公楼等建筑中。

2. 框架结构

框架结构是由纵梁、横梁和柱组成的结构。框架结构整体性好，抗震性能较好，因墙体为非承重墙，后砌筑，故房间分隔布置灵活。框架结构在需要较大空间的商场、工业生产车间、礼堂、食堂等建筑广泛应用，也常用于住宅、办公楼、医院、学校等建筑。

3. 框架-剪力墙结构

随着建筑物高度的增加，由风荷载及地震作用产生的内力和侧移将越来越大，为了使结构具有足够的抗剪能力和侧向刚度，在框架结构的适当位置，设置一定数量的钢筋混凝土墙，即剪力墙，剪力墙可大大提高结构的侧向刚度，并承担大部分的剪力。这种由框架和剪力墙构成的结构称为框架-剪力墙结构。

4. 剪力墙结构

建筑物的纵横墙均用钢筋混凝土建造，形成剪力墙结构。这种结构侧向刚度将大大提高，所以剪力墙结构适用于更高的高层建筑，特别是墙体较多的高层住宅或宾馆，采用剪力墙结构就更为广泛。

5. 筒体结构

筒体结构，可以认为是剪力墙结构的一种特例，钢筋混凝土剪力墙围成了筒状，使得建筑物的整体刚度更强。有时，筒体的内部还有一层钢筋混凝土墙筒体，称之为筒中筒结构。筒体结构适用于更高的高层建筑。

6. 大跨度结构

一些大型场馆，如体育馆、车站候车大厅等建筑，需要大跨度大空间，为了减轻屋盖的自重，常采用网架结构、悬索结构、薄壳结构等。

0.3　建筑结构课程的学习方法

《建筑结构》是建筑工程技术专业的一门重要的专业课程，学好这门课对学习其他课程以及以后的工作具有重要意义。这门课程既有较强的理论性，又有较强的实践性，学习时要注意把握好以下学习方法：

1. 在理解的基础上学习

本课程主要讲解设计原理与构造原理，学习中要侧重理解，在理解的基础上，才能较好地掌握与记住一些基本知识，才能真正提高解决实际问题的能力。

2. 善于抓住重点

对于设计原理，应重点掌握基本构件的计算方法，如混凝土结构，重点学好受弯构件的计算，为学好钢筋混凝土梁、板、楼梯、雨篷、基础的计算打好基础。一些构造原理，侧重于记忆与掌握一些基本构造要求，更多的构造要求方面的知识，做到有所了解，需用时，会去查找。

3. 注重理论联系实践

一方面，一些计算或设计，要多动手练习。另一方面，有目的地去施工现场参观，增加感性认识，对学好本门课程具重要作用。

4. 注重与其他课程的联系

本课程与其他专业课程有着十分紧密的联系，学习中应予以重视。在本课程学习与其他专业课程学习中，多结合思考。

5. 多参阅相关的资料

多参阅相关图集、规范。《建筑结构》教材的编写一个重要依据就是国家现行规范，一些主要结构构造原理，也会集中体现在一些常用图集中，图集与规范也是以后工作中使用的重要工具。学习中多参阅这方面的资料，对学好本门课程以及为以后工作打下基础都具有重要意义。

思考题与习题

1. 什么是建筑结构？
2. 建筑结构按所用材料可分哪些类？各有哪些特点？
3. 建筑结构按承重结构类型可分哪些类？各有哪些特点？

第1章　建筑结构设计的基本原则

本 章 提 要

本章介绍建筑结构概率极限状态设计法的基本知识。

本 章 要 点

1. 掌握极限状态的相关基本概念
2. 掌握荷载的分类、荷载代表值的概念及其确定方法
3. 掌握概率极限状态设计法的方法要点

1.1　结构设计的基本要求

1.1.1　结构的功能要求

任何结构在规定的时间内，在正常情况下均应满足预定功能的要求，这些要求是：

1. 安全性

建筑结构在正常施工和使用条件下，应能承受可能出现的各种荷载或其他作用。在一些偶然事件，如地震发生时，虽有局部损坏，但应能保持整体稳定，不倒塌。

2. 适用性

建筑结构除了保证安全性外，还应保证正常使用的功能不受影响，如结构不应产生过大的变形、裂缝或振动等。

3. 耐久性

建筑结构在正常使用、维护的情况下应具有足够的耐久性。如钢筋混凝土结构的钢筋保护层过小，造成钢筋锈蚀，或混凝土材料的耐久性差，造成混凝土冻融破坏等，从而影响了建筑物的使用年限。

1.1.2　结构功能的极限状态

结构或结构的一部分在承载能力、变形、裂缝、稳定等方面超过某一特定状态，以致不能满足设计规定的某一功能要求时，这一特定状态就称为结构在该功能方面的极限状态。

结构功能的极限状态可分为承载能力极限状态和正常使用极限状态两类。

1. 承载能力极限状态

承载能力极限状态对应于结构或结构构件达到了最大承载能力，或产生了不适于继续承载的过大变形。当结构或结构构件出现了下列状态之一时，即认为超过了承载能力极限状态：

（1）整个结构或结构的一部分作为刚体失去平衡。

（2）结构构件或其连接因超过材料强度而破坏。

（3）结构转变为机动体系。

（4）结构或构件丧失稳定。

超过承载能力极限状态，结构的安全性就得不到保证，所以要严格控制出现承载能力极限状态的概率。

2. 正常使用极限状态

正常使用极限状态是对应于结构或结构构件达到正常使用或耐久性能的某项规定限值。当结构或构件出现了下列状态之一时，即认为结构或结构构件超过了正常使用极限状态：

（1）影响正常使用（包括影响美观）的变形。

（2）影响正常使用或耐久性能的局部损坏。

（3）影响正常使用的振动。

（4）影响正常使用的其他特定状态。

控制出现正常使用极限状态的概率，就是为了保证结构或构件的适用性与耐久性。

1.2 结构上的荷载与荷载效应

建筑结构承受和传递各种荷载和其他作用，本节主要讨论各种与荷载相关的概念。

1.2.1 荷载的分类

结构上的荷载，通常按随时间的变异分类，可分为：

（1）永久荷载。在结构使用期间，数值不随时间变化或变化值相对于平均值可以忽略不计的荷载。结构自重、土压力等均为永久荷载。永久荷载也称恒载。

（2）可变荷载。在结构使用期间，数值随时间变化，且变化值相对于平均值不可忽略的荷载。楼面活荷载、风荷载、雪荷载、吊车荷载等均为可变荷载。可变荷载也称活荷载或活载。

（3）偶然荷载。在结构使用期间内出现的机率较小，但其一旦出现，其量值很大、持续时间很短，如地震力、爆炸力等。

1.2.2 荷载的代表值

在结构设计时，应根据不同的设计要求采用不同的荷载数值，称为代表值。《建筑结构荷载规范》（GB 50009—2012），以下简称《荷载规范》，给出了几种代表值：标准值、组合值、频遇值、准永久值。分别介绍如下：

1. 荷载标准值

荷载的标准值是指荷载正常情况下可能出现的最大值。各种荷载标准值是建筑结构设计时采用的基本代表值。

（1）永久荷载（恒载）标准值。结构自重为永久荷载值，由于离散性不大，可按结构构件的设计尺寸与材料重力密度（单位体积自重）的乘积确定。表1-1例举了几种常用材料的自重。

表 1-1　几种常用材料的自重

名　　称	自重/(kN/m³)	名　　称	自重/(kN/m³)
素混凝土	22～24	石灰砂浆、混合砂浆	17
钢筋混凝土	24～25	普通砖砌体	18～19
水泥砂浆	20		

（2）可变荷载标准值。可变荷载标准值的确定相对较复杂，根据调查、统计和分析，《荷载规范》给出了各种可变荷载的标准值。表 1-2 列出了部分民用建筑楼面活荷载标准值。

表 1-2　民用建筑楼面均布活荷载标准值及其组合值、
频遇值和准永久值系数

项次	类　　别			标准值/(kN/m²)	组合值系数 ψ_c	频遇值系数 ψ_f	准永久值系数 ψ_q
1	（1）住宅、宿舍、旅馆、办公楼、医院病房、托儿所、幼儿园			2.0	0.7	0.5	0.4
	（2）试验室、阅览室、会议室、医院门诊室			2.0	0.7	0.6	0.5
2	教室、食堂、餐厅、一般资料档案室			2.5	0.7	0.6	0.5
3	（1）礼堂、剧场、影院、有固定座位的看台			3.0	0.7	0.5	0.3
	（2）公共洗衣房			3.0	0.7	0.6	0.5
4	（1）商店、展览厅、车站、港口、机场大厅及其旅客等候室			3.5	0.7	0.6	0.5
	（2）无固定座位的看台			3.5	0.7	0.5	0.3
5	（1）健身房、演出舞台			4.0	0.7	0.6	0.5
	（2）运动场、舞厅			4.0	0.7	0.6	0.3
6	（1）书库、档案库、贮藏室			5.0	0.9	0.9	0.8
	（2）密集柜书库			12.0	0.9	0.9	0.8
7	通风机房、电梯机房			7.0	0.9	0.9	0.8
8	汽车通道及客车停车库	（1）单向板楼盖（板跨不小于2m）和双向板楼盖（板跨不小于3m×3m）	客车	4.0	0.7	0.7	0.6
			消防车	35.0	0.7	0.5	0.0
		（2）双向板楼盖（板跨不小于6m×6m）和无梁楼盖（柱网不小于6m×6m）	客车	2.5	0.7	0.7	0.6
			消防车	20.0	0.7	0.5	0.0
9	厨房	（1）餐厅		4.0	0.7	0.7	0.7
		（2）其他		2.0	0.7	0.6	0.5
10	浴室、卫生间、盥洗室			2.5	0.7	0.6	0.5
11	走廊、门厅	（1）宿舍、旅馆、医院病房、托儿所、幼儿园、住宅		2.0	0.7	0.5	0.4
		（2）办公楼、餐厅、医院、门诊部		2.5	0.7	0.6	0.5
		（3）教学楼及其他可能出现人员密集的情况		3.5	0.7	0.5	0.3

（续）

项次		类别	标准值/(kN/m²)	组合值系数 ψ_c	频遇值系数 ψ_f	准永久值系数 ψ_q
12	楼梯	（1）多层住宅	2.0	0.7	0.5	0.4
		（2）其他	3.5	0.7	0.5	0.3
13	阳台	（1）可能出现人员密集的情况	3.5	0.7	0.6	0.5
		（2）其他	2.5	0.7	0.6	0.5

注：1. 本表所给各项活荷载适用于一般使用条件，当使用荷载较大、情况特殊或有专门要求时，应按实际情况采用。
  2. 第6项书库活荷载当书架高度大于2m时，书库活荷载尚应按每米书架高度不小于2.5kN/m²确定。
  3. 第8项中的客车活荷载只适用于停放载人少于9人的客车；消防车活荷载是适用于满载总重为300kN的大型车辆；当不符合本表的要求时，应将车轮的局部荷载按结构效应的等效原则，换算为等效均布荷载。
  4. 第8项消防车活荷载，当双向板楼盖板跨介于3m×3m～6m×6m之间时，应按跨度线性插值确定。
  5. 第12项楼梯活荷载，对预制楼梯踏步平板，尚应按1.5kN集中荷载验算。
  6. 本表各项荷载不包括隔墙自重和二次装修荷载。对固定隔墙的自重应按恒荷载考虑，当隔墙位置可灵活自由布置时，非固定隔墙的自重应取不小于1/3的每延米长墙重(kN/m)作为楼面活荷载的附加值(kN/m²)计入，附加值不小于1.0kN/m²。

2. 可变荷载的组合值

当考虑两种或两种以上可变荷载在结构上同时作用时，由于所有荷载同时达到其单独出现的最大值的可能性极小，因此，除主导荷载（产生荷载效应最大的荷载）仍以其标准值作为代表值外，对其他伴随的可变荷载应取小于其标准值的组合值为其代表值。可变荷载的组合值采用组合值系数 ψ_c 乘以相应的可变荷载的标准值：

$$Q_C = \psi_c Q_k \tag{1-1}$$

3. 可变荷载的频遇值

可变荷载的频遇值是针对结构上偶尔出现的较大荷载，这类荷载相对于设计基准期（50年）具有较短的持续时间或较少的发生次数的特性，从而对结构的破坏性有所减弱，可变荷载的频遇值采用频遇值系数 ψ_f 乘以可变荷载的标准值：

$$Q_t = \psi_f Q_k \tag{1-2}$$

4. 可变荷载的准永久值

在进行结构构件变形和裂缝验算时，要考虑荷载长期作用对构件刚度和裂缝的影响。永久荷载长期作用在结构上，故取荷载标准值。可变荷载不像永久荷载那样，在设计基准期内全部作用在结构上，因此，在考虑荷载长期作用时，可变荷载不能取其标准值，而只能取在设计基准期内经常作用在结构上的那部分荷载。它对结构的影响类似于永久荷载，这部分荷载就称为荷载的准永久值。可变荷载准永久值采用准永久值系数 ψ_q 乘以相应的可变荷载的标准值：

$$Q_q = \psi_q Q_k \tag{1-3}$$

1.2.3 荷载效应

荷载作用在结构上，产生的内力（如弯矩、剪力和轴力等）及变形（如挠度、裂缝等）统称为荷载效应。

若荷载记作 Q，荷载效应记作 S，则 $S = CQ$，C 称为荷载效应系数。

如简支梁跨度为 l，所受均布荷载为 q，则跨中最大弯矩和支座最大剪力分别为 $M_{max} = \frac{1}{8}ql^2$、$V_{max} = \frac{1}{2}ql$，则 M、V 都是荷载效应，它们对应的荷载效应系数分别为 $\frac{1}{8}l^2$、$\frac{1}{2}l$。

1.3 概率极限状态设计法

1.3.1 概率极限状态设计法的概念

结构的极限状态分为承载能力极限状态和正常使用极限状态。在进行结构设计时，应针对不同的极限状态，根据结构的特点和使用要求给出具体的极限状态限值，以作为结构设计的依据。这种以相应于结构各种功能要求的极限状态作为结构设计依据的设计方法，就称为"极限状态设计法"。

荷载产生的荷载效应为 S_d，结构抵抗或承受荷载效应的能力称结构抗力，记作 R_d，则：

$S_d < R_d$，表示结构满足功能要求，处于可靠状态；

$S_d > R_d$，表示结构不满足功能要求，处于失效状态；

$S_d = R_d$，表示结构处于极限状态。

应当指出，由于决定荷载效应 S_d 的荷载，以及决定结构抗力 R_d 的材料强度和构件尺寸都不是定值，而是随机变量，故 S_d 和 R_d 亦为随机变量。因此，在结构设计中，保证结构绝对安全可靠，即 $S_d < R_d$ 是办不到的，而只能做到大多数情况下结构处于 $S_d < R_d$ 的可靠状态。从概率的观点来看，只要结构处于 $S_d > R_d$ 失效状态的失效概率足够小，我们就可以认为结构是可靠的。

概率极限状态设计法，就是通过控制结构达到极限状态的概率，即控制失效概率的设计方法。

1.3.2 极限状态实用设计表达式

1. 按承载能力极限状态实用设计表达式

当结构上同时作用有多种可变荷载时，需要考虑荷载效应组合的问题。荷载效应组合是指对所有可能同时出现的各种荷载进行组合。在不同的荷载组合产生的荷载效应值中，应取对结构构件产生最不利的一组进行计算。荷载效应组合分为基本组合与偶然组合两种情况。

基本组合与偶然组合均采用以下设计表达式设计：

$$\gamma_0 S_d \leq R_d \tag{1-4}$$

式中　γ_0——结构重要性系数，对安全等级为一级、二级、三级的结构构件，应分别取 1.1、1.0、0.9；

　　S_d——荷载效应组合的设计值；

　　R_d——结构构件抗力的设计值。

（1）对于基本组合，荷载效应组合的设计值 S_d 应从以下两列组合中取最不利值确定：

1）由可变荷载效应控制的组合：

$$S_d = \sum_{j=1}^{m} \gamma_{G_j} S_{G_{jk}} + \gamma_{Q_1}\gamma_{L_1} S_{Q_{1k}} + \sum_{i=2}^{n} \gamma_{Q_i}\gamma_{L_i}\psi_{c_i} S_{Q_{ik}} \tag{1-5}$$

式中　γ_G——永久荷载分项系数，一般情况下，对由可变荷载效应控制的组合采用1.2；对由永久荷载效应控制的组合，采用1.35。当永久荷载效应对结构构件承载能力有利时，采用1.0；

γ_{Q1}、γ_{Qi}——第一个、第i个可变荷载分项系数，一般情况下采用1.4，当楼面荷载$\geqslant 4kN/m^2$时，采用1.3；

S_{G_k}——按永久荷载标准值G_k计算的荷载效应值；

$S_{Q_{ik}}$——按可变荷载标准值Q_{ik}计算的荷载效应值，其中S_{Q1k}为诸可变荷载效应中起控制作用者；

ψ_{c_i}——第i个可变荷载Q_i的组合系数；

γ_{L_i}——第i个可变荷载考虑设计使用年限的调整系数，其中γ_{L_1}为主导可变荷载Q_1考虑设计使用年限的调整系数，按下表采用。

结构设计使用年限(年)	5	50	100
γ_L	0.9	1.0	1.1

注：1. 当设计使用年限不为表中数值时，调整系数γ_L可按线性内插确定；

　　2. 对于荷载标准值可控制的活荷载，设计使用年限调整系数γ_L取1.0。

2）由永久荷载效应控制的组合：

$$S_d = \sum_{j=1}^{m} \gamma_{Gj} S_{Gjk} + \sum_{i=1}^{n} \gamma_{Qi} \gamma_{Li} \psi_{c_i} S_{Q_ik} \tag{1-6}$$

（2）对于偶然组合，荷载效应组合的设计值宜按下列规定确定：偶然荷载的代表值不乘分项系数；与偶然荷载同时出现的其他荷载可根据观测资料和工程经验采用适当的代表值。

2. 按正常使用极限状态实用设计表达式

对于正常使用极限状态，应根据不同的设计要求，采用荷载的标准组合、频遇组合或准永久组合，并应按下列设计表达式进行设计：

$$S_d \leqslant C \tag{1-7}$$

式中　C——结构或结构构件达到正常使用要求的规定限值，例如变形、裂缝等的限值，应按各有关建筑结构设计规范的规定采用。

（1）对于标准组合，荷载效应组合的设计值S应按下式采用：

$$S_d = \sum_{j=1}^{m} S_{Gjk} + S_{Q1k} + \sum_{i=2}^{n} \psi_{c_i} S_{Q_ik} \tag{1-8}$$

（2）对于频遇组合，荷载效应组合的设计值S应按下式采用：

$$S_d = \sum_{j=1}^{m} S_{Gjk} + \psi_{f1} S_{Q1k} + \sum_{i=2}^{n} \psi_{qi} S_{Q_ik} \tag{1-9}$$

式中　ψ_{f1}——可变荷载Q_1的频遇值系数；

ψ_{qi}——可变荷载Q_i的准永久值系数。

（3）对于准永久组合，荷载效应组合的设计值S可按下式采用：

$$S_d = \sum_{j=1}^{m} S_{Gjk} + \sum_{i=1}^{n} \psi_{qi} S_{Q_ik} \tag{1-10}$$

【例题】　钢筋混凝土简支梁，计算跨度$l_0 = 9m$，截面尺寸$bh = 250mm \times 550mm$，承受均布荷载标准值：永久荷载$g_k = 16.88kN/m$，可变荷载$q_k = 8.00kN/m$。试求梁的跨中弯矩

M 和支座剪力 V 设计值。

【解】 荷载效应组合设计值应分别按式(1-5)和式(1-6)计算，取其中较大值作为设计依据。

因为是均布荷载，跨中弯矩计算时荷载效应系数 C 均为 $\frac{1}{8}l_0^2$，支座剪力计算时 C 均为 $\frac{1}{2}l$，则只需求出恒载与活载分别乘相应的分项系数相加后(即荷载的设计值)，乘荷载效应系数即可求荷载效应设计值。

荷载设计值 q 在以下两者中取较大值：

$$1.2g_k + 1.4q_k = (1.2 \times 16.88 + 1.4 \times 8)\text{kN/m} = 31.5\text{kN/m}$$

$$1.35g_k + 0.7 \times 1.4q_k = (1.35 \times 16.88 + 0.7 \times 1.4 \times 8)\text{kN/m} = 30.6\text{kN/m}$$

取较大值 $q = 31.5\text{kN/m}$

跨中弯矩 $\quad M = \frac{1}{8}ql_0^2 = \frac{1}{8} \times 31.5 \times 7^2 \text{kN} \cdot \text{m} = 193\text{kN} \cdot \text{m}$

支座剪力 $\quad V = \frac{1}{2}ql_0 = \frac{1}{2} \times 31.5 \times 7\text{kN} = 110.3\text{kN}$

本 章 小 结

1. 建筑结构的功能要求，可概括为安全性、适用性、耐久性。

2. 结构或结构构件在承载能力、变形、裂缝、稳定等方面超过某一特定状态，以致不能满足设计规定的某一功能要求时，我们将这一状态称为结构功能的极限状态。结构功能的极限状态可分为承载能力极限状态和正常使用极限状态两类。

承载能力极限状态对应于结构或结构构件达到了最大承载能力，或产生了不适于继续承载的过大变形；正常使用极限状态对应于结构或结构构件达到正常使用或耐久性能的某项规定限值。

3. 结构上的荷载，按随时间的变异，可分为永久荷载、可变荷载、偶然荷载等。根据不同设计情况的要求，荷载取用多种代表值：标准值、组合值、频遇值、准永久值。其中组合值、频遇值、准永久值仅针对可变荷载考虑。

4. 概率极限状态设计法的实质为控制结构可靠或失效的概率，即控制 $S < R(S < C)$ 的概率。规范给出的实用设计表达式，是通过采用分项系数的方法来控制其概率的。学习和应用时，要正确掌握荷载和分项系数的取值。

思考题与习题

1. 建筑结构的功能要求有哪些方面？

2. 什么是结构功能的极限状态？什么是承载能力极限状态和正常使用极限状态？

3. 结构上的荷载按随时间的变异可分哪几类？

4. 什么是荷载的标准值、组合值、频遇值、准永久值？

5. 分别写出承载能力极限状态、正常使用极限状态的实用表达式。

6. 某悬臂梁，挑出长度 $L = 1500\text{mm}$，承受均布线荷载 q_k、g_k，自由端承受集中荷载 G_k、Q_k，若对该结构进行承载能力设计，试求悬臂梁最大弯矩、最大剪力的设计值，如图 1-1 所示。

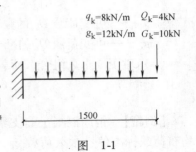

$q_k=8\text{kN/m} \quad Q_k=4\text{kN}$
$g_k=12\text{kN/m} \quad G_k=10\text{kN}$

1500

图　1-1

第 2 章　钢筋和混凝土的力学性能

本 章 提 要

　　钢筋混凝土结构的主要组成材料为钢筋和混凝土，研究钢筋混凝土结构时必然先要研究这两种材料的力学性能。本章主要介绍混凝土和钢筋的力学性能，以及二者之间的粘结作用。

本 章 要 点

1. 掌握钢筋的强度等主要力学性能，常用钢筋的种类
2. 掌握混凝土的各种强度、强度等级的概念，了解混凝土的变形
3. 掌握钢筋与混凝土间粘结作用的概念

2.1　钢筋的力学性能

2.1.1　钢筋的类型

1. 按化学成分划分

　　钢筋按化学成分的不同，可分为碳素钢和普通低合金钢两类。

　　钢筋的主要化学成分是铁元素，还含有少量的碳、硅、锰等杂质元素和硫、磷、氧、氮等有害元素。

　　根据含碳量的不同，碳素钢又分为低碳钢、中碳钢和高碳钢。

　　随着含碳量的增加，钢材的强度提高，韧性降低。锰元素可以提高钢材的强度和保持一定的塑性。硫、磷是钢中的有害元素，能使钢材易脆断。

　　普通低合金钢除了含碳素钢各种元素外，还加入少量的合金元素，如锰、硅、钒、钛等，使钢筋的强度显著提高，塑性与焊接性能也可得到改善，如 20MnSi、20MnSiV、20MnTi 钢都是普通低合金钢。

2. 按生产加工工艺和强度划分

　　根据生产加工工艺的不同，钢筋可分热轧钢筋、热处理钢筋和钢丝。

　　热轧钢筋是用低碳钢和低合金钢在高温下轧制而成的。根据其力学性能指标，可分为 HPB300(符号ϕ)、HRB335(符号Φ)、HRB400(符号Φ)、HRB500(符号Φ)。

　　热处理钢筋是由 HRB400 钢筋通过热处理工艺加工而来。有 40Si2Mn、48Si2Mn 和 45Si2Cr 三种。

　　钢丝包括光面钢丝、螺旋肋钢丝、刻痕钢丝和钢绞线(用光面钢丝绞织而成)等。

3. 按表面特征划分

　　钢筋按表面特征的不同可分为光面钢筋和变形钢筋两种(图 2-1)。变形钢筋有螺纹、人字纹、月牙纹和刻痕钢筋，目前常用的是月牙纹钢筋，它避免了纵横相交处的应力集中现象，

使钢筋的疲劳强度和冷弯性能得到一定改善，而且还具有在轧制过程中不易卡辊的优点。

| 光面钢筋 | 螺纹钢筋 | 月牙纹钢筋 | 刻痕钢筋 |

图 2-1　常用钢筋形式

2.1.2　钢筋的强度和变形

钢筋的强度和变形方面的性能主要用钢筋拉伸所得的应力-应变曲线来表示。钢筋的种类、级别不同，其应力-应变曲线也不同。热轧和冷拉钢筋的应力-应变曲线具有明显的流幅，该类钢筋又被称为软钢；冷拔、冷轧、热处理钢筋、高强钢丝和钢绞线的应力-应变曲线则无明显流幅，该类钢筋又被称为硬钢。

软钢典型的拉伸应力-应变曲线如图 2-2 所示。在 a 点之前材料处于弹性阶段，应力与应变成正比，其比值即为钢筋的弹性模量 E_s。对应于 a 点的应力称为比例极限。a 点以后，应变增加变快，图形开始弯曲，钢筋表现出塑性性质。当到达 b 点时，应力不再增加而应变却继续增加，钢筋开始塑性流动，直至 c 点。这种现象称为钢筋的"屈服"，对应于 b 点的应力称为屈服强度，该点称为屈服点，bc 水平段称为流幅或屈服台阶。c 点以后，钢筋又恢复部分弹性，应力沿曲线上升至最高点 e，对应于 e 点的应力称为极限强度，ce 段称为强化阶段。e 点以后，钢筋在薄弱处发生局部颈缩现象，塑性变形迅速增加，而应力却随之下降，到达 f 点时试件断裂。断裂后的残余应变称为伸长率，用 δ 表示。

强度级别不同的软钢，其应力-应变曲线也有所不同。常用热轧钢筋，随着级别的提高，钢筋的强度增加，但伸长率降低，塑性下降。

硬钢典型的拉伸应力-应变曲线如图 2-3 所示，由图可知，这类钢筋无明显的流幅和屈服强度，与软钢相比，钢筋的极限强度较高而伸长率较小。

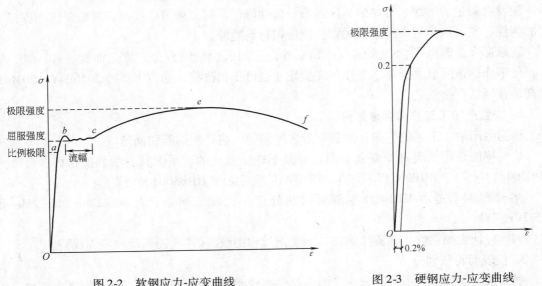

图 2-2　软钢应力-应变曲线　　　　图 2-3　硬钢应力-应变曲线

钢筋的变形性能除伸长率之外，还有冷弯性能。它是指钢筋在常温下承受弯曲的能力，采用冷弯实验测定。冷弯实验的合格标准为：在规定的弯心直径 D 和冷弯角度 α 下弯曲后，在弯曲处钢筋应无裂纹、起层或断裂现象。按钢筋技术标准，不同种类钢筋的 D 和 α 的取值不同，例如Ⅱ级月牙纹钢筋的 $\alpha = 180°$，当直径不大于 25mm 时，弯心直径 $D = 3d$，当直径 d 大于 25mm 时，弯心直径 $D = 4d$。

钢筋在弹性阶段的应力与应变之比称为弹性模量，用 E_s 表示。

钢筋混凝土结构计算时，软钢和硬钢设计强度的取值依据不同，软钢取屈服强度作为设计强度的依据，这是因为该种钢筋屈服后有较大的塑性变形，这时即使荷载不再增加，构件也会产生很大的裂缝和变形，以致不能使用。硬钢无明显的屈服点，但为防止构件突然破坏并防止裂缝和变形太大，设计强度也不能取为抗拉极限强度，而是取其残余应变为 0.2% 时相应的强度(称为条件屈服强度)作为设计强度的依据，如图 2-3 所示，该应力一般为极限强度的 0.8 ~ 0.9 倍。《混凝土结构设计规范》(GB 50010—2010)，以下简称《规范》，统一取为极限强度的 0.85 倍。

2.1.3 钢筋的选用

钢筋混凝土结构的钢筋，应按下列规定选用：

（1）纵向受力普通钢筋宜采用 HRB400、HRB500、HRBF400、HRBF500 钢筋，也可采用 HPB300、HRB335、HRBF335、RRB400 钢筋。

（2）梁、柱纵向受力普通钢筋应采用 HRB400、HRB500、HRBF400、HRBF500 钢筋。

（3）箍筋宜采用 HRB400、HRBF400、HPB300、HRB500、HRBF500 钢筋，也可采用 HRB335、HRBF335 钢筋。

（4）预应力筋宜采用预应力钢丝、钢铰线和预应力螺纹钢筋。

2.2 混凝土的力学性能

2.2.1 混凝土的强度

混凝土是用一定比例的水泥、砂、石子和水，经拌合、浇筑、振捣、养护，逐步凝结硬化形成的人造石材。故混凝土的强度不仅与组成材料的质量和比例有关，还与制作方法、养护条件和龄期有关。另外，不同的受力情况，不同的试件形状和尺寸，不同的试验方法所测得的混凝土强度值也不同。

1. 立方体抗压强度

《规范》规定，以标准方法制作养护的边长为 150mm 的立方体试件，在 (20 ± 3)℃的温度和相对湿度 90% 以上的潮湿空气中养护 28d，用标准方法测得的具有 95% 保证率的抗压强度，单位为 N/mm^2(MPa)，称为混凝土的立方体抗压强度标准值，用符号 $f_{cu,k}$ 表示。

《规范》将混凝土按立方体抗压强度标准值划分为 14 个等级，分别为 C15、C20、C25、C30、C35、C40、C45、C50、C55、C60、C65、C70、C75 和 C80 等。例如 C20 表示立方体抗压强度的标准值 $f_{cu,k} = 20N/mm^2$。

强度等级的选用，当采用 HRB335 级钢筋时，混凝土强度等级不宜低于 C20；当采用 HRB400 和 RRB400 级钢筋以及承受重复荷载的构件，混凝土强度等级不得低于 C20。预应力混凝土结构的混凝土强度等级不宜低于 C40。

2. 轴心抗压强度

实际受力构件，通常不会是立方体形状，更多的是棱柱体。《规范》规定，轴心抗压强度采用 $150\text{mm} \times 150\text{mm} \times 300\text{mm}$ 的棱柱体作为标准试件，故又称为棱柱体抗压强度。由于试件高度比立方体试块大得多，在其高度中央的混凝土不再受到上下压力机钢板的约束，故该试验所得的混凝土抗压强度低于立方体抗压强度，符合轴心受压短柱的实际强度。大量试验资料表明，混凝土轴心抗压强度的标准值（$f_{c,k}$）与立方体抗压强度的标准值（$f_{cu,k}$）之间的关系为 $f_{c,k} = (0.7 \sim 0.8)f_{cu,k}$，在结构设计中，考虑到混凝土构件强度与试件强度之间的差异，《规范》对 C50 及以下的混凝土取 $f_{c,k} = 0.67f_{cu,k}$，对 C80 取系数为 0.72，中间按线性变化。对于 C40 ~ C80 混凝土再考虑乘以脆性折减系数 1.0 ~ 0.870。有了以上关系式，只要知道混凝土的强度等级，便可求出轴心抗压强度，故在工程中一般不再进行轴心抗压强度的检测试验。

3. 混凝土轴心抗拉强度 f_t

混凝土轴心抗拉强度 f_t 是采用 $100\text{mm} \times 100\text{mm} \times 500\text{mm}$ 的棱柱体，两端设有螺纹钢筋（图 2-4）在实验机上受拉来测定的，当试件拉裂时测得的平均拉应力即为混凝土的轴心抗拉强度。由于混凝土内部的不均匀性及安装试件的偏差等原因，国内外也常用立方体或圆柱体劈裂试验来间接测试混凝土的轴心抗拉强度。

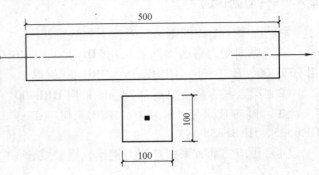

试验表明，混凝土的抗拉强度比抗压强度低得多，混凝土轴心抗拉强度 f_t 只是混凝土立方体抗压强度 f_{cu} 的 $1/18 \sim 1/8$。

图 2-4　混凝土轴心受拉构件

根据《规范》，混凝土的强度取值见附录附表 1、附表 2。

2.2.2　混凝土的变形

混凝土变形有两类：一类是荷载作用下的受力变形，包括一次短期加荷时的变形、多次重复加荷时的变形和长期荷载作用下的变形。另一类是体积变形，包括收缩、膨胀和温度变形。

1. 混凝土在一次短期加荷时的变形

（1）混凝土在一次短期加荷时的应力-应变关系。混凝土在一次短期加荷时的应力-应变关系可通过对混凝土棱柱体的受压或受拉试验测定。混凝土受压时典型的应力-应变曲线如图 2-5 所示。

图 2-5 所示的应力-应变曲线包括上

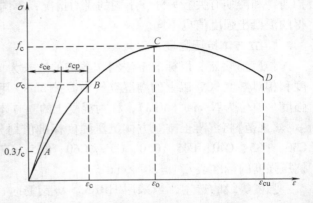

图 2-5　混凝土受压应力-应变曲线

升段和下降段两部分，对应于顶点 C 的应力为轴心抗压强度 f_c。在上升阶段中，当应力小于 $0.3f_c$ 时，应力-应变曲线可视为直线，混凝土处于弹性阶段。随着应力的增加，应力-应变曲线逐渐偏离直线，表现出越来越明显的塑性性质；此时，混凝土的应变 ε_c 由弹性应变 ε_{ce} 和塑性应变 ε_{cp} 两部分组成，且后者占的比例越来越大。在下降段，随着应变的增大，应力反而减少，当应变达到极限值 ε_{cu} 时混凝土破坏。值得注意的是：由于曲线存在着下降段，故而最大应力 f_c 所对应的应变并不是极限应变 ε_{cu}，而是应变 ε_0。

混凝土受拉时的应力-应变曲线的形状与受压时相似。对应于抗拉强度 f_t 的应变 ε_{ct} 很小，计算时可取 $\varepsilon_{ct} = 0.0015$。

（2）混凝土的横向变形系数。混凝土纵向压缩时横向会伸长，横向伸长值与纵向压缩值之比称为横向变形系数，用符号 ν_c 来表示。混凝土工作在弹性阶段时该值又称为泊松比，其大小基本不变，按《规范》规定，可取 $\nu_c = 0.2$。

（3）混凝土的弹性模量、变形模量和剪变模量。混凝土的应力 σ 与其弹性应变 ε_{ce} 之比值称为混凝土的弹性模量，用符号 E_c 表示。

混凝土的应力 σ 与其弹塑性总应变 ε_c 称为混凝土的变形模量，用符号 E_c' 表示，该值小于混凝土的弹性模量。

混凝土的剪变模量是指剪应力 τ 和剪应变 γ 的比值，即

$$G_c = \tau / \gamma$$

《规范》规定，可取 $G_c = 0.4E_c$。

2. 混凝土在多次重复加荷时的变形

工程中的某些构件，例如工业厂房中的吊车梁，在使用期限内荷载作用的重复次数可达到 200 万次以上；在这种重复加荷情况下，混凝土的变形情况与一次短期加荷时期的明显不同。试验表明多次重复加荷情况下，混凝土将产生"疲劳"现象，这时的变形模量明显降低，其值约为弹性模量的 0.4 倍。混凝土疲劳时除变形模量减小外，其强度也有所减少，强度降低系数与重复作用应力的变化幅度有关，最小值为 0.74。

3. 混凝土的徐变

所谓混凝土徐变是指混凝土在长期荷载作用下，即使应力保持不变，应变也会随时间继续增长的现象。

徐变与下列一些因素有关：

（1）水泥用量越多，水灰比越大，徐变越大。

（2）增加混凝土骨料的含量徐变将变小。

（3）养护条件好，水泥水化作用充分，徐变就小。

（4）混凝土加荷前，混凝土强度越高，徐变就越小。

（5）构件截面中应力越大，徐变越大。

4. 混凝土的收缩与膨胀变形

混凝土在硬结过程中，体积会发生变化。当混凝土在空气中硬结时，体积会收缩，而在水中硬结时，体积会膨胀，一般来说，混凝土的收缩值比膨胀值大得多，因此，混凝土的收缩对结构的影响比膨胀大。

混凝土收缩主要与下列因素有关：

（1）水泥强度越高，混凝土收缩越大。

（2）水泥越多混凝土收缩越大。

（3）水灰比越大混凝土收缩越大。

（4）骨料的量大，收缩小。

（5）硬结过程中周围温湿度越大，收缩越小。

（6）混凝土越密实，收缩越小。

（7）使用环境温湿度大时收缩小。

（8）构件的体积与表面积的比值大，收缩小。

2.3　钢筋与混凝土之间的粘结作用

2.3.1　粘结作用的组成

在钢筋混凝土结构中，钢筋和混凝土共同工作的主要原因是两者在接触面上具有粘结作用，该作用可承受粘结表面上的剪应力，抵抗钢筋与混凝土之间的相对滑动。

根据粘结作用的产生原因可知，粘结作用由化学胶结作用，摩擦作用和机械咬合作用三部分组成，其中，化学胶结作用较小，在后两种作用中，光面钢筋以摩擦作用为主，带肋钢筋（又称变形钢筋），则以咬合作用为主。

2.3.2　粘结强度及其影响因素

钢筋与混凝土的粘结面上所能承受的平均剪应力的最大值称为粘结强度。粘结强度通常可用拔出试验确定，如图 2-6 所示。将钢筋的一端埋入混凝土中，在另一端施加拉力，将其拔出，试验粘结强度 f_τ 是指钢筋拉拔力到达极限时钢筋与混凝土剪切面的平均剪应力，可按下式计算：

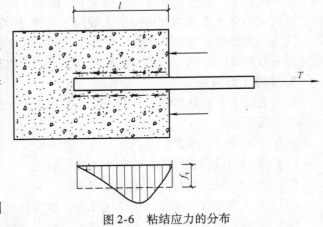

$$f_\tau = T/\pi dl \qquad (2\text{-}1)$$

式中　　T——拉拔力的极限值；

　　　　d——钢筋的直径；

　　　　l——钢筋的埋入长度。

影响钢筋与混凝土粘结强度的因素很多，其中主要的有混凝土强度、

图 2-6　粘结应力的分布

保护层厚度、横向配筋、横向压力及浇筑位置等。

粘结强度随混凝土强度的提高而提高，但不与立方体强度成正比，而与混凝土抗拉强度 f_t 成正比。增加保护层厚度可提高混凝土的劈裂抗力，保证粘结强度的发挥。横向钢筋的存在约束了径向微裂缝发展，所以在支座锚固区和搭接长度范围内，均应设置一定数量的横向钢筋。当钢筋的锚固区作用有横向压力时，横向压力同样对微裂缝起着约束作用，并使钢筋与混凝土之间摩擦阻力增大，因而可以提高粘结强度。粘结强度与浇筑混凝土时钢筋所处位置有关，浇筑深度超过 300mm 的"顶部"水平钢筋，由于水分气泡逸出，混凝土泌水下沉，在钢筋底面将形成不与钢筋紧密接触的强度较低的疏松空隙层，它削弱了钢筋与混凝土的粘结作用。因此，对高度较大的梁应分层浇注和采用二次振捣。

本 章 小 结

1. 屈服强度是软钢（有明显屈服点的钢筋）的强度设计值依据。而对于硬钢（无明显屈服点的钢筋），则取条件屈服强度作为强度设计值的依据。

2. 钢筋混凝土结构宜选用 HRB335 和 HRB400 钢筋，也可选用 HPB300 及 HRB500 钢筋。预应力钢筋宜选用钢铰线、钢丝，也可选用热处理钢筋。

3. 我国规定采用混凝土立方体抗压强度标准值作为评定混凝土强度等级的标准。立方体抗压强度采用边长为 150mm 的立方体作为标准试块。混凝土立方体抗压强度是混凝土最基本的强度指标，受弯、受压承载力计算时主要是采用轴心抗压强度。计算钢筋混凝土开裂时的承载力或进行裂缝计算时，需要采用混凝土轴心抗拉强度。

4. 不同情况的结构构件，应选择不同强度等级的混凝土。

5. 混凝土的徐变和收缩对钢筋混凝土和预应力混凝土结构构件性能有重要影响。

6. 钢筋和混凝土之间的粘结力是二者能共同工作的主要原因，应当采取各种必要的措施加以保证。

思考题与习题

1. 试述荷载作用下软钢和硬钢应力应变曲线特点。

2. 钢筋的力学性能指标有哪些？

3. 常用热轧钢筋有哪些种类，分别用怎样的符号表示？

4. 说说如何选用钢筋混凝土结构和预应力混凝土结构的钢筋类型？

5. 混凝土的强度等级是如何确定的？如何测定立方体抗压强度？混凝土结构如何选用强度等级？

6. 什么是混凝土立方体抗压强度、轴心抗压强度、轴心抗拉强度？

7. 混凝土在一次短期荷载作用下的应力-应变曲线有什么特点？

8. 什么是混凝土的收缩和徐变？两者有何区别？影响因素有哪些？对结构有什么影响？

9. 什么是钢筋和混凝土之间的粘结作用？是如何产生的？如何保证钢筋与混凝土之间的粘结力？

第3章 钢筋混凝土受弯构件承载力计算

本 章 提 要

本章主要讲述钢筋混凝土受弯构件的正截面与斜截面的受力特点、破坏形态、计算公式、设计方法以及相应的构造要求。

本 章 要 点

1. 掌握单筋矩形梁、T 形梁的正截面承载力的计算方法
2. 掌握受弯构件斜截面承载能力的计算方法
3. 掌握钢筋混凝土梁板的一般构造，熟悉钢筋混凝土受弯构件的其他构造要求

3.1 受弯构件的一般构造

3.1.1 受弯构件概述

垂直于结构构件轴线作用的荷载，将使构件产生弯矩、剪力及弯曲变形。主要承受弯矩和剪力的构件称为受弯构件。受弯构件是工业与民用建筑中广泛采用的承重构件。例如，楼盖或屋盖的梁和板、楼梯中梁和板、门窗过梁、工业厂房中的吊车梁等。

梁和板是典型的受弯构件。根据使用要求和施工方便，现浇钢筋混凝土梁的截面形式多采用矩形、T 形或倒 L 形。预制钢筋混凝土梁和板的截面形式较多，如 I 字截面梁、圆孔板、槽形板等。为了增大房间的净高，便于搁置预制板，梁的截面可采用十字形、花篮形。图 3-1 所示为梁板的常见截面形式。

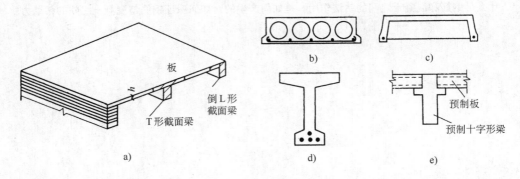

图 3-1 梁板的截面形式

这些受弯构件，在荷载作用下截面将受到弯矩和剪力的作用。实验和理论分析表明，它们的破坏有两种可能：一种是由弯矩作用而引起的破坏，破坏截面与梁的纵轴垂直，称为正

截面破坏(图 3-2a),另一种是由弯矩和剪力共同作用而引起的破坏,破坏截面是倾斜的,称为沿斜截面破坏(图 3-2b)。因此,在设计钢筋混凝土受弯构件时,要进行正截面和斜截面承载力计算。

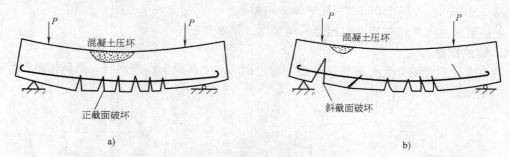

图 3-2　受弯构件的破坏截面

为保证梁正截面具有足够的承载力,除了正确选用材料和梁截面尺寸外,必须在梁的受拉区配置足够数量的纵向受力钢筋,以承受因弯矩作用而产生的拉力;为防止梁的斜截面破坏,除必须有足够的截面尺寸外,一般可在梁中设置一定数量的箍筋和弯起钢筋,以承受主要由于剪力作用而产生的拉力。

受弯构件除必须进行承载能力极限状态的计算外,一般还需按正常使用极限状态的要求进行构件变形和裂缝宽度的验算。这部分内容将在第 7 章讲解。

此外,还需采取一些构造措施才能保证构件的各个部位都具有足够的抗力,使构件具有必要的适用性和耐久性。所谓构造措施,是指那些在结构计算中未能详细考虑或很难定量计算而忽略了其影响的因素,而在保证构件安全、施工简便及经济合理等前提下所采取的技术补救措施。在实际工程中,由于不注意构造措施而出现工程事故的不在少数。

3.1.2　梁的一般构造要求

1. 梁的截面尺寸

梁的截面尺寸要满足承载力、刚度和抗裂三方面的要求。从刚度要求出发,根据工程设计经验,一般荷载作用下的梁可参照表 3-1 初定梁高。

表 3-1　不需作挠度计算梁的截面最小高度

项　次	构件种类		简　支	两端连续	悬　臂
1	整体肋形梁	主梁	$l_0/12$	$l_0/15$	$l_0/6$
		次梁	$l_0/15$	$l_0/20$	$l_0/8$
2	独立梁		$l_0/12$	$l_0/15$	$l_0/6$
备　注	1. l_0 为梁的计算跨度 2. 梁的计算跨度 $l_0 \geqslant 9\text{m}$ 时,表中数值应乘以 1.2 的系数				

梁的截面宽度 b 与截面高度 h 的比值一般为 $1/2 \sim 1/3$(对于 T 形截面梁,b 为肋宽,b/h 可取较小值)。

为施工方便，并有利于模板的定型化，梁的截面尺寸应按统一规格采用；一般取为：梁高 h = 150mm、180mm、200mm、240mm、250mm，大于 250mm 且不大于 800mm 时则按 50mm 递增，800mm 以上则以 100mm 递增；梁宽 b = 120mm、150mm、180mm、200mm、220mm、250mm，大于 250mm 时则按 50mm 递增。

上述要求并非严格规定，宜根据具体情况灵活掌握。

2. 梁的钢筋

梁中通常配置纵向受力钢筋、箍筋、弯起钢筋、上部纵向构造钢筋、梁侧构造钢筋，如图 3-3 所示。

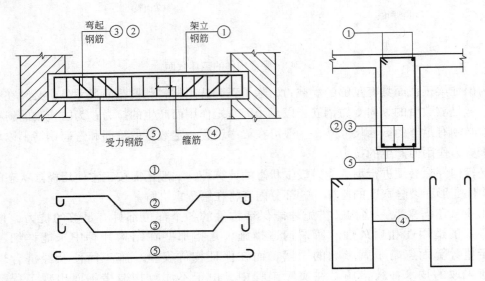

图 3-3　简支梁钢筋布置示意图

纵向受力钢筋一般设置在梁的受拉一侧，以承受弯矩在梁内产生的拉力。当梁受到的弯矩较大且梁截面有限时，可在梁的受压区布置受压钢筋，与混凝土共同承担压力，即为双筋梁。纵向受力钢筋的面积通过计算确定并应符合相关构造要求。钢筋混凝土梁纵向受力钢筋的直径，当梁高 $h \geqslant 300mm$ 时，不应小于 10mm；当梁高 < 300mm 时，不应小于 8mm。梁上部纵向钢筋水平方向的净距（钢筋外边缘之间的最小距离）不应小于 30mm 和 $1.5d$（d 为钢筋的最大直径）；下部纵向钢筋水平方向的净距不应小于 25mm 和 d。梁的下部纵向钢筋多于两排时，两排以上钢筋水平方向的中距应比下面两排的中距增大一倍。各排钢筋之间的净间距不应小于 25mm 和 d，如图 3-4 所示。

直径的选择应当适中，一般选用 10 ~ 25mm，直径太大则不易加工，并且与混凝土的粘结力差；直径太小则根数增加，在截面内不好布置，甚至降低受弯承载力。同一构件中当配置两种不同直径的

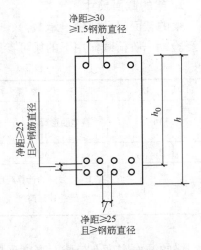

图 3-4　纵向受力钢筋的净距

钢筋时，其直径相差不宜小于 2mm，以免施工混淆。纵向受力钢筋，通常沿梁宽均匀布置，并尽可能排成一排，以增大梁截面的内力臂，提高梁的抗弯能力。只有当钢筋的根数较多，排成一排不能满足钢筋净距和混凝土保护层厚度时，才考虑将钢筋排成二排，但此时梁的抗弯能力较钢筋排成一排时低（当钢筋的数量相同时）。单层配置时截面有效高度 $h_0 = (h - c - d/2)$ mm（c 为混凝土保护层厚度），或近似取 $h_0 = (h - 35)$ mm；双层配置时 $h_0 = (h - c - d - c_1/2)$ mm（c_1 为两层钢筋的竖向间距），或近似取 $h_0 = (h - 60)$ mm。

箍筋的作用是承受梁的剪力、固定纵向受力钢筋，并和其他钢筋一起形成钢筋骨架。弯起钢筋在跨中承受正弯矩产生的拉力，在靠近支座的弯起段则用来承受弯矩和剪力共同产生的主拉应力。在混凝土梁中，宜采用箍筋作为承受剪力的钢筋。当采用弯起钢筋时，其弯起角度宜取 45° 或 60°，梁底层钢筋中的角部钢筋不应弯起，顶层钢筋中的角部钢筋不应弯下。

架立钢筋设置在梁受压区的角部，与纵向受力钢筋平行。其作用是固定箍筋的正确位置，与纵向受力钢筋构成骨架，并承受温度变化、混凝土收缩而产生的拉应力，以防止产生裂缝。当梁中受压区设有受压钢筋时，则不再设架立筋。

当梁端实际受到部分约束但按简支计算时，应在上部设置纵向构造钢筋，其截面面积不应小于梁跨中纵向受力钢筋计算所需截面面积的 1/4，且不应少于两根；该纵向构造钢筋自支座边缘向跨内伸出的长度不应小于 $0.2l_0$，此处 l_0 为该跨的计算跨度。

当梁的腹板高度 $h_w \geq 450$mm 时，在梁的两个侧面沿高度配置纵向构造钢筋，每侧纵向构造钢筋（不包括梁上、下部受力钢筋及架立钢筋）的截面面积不应小于腹板截面面积 bh_w 的 0.1%，且其间距不宜大于 200mm。此处腹板的截面高度：对矩形截面，取有效高度；对 T 形截面，取有效高度减去翼缘高度；对 I 形截面，取腹板净高。

3. 混凝土保护层

混凝土保护层指钢筋的外边缘到混凝土表面的距离。其作用是为了防止钢筋锈蚀和保证钢筋与混凝土的粘结。

纵向受力钢筋的保护层最小厚度与钢筋直径、环境类别、构件种类和混凝土强度等因素有关，可按表 3-2 确定，且不小于受力钢筋的直径。环境类别见表 3-3。

梁、柱中箍筋和构造钢筋的保护层厚度不应小于 15mm。当梁、柱中纵向受力钢筋的混凝土保护层厚度大于 40mm 时，应对保护层采取有效的防裂构造措施。

表 3-2　混凝土保护层的最小厚度　　　　　　　　（单位：mm）

环境类别	板、墙、壳	梁、柱、杆	环境类别	板、墙、壳	梁、柱、杆
一	15	20	三 a	30	40
二 a	20	25	三 b	40	50
二 b	25	35			

注：1. 混凝土强度等级不大于 C25 时，表中保护层厚度数值应增加 5mm。
　　2. 钢筋混凝土基础宜设置混凝土垫层，基础中钢筋的混凝土保护层厚度应从垫层顶面算起，且不应小于 40mm。

表 3-3　混凝土结构的环境类别

环境类别	条　件
一	室内干燥环境 无侵蚀性静水浸没环境
二 a	室内潮湿环境 非严寒和非寒冷地区的露天环境 非严寒和非寒冷地区与无侵蚀性的水或土壤直接接触的环境 严寒和寒冷地区的冰冻线以下与无侵蚀性的水或土壤直接接触的环境
二 b	干湿交替环境 水位频繁变动环境 严寒和寒冷地区的露天环境 严寒和寒冷地区冰冻线以上与无侵蚀性的水或土壤直接接触的环境
三 a	严寒和寒冷地区冬季水位变动区环境 受除冰盐影响环境 海风环境
三 b	盐渍土环境 受除冰盐作用环境 海岸环境
四	海水环境
五	受人为或自然的侵蚀性物质影响的环境

注：1. 室内潮湿环境是指构件表面经常处于结露或湿润状态的环境。
　　2. 严寒和寒冷地区的划分应符合现行国家标准《民用建筑热工设计规范》（GB 50176）的有关规定。
　　3. 海岸环境和海风环境宜根据当地情况，考虑主导风向及结构所处迎风、背风部位等因素的影响，由调查研究和工程经验确定。
　　4. 受除冰盐影响环境是指受到除冰盐盐雾影响的环境；受除冰盐作用环境是指被除冰盐溶液溅射的环境以及使用除冰盐地区的洗车房、停车楼等建筑。
　　5. 暴露的环境是指混凝土结构表面所处的环境。

3.1.3　板的一般构造要求

1. 板的截面形式与尺寸

现浇板的截面一般为实心矩形；预制板的截面一般为空心矩形或槽形。

板的厚度要满足承载力、刚度和抗裂（或裂缝宽度）以及构造的要求。从刚度条件出发，板的厚度可按表 3-4 确定；按构造要求应符合表 3-5 的规定。

表 3-4　不需作挠度计算板的截面最小高度

项　次	构 件 种 类		简　支	两端连续	悬　臂
1	平板	单向板	$l_0/35$	$l_0/40$	$l_0/12$
		双向板	$l_0/45$	$l_0/50$	
2	肋形板（包括空心板）		$l_0/20$	$l_0/25$	$l_0/10$
备注	1. l_0 为板的计算跨度（双向板时为短向计算跨度） 2. 如计算跨度 $l_0 \geqslant 9m$ 时，表中数值应乘以 1.2 的系数				

表 3-5　现浇钢筋混凝土板的最小厚度　　　　　　　　（单位：mm）

板 的 类 别		最小厚度
单向板	屋面板	60
	民用建筑楼板	60
	工业建筑楼板	70
	行车道下的楼板	80
双向板		80
密肋板	肋间距≤700mm	40
	肋间距>700mm	50
悬臂板	板的悬臂长度≤500mm	60
	板的悬臂长度>500mm	80
无梁楼板		150

　　工程中现浇板的常用厚度有 80mm、90mm、100mm、110mm、120mm，板厚以 10mm 的模数递增，板厚在 250mm 以上时以 50mm 的模数递增。

2. 板中钢筋

　　板的抗剪能力较大，故板中钢筋通常配置纵向受力钢筋、分布钢筋、构造钢筋，如图 3-5 所示。

　　受力筋的作用是承受板中弯矩引起的正应力，直径一般为 6～12mm，直径一般不多于 2 种（选用不同直径钢筋时，直径差应大于 2mm）。板厚 $h \leqslant 150\text{mm}$ 时，板中

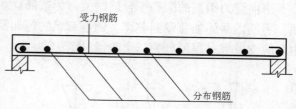

图 3-5　板中钢筋布置示意图

钢筋间距不宜大于 200mm，板厚 $h > 150\text{mm}$ 时，板中受力筋间距不宜大于 $1.5h$，且不宜大于 250mm。

　　当按单向板设计时（单向板和双向板的意义见第 9 章），除沿受力方向布置受力钢筋外，尚应在垂直受力方向布置分布钢筋。双向板中两个方向均为受力筋时，受力筋兼作分布筋。分布筋的作用是固定受力筋的位置，将荷载均匀地传递给受力筋，还可抵抗混凝土收缩、温度变化所引起的附加应力。故分布筋应放置在受力筋的内侧，以使受力钢筋有效高度尽可能大。单位长度上分布钢筋的截面面积不宜小于单位宽度上受力钢筋截面面积的 15%，且不宜小于该方向板截面面积的 0.15%；分布钢筋的间距不宜大于 250mm，直径不宜小于 6mm；对集中荷载较大的情况，分布钢筋的截面面积应适当增加，其间距不宜大于 200mm。当有实践经验或可靠措施时，预制单向板的分布钢筋可不受此限制。

　　对于支承结构整体浇筑或嵌固在承重砌体墙内的现浇混凝土板，应沿支承周边配置上部构造钢筋，其直径不宜小于 8mm，间距不宜大于 200mm，其截面面积与钢筋自梁边或墙边伸入板内的长度应符合相关规定。

3. 混凝土保护层

　　板中纵向受力钢筋的保护层厚度按表 3-2 确定，且不小于受力钢筋的直径。板、墙、壳中分布钢筋的保护层厚度不应小于表 3-2 中相应数值减 10mm。处于二、三类环境中的悬臂

板，其上表面应采取有效的保护措施。

3.2 受弯构件正截面承载力计算

3.2.1 受弯构件正截面破坏形态

受弯构件正截面的破坏特征除了与钢筋和混凝土的强度有关外，主要由纵向受拉钢筋的配筋率 ρ 的大小确定。受弯构件的配筋率 ρ 用纵向受拉钢筋的截面面积 A_s 与正截面的有效面积 bh_0 的比值来表示，即 $\rho = \dfrac{A_s}{bh_0}$。但应注意在验算截面最小配筋率 ρ_{min} 时，有效面积 bh_0 应用全面积 bh 来表示。

上式中：b 为截面的宽度；h_0 为截面的有效高度，$h_0 = h - a_s$；h 为截面高度；a_s 为受拉钢筋合力作用点到截面受拉边缘的距离。

由于配筋率不同，钢筋混凝土受弯构件将产生不同的破坏形态。以梁为例，根据其正截面的破坏特征可分为适筋梁、超筋梁、少筋梁。

1. 适筋梁

纵向受力钢筋的配筋率合适的梁称为适筋梁。通过对钢筋混凝土梁多次的观察和试验表明，适筋梁从施加荷载到破坏，随着荷载的施加及混凝土塑性变形的发展，其正截面上的应力和应变发展过程可分为三个阶段（图3-6）。

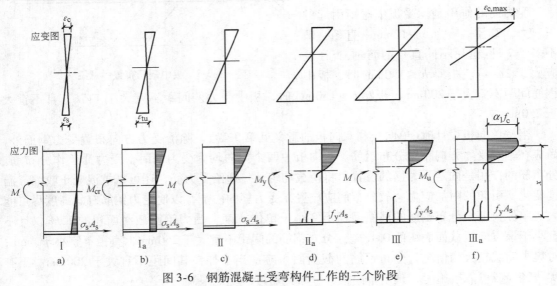

图 3-6 钢筋混凝土受弯构件工作的三个阶段

第Ⅰ阶段（弹性工作阶段）：从加荷开始到梁受拉区出现裂缝以前为第Ⅰ阶段。此时，荷载在梁上部产生的压力由截面中和轴以上的混凝土承担，荷载在梁下部产生的拉力由布置在梁下部的纵向受拉钢筋和中和轴以下的混凝土共同承担。当构件开始承受荷载时弯矩很小，这时混凝土压应力和拉应力都很小，应力与应变几乎成直线关系，混凝土应力分布图形接近三角形，此时相当于材料的弹性工作阶段，如图3-6a所示。当弯矩增大时，混凝土的拉应力、压应力和钢筋拉应力也随之增大。由于混凝土抗拉能力远较抗压能力低，故受拉区的混凝土将首先开始表现出明显的塑性特征，应变较应力增长速度快，故受拉应力和应变不再是直线关系而呈曲线形。当弯矩增加到开裂弯矩 M_{cr} 时，受拉区边缘纤维应变恰好到达混凝土受弯时极限拉应变 ε_{tu}，梁处于将裂未裂的极限状态，而此时受压区边缘纤维应变量相对还很小，故受压混凝土基本上属于弹性工作性质，即受压区应力图形接近三角形，值得注意的是此时钢筋相应的拉应力较低，只有 $20N/mm^2$ 左右。此即Ⅰ阶段末，以Ⅰ$_a$表示，如图3-6b所示，此时的应力应变状态，作为受弯构件抗裂度的计算依据。

第Ⅱ阶段（带裂缝工作阶段）：当弯矩再增加时，受拉区混凝土的拉应变超过其极限拉应变 ε_{tu}，于是受拉区出现裂缝。梁将在抗拉能力最薄弱的截面处首先出现第一条裂缝，一旦开裂梁即由第Ⅰ阶段转化为第Ⅱ阶段工作。在裂缝截面处，由于混凝土开裂，受拉区的拉力主要由钢筋承受，使得钢筋拉力较开裂前突然增大很多，受拉区的混凝土大部分退出工作，未开裂部分混凝土虽可继续承担部分拉力，但因离中和轴很近，故其作用甚小。随着弯矩 M 的增加，受拉钢筋的拉应力迅速增加，梁的挠度、裂缝宽度也随之增大，截面中和轴上移，截面受压区高度减小，受压区混凝土塑性性质将表现得越来越明显，受压区应力图形呈曲线变化。当弯矩继续增加使得受拉钢筋应力达到屈服点 (f_y)，此时截面所能承担的弯矩称为屈服弯矩 M_y，相应称此时为第Ⅱ阶段末，以Ⅱ$_a$表示。第Ⅱ阶段相当于梁使用时的应力状态，Ⅱ$_a$可作为受弯构件使用阶段的变形和裂缝开展计算时的依据。

第Ⅲ阶段（破坏阶段）：当弯矩继续增加时，由于受拉钢筋的应力已达到屈服强度 f_y，受压区混凝土的应力也随之增大，梁正截面上的应力状态进入第Ⅲ阶段，即破坏阶段，这时受拉钢筋的应力保持屈服强度不变，钢筋的应变迅速增大，这促使受拉区混凝土的裂缝迅速向上扩展，中和轴继续上移，受压区混凝土高度缩小，混凝土压应力迅速增大，受压区混凝土的塑性特征表现得更加充分，压应力显著呈曲线分布，如图3-6e所示。这时受压边缘混凝土压应变达到极限压应变，受压区混凝土将产生近乎水平的裂缝，混凝土被压碎，甚至崩脱，截面即告破坏，亦即截面达到第Ⅲ阶段的极限，以Ⅲ$_a$表示，如图3-6f所示，此时截面所承担的弯矩即为破坏弯矩 M_u，这时的应力状态即作为构件承载能力极限状态计算的依据。在整个第Ⅲ阶段，钢筋的应力都基本保持屈服强度 f_y 不变直至破坏，这一性质对于我们在今后分析混凝土构件的受力情况时非常重要。

综上所述，对于配筋合适的梁，其破坏特征是：受拉钢筋首先到达屈服强度 f_y，继而进入塑性阶段，产生很大的塑性变形，梁的挠度、裂缝也都随之增大，最后因受压区的混凝土达到其极限压应变被压碎而破坏，如图3-7b所示。由于在此过程中梁的裂缝急剧开展和挠度急剧增大，将给人以梁即将破坏的明显预兆，故称此种破坏为"延性破坏"。由于适筋梁的材料强度能充分发挥，符合

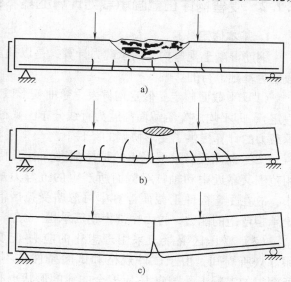

图 3-7　梁的破坏形态

a）超筋梁　b）适筋梁　c）少筋梁

安全可靠、经济合理的要求，故梁在实际工程中都应设计成适筋梁。

2. 超筋梁

纵向受力钢筋的配筋率 ρ 过大的梁称为超筋梁。由于纵向受力钢筋过多，故当受压区边缘纤维应变到达混凝土受弯时的极限压应变时，钢筋的应力尚小于屈服强度，但此时梁已因受压区混凝土被压碎而破坏。试验表明，钢筋在梁破坏前仍处于弹性工作阶段，由于钢筋过多导致钢筋的应力不大，从而钢筋的应变也很小，梁裂缝开展不宽且延伸不高，梁的挠度亦不大，如图 3-7a 所示。因此，超筋梁的破坏特征是：当纵向受拉钢筋还未达到屈服强度时，梁就因受压区的混凝土被压碎而破坏。因为这种梁是在没有明显预兆的情况下由于受压区混凝土突然压碎而破坏，故称为"脆性破坏"。

超筋梁虽配置很多的受拉钢筋，但由于其应力小于钢筋的屈服强度，不能充分发挥钢筋的作用，因此很不经济，且梁在破坏前没有明显的征兆，破坏带有突然性，故工程实际中不允许设计成超筋梁，并以最大配筋率 $\rho_{\max}$ 加以限制。

3. 少筋梁

纵向受力钢筋的配筋率 ρ 过少的梁称为少筋梁。由于配筋过少，所以受拉区混凝土一旦开裂，钢筋立即达到屈服强度，经过流幅而进入强化阶段，梁将产生很宽的裂缝、很大的挠度，甚至钢筋被拉断，如图 3-7c 所示。这种梁破坏前没有明显的预兆，也属于"脆性破坏"。工程中不得采用少筋梁，并以最小配筋率 $\rho_{\min}$ 加以限制。

为了保证钢筋混凝土受弯构件配筋适量，不出现超筋和少筋破坏，则必须控制截面配筋率，使它在最大和最小配筋率范围之内。

3.2.2 受弯构件正截面承载力计算的基本理论

1. 基本假定

钢筋混凝土受弯构件的承载力计算，是以适筋梁第 III_a 阶段为依据，并以下述四个基本假定为基础进行的。

（1）平截面假定。假定构件发生弯曲变形以后，截面平均应变仍保持平面（符合平截面假定），即平均应变沿截面高度为直线分布。平截面假定的引用，为钢筋混凝土构件正截面承载力的计算提供了变形协调的条件。

（2）忽略受拉区混凝土的抗拉强度。由于混凝土的抗拉强度远小于其抗压强度，其作用范围又靠近中和轴，对截面所产生的抗弯力矩很小，故在受弯构件正截面计算中可忽略受拉区混凝土承担弯矩的能力，拉力全部由钢筋承担。

（3）受压区混凝土采用理想化的应力-应变关系。众所周知，由于试件规格和试验条件的不同，所测得的混凝土受压应力-应变全曲线的形状也有所不同，且全曲线的数学模型过于复杂。因此，我国《混凝土结构设计规范》（以下简称《规范》）在分析了国外规范所用的混凝土应力-应变曲线模型及试验资料的基础上，将混凝土应力-应变关系曲线简化成图 3-8 所示的曲线。其表达式可以写成：

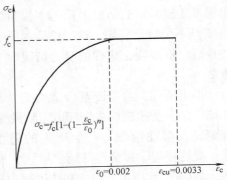

图 3-8 混凝土应力-应变曲线模型

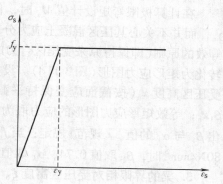

当 $0 \leqslant \varepsilon_c \leqslant \varepsilon_0$ 时　$\sigma_c = f_c \left[1 - \left(1 - \dfrac{\varepsilon_c}{\varepsilon_0} \right)^n \right]$

当 $\varepsilon_0 \leqslant \varepsilon_c \leqslant \varepsilon_{cu}$ 时　　　　　　　　$\sigma_c = f_c$

上式中参数 n、ε_0、ε_{cu} 的取值如下：

$$n = 2 - \frac{1}{60}(f_{cu,k} - 50)$$

$$\varepsilon_0 = 0.002 + 0.5(f_{cu,k} - 50) \times 10^{-5}$$

$$\varepsilon_{cu} = 0.0033 - (f_{cu,k} - 50) \times 10^{-5}$$

$$(3-1)$$

式中　σ_c——混凝土压应变为 ε_c 时的混凝土压应力；

　　　f_c——混凝土轴心抗压强度设计值（N/mm²）；

　　　ε_0——混凝土压应力刚达到 f_c 时的混凝土压应变，当计算的 ε_0 值小于 0.002 时，取为 0.002；

　　　ε_{cu}——正截面处于非均匀受压时的混凝土极限压应变，如计算的 ε_{cu} 值大于 0.0033 时，取为 0.0033；

　　　n——系数，当计算的 n 值大于 2.0 时，取为 2.0；

　　　$f_{cu,k}$——混凝土立方体抗压强度标准值（N/mm²）。

（4）钢筋的应力-应变曲线。为计算上的方便，必须对实际的钢筋应力-应变曲线进行简化，以建立适用于正截面承载力计算的钢筋应力-应变关系模型。我国《规范》规定钢筋应力取钢筋应变与其弹性模量的积，但不大于其强度设计值，受拉钢筋的极限拉应变取 0.01，即采用如图 3-9 所示曲线。

图 3-9　钢筋的应力-应变曲线

2. 受压区混凝土的等效矩形应力图形

由试验结果可知，受压区混凝土应力分布是不断变化的。随着荷载的增加，由弹性阶段的三角形分布逐渐发展为平缓的曲线，最后发展为较丰满的曲线应力图形。在平截面假定下（图 3-10c），由混凝土的应力-应变关系（图 3-10a），可得出受弯构件极限状态时的压区混凝

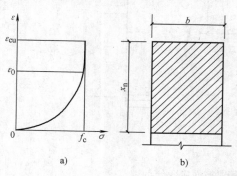
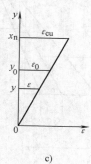
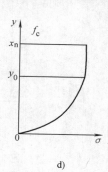

图 3-10　受压区混凝土应力和应变分布

a）混凝土应力-应变关系　b）截面受压区　c）应变分布　d）压区应力图

土应力图形（图 3-10d）。

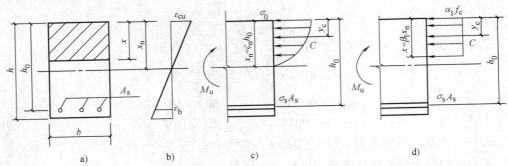

图 3-11　受压区混凝土压应力分布

a）梁的截面　b）实际应变图形　c）实际应力图形　d）等效矩形应力图形

在计算极限弯矩设计值 M_u 时，仅需知道极限状态时压区混凝土合力 C 及其作用点位置 y_c，而并不关心其压区混凝土应力分布的变化过程。为简化计算，目前各国规范均采用静力等效的原则（即保持原来受压区合力的大小和作用点位置不变），将实际应力图形（图 3-11c）转化为矩形应力图形（图 3-11d）。设等效矩形应力图形受压区高度为 x，等于曲线应力图形受压区高度 x_n（按截面应变保持平截面的假定所确定的中和轴高度）乘以系数 β_1，即 $x = \beta_1 x_n$；等效矩形应力图形的应力取为混凝土抗压强度设计值 f_c 乘以 α_1。通过推导计算可得出 β_1 与 α_1 的值。《规范》规定：当 $f_{cu,k} \leqslant 50\text{N/mm}^2$ 时，β_1 取为 0.8，α_1 取为 1.0；当 $f_{cu,k} = 80\text{N/mm}^2$ 时，β_1 取值 0.74，α_1 取值 0.94，其间按直线内插法取用。

3. 梁的界限相对受压区高度 ξ_b

受弯构件等效矩形应力图形中混凝土受压区高度 x 与截面有效高度 h_0 之比，称为相对受压区高度 ξ。界限相对受压区高度 ξ_b，是指在适筋梁的界限破坏时，等效受压区高度与截面有效高度之比。界限破坏的特征是受拉钢筋达到屈服强度的同时，受压区混凝土边缘达到极限压应变。

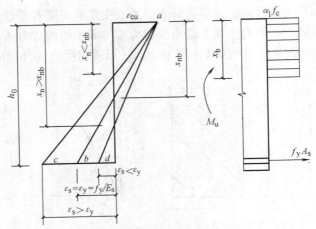

图 3-12　平衡配筋梁截面应变分布

图 3-12 所示为适筋梁、平衡配筋梁和超筋梁截面发生破坏时的应变分布图。图中直线 ac 为适筋梁截面发生破坏时的应变分布图，直线 ab 为"平衡状态"或"界限破坏状态"相

应的截面应变分布图，直线 ad 为超筋梁破坏时的截面应变分布图。可以看出，相应于界限破坏的受压区高度即为保证适筋梁破坏的"上限值"，称"界限相对受压区高度"。

根据界限破坏时截面应变分布图，由三角形比例关系等条件可推导出：

$$\xi_b = \frac{x_b}{h_0} = \frac{\beta_1}{1 + \dfrac{f_y}{E_s \varepsilon_{cu}}} \tag{3-2}$$

式中 x_b——界限相对受压区高度；

      f_y——钢筋抗拉强度设计值；

      E_s——钢筋的弹性模量；

      ε_{cu}——混凝土的极限压应变值，见式（3-1）。

利用式（3-2）求得的钢筋混凝土构件的 ξ_b 值见表 3-6。

表 3-6   钢筋混凝土构件的 ξ_b 值

钢筋级别	屈服强度 $f_y/(\text{N/mm}^2)$	ξ_b						
		$\leqslant$ C50	C55	C60	C65	C70	C75	C80
HPB300	270	0.576	0.566	0.556	0.547	0.537	0.542	0.518
HRB335	300	0.550	0.543	0.536	0.529	0.523	0.516	0.509
HRB400 RRB400	360	0.518	0.511	0.505	0.498	0.492	0.485	0.479

3.2.3   单筋矩形梁正截面承载力计算

1. 基本公式

仅在截面受拉区配置受力钢筋的受弯构件称为单筋受弯构件。

根据上述四个基本假定，并用受压区混凝土简化的等效矩形应力图代替实际应力图形，可得单筋矩形梁正截面承载力计算简图，如图 3-13 所示。由图根据截面静力平衡条件，可建立单筋矩形截面受弯承载力即极限弯矩 M_u 的计算公式，考虑构件的安全储备，弯矩和材料强度均采用设计值。

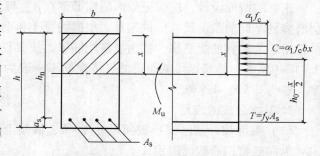

图 3-13   单筋矩形梁正截面承载力计算简图

由静力平衡条件可得：

$$\sum N = 0 \qquad \alpha_1 f_c bx = f_y A_s \tag{3-3}$$

$$\sum M = 0 \qquad M \leqslant M_u = \alpha_1 f_c bx \left(h_0 - \frac{x}{2} \right) = f_y A_s \left(h_0 - \frac{x}{2} \right) \tag{3-4}$$

式中 M——弯矩设计值；

      M_u——极限弯矩设计值；

      A_s——受拉钢筋的截面面积；

      b——截面宽度；

h——截面高度；

α_1——受拉钢筋的中心至混凝土受拉区边缘的距离；

h_0——截面的有效高度，即受拉钢筋的中心至混凝土受压区边缘的距离，$h_0 = h - a_s$。

2. 适用条件

上述基本公式只适用于正常配筋量的适筋受弯构件，因此，应用基本公式计算时，必须满足下列适用条件。

（1）为了防止截面出现超筋破坏，应满足

$$\xi = \frac{x}{h_0} \leqslant \xi_b \tag{3-5a}$$

或

$$x \leqslant \xi_b h_0 \tag{3-5b}$$

或

$$\rho = \frac{A_s}{bh_0} \leqslant \rho_{max} = \xi_b \frac{\alpha_1 f_c}{f_y} \tag{3-5c}$$

式（3-5a）~式（3-5c）的意义相同，只要满足其中任一个公式的要求，就必能满足其余公式的要求。

（2）为了防止截面出现少筋破坏，应满足

$$\rho = \frac{A_s}{bh} \geqslant \rho_{min} \tag{3-6a}$$

或

$$A_s \geqslant \rho_{min} bh \tag{3-6b}$$

最小配筋率 ρ_{min} 与混凝土强度等级和钢筋抗拉强度设计值有关，考虑到收缩、温度应力的重要影响，以及过去的设计经验，《规范》规定：钢筋混凝土梁一侧受拉钢筋的配筋百分率取 $\frac{45f_t}{f_y}\%$ 与 0.2% 中的较大者（详见附录附表16），即 $\rho_{min} = 0.45 f_t / f_y$，当计算的 $\rho_{min} < 0.2\%$ 时，取 $\rho_{min} = 0.2\%$。

正常的截面设计，应保证截面的配筋率在 ρ_{max} 与 ρ_{min} 之间即可，但在满足这两个条件下，仍有多种不同的截面尺寸可供选择。根据混凝土和钢筋的价格、施工费用等因素，可得到构件价格较为便宜的配筋率，称为经济配筋率。按照我国的设计经验，板的经济配筋率一般为 0.4%~0.8%，单筋矩形截面梁的经济配筋率一般为 0.6%~1.5%，T形截面梁的经济配筋率一般为 0.9%~1.8%。

3. 基本公式的应用

（1）截面设计。已知：截面尺寸 $b \times h$、混凝土强度等级和钢筋级别、弯矩设计值 M。求：纵向受拉钢筋截面面积 A_s。

计算步骤：

第一步　确定材料强度设计值。

第二步　确定梁的截面有效高度 h_0。

设计时，一般使用条件下的板，可取 $a_s = 20\text{mm}$。梁中预估配置单层受拉钢筋时可设 $a_s = 35\text{mm}$，配置双层钢筋时可设 $a_s = 60\text{mm}$。

第三步　计算混凝土受压区高度 x，并判断是否属超筋梁。

由式（3-4）可解得：

$$\xi = 1 - \sqrt{1 - \frac{2M}{\alpha_1 f_c b h_0^2}} \tag{3-7}$$

若 $\xi \leqslant \xi_b$，则不属于超筋梁；

若 $\xi > \xi_b$，则属超筋梁，或根号内出现负值，均应加大截面尺寸或提高混凝土强度等级重新设计。

第四步　计算 A_s 并验算是否属于少筋梁。

由式(3-3)可解得：

$$A_s = \frac{\alpha_1 f_c b h_0 \xi}{f_y}$$ （3-8）

将式(3-7)求得的 x 值代入式(3-8)，即可求得纵向受拉钢筋截面面积 A_s 计算值。

若 $A_s \geqslant \rho_{min} bh$，则不会发生少筋破坏；

若 $A_s < \rho_{min} bh$，则应按最小配筋率配筋，即取 $A_s = \rho_{min} bh$。

第五步　根据钢筋直径、间距等构造要求选配钢筋。

（2）截面复核。已知：截面尺寸 $b \times h$、混凝土强度等级和钢筋级别、弯矩设计值 M、纵向受拉钢筋截面面积 A_s。复核：截面是否安全。

计算步骤：

第一步　确定混凝土受压区高度 x。

由式(3-3)可解得：

$$x = \frac{f_y A_s}{\alpha_1 f_c b}$$ （3-9）

第二步　判断为适筋梁、超筋梁还是少筋梁，并求 M_u 值。

若 $x \leqslant \xi_b h_0$ 且 $A_s \geqslant \rho_{min} bh$，则为适筋梁，由式(3-4)得：

$$M_u = \alpha_1 f_c bx \left(h_0 - \frac{x}{2} \right)$$ （3-10）

若 $x > \xi_b h_0$，则说明此梁属超筋梁，取 $x = \xi_b h_0$ 代入式(3-4)得：

$$M_u = \alpha_1 f_c b h_0^2 \xi_b \left(1 - \frac{\xi_b}{2} \right)$$ （3-11）

若 $A_s < \rho_{min} bh$，则为少筋梁，应将其受弯承载力降低使用或修改设计。

第三步　判断截面承载是否安全。

若 $M_u \geqslant M$，截面安全；若 $M_u < M$，截面不安全。

4. 例题

【例题 3-1】　一受均布荷载作用矩形截面简支梁的计算跨度 $l_0 = 5.0\text{m}$，永久荷载(包括梁自重)标准值 $g_k = 5\text{kN/m}$，可变荷载标准值 $q_k = 10\text{kN/m}$(图 3-14)，室内正常环境。试按正截面受弯承载力设计此梁截面并计算配筋。

【解】　此题没有直接给出材料等级和截面尺寸，需要根据条件自行选用，另外梁所承受的弯矩值也需要求解，然后再计算配筋。

（1）选用材料及截面尺寸。选用 C30 混凝土，$f_c = 14.3\text{N/mm}^2$，$f_t = 1.43\text{N/mm}^2$。钢筋选用 HRB335，$f_y = 300\text{N/mm}^2$。$l_0/12 = 5000/12 = 417\text{mm}$，取 $h = 450\text{mm}$。按 $b = (1/2 \sim 1/3)h$，取 $b = 200\text{mm}$。

（2）求跨中截面的最大弯矩设计值。因仅有一个可变荷载，故弯矩设计值应取下列两者中的较大值：

$$M = \frac{1}{8}(1.2g_k + 1.4q_k)l^2 = \frac{1}{8} \times (1.2 \times 5 + 1.4 \times 10) \times 5.0^2 \text{kN} \cdot \text{m} = 62.5 \text{kN} \cdot \text{m}$$

$$M = \frac{1}{8}(1.35g_k + 1.4 \times 0.7q_k)l^2 = \frac{1}{8} \times (1.35 \times 5 + 1.4 \times 0.7 \times 10) \times 5.0^2 \text{kN} \cdot \text{m} = 51.7 \text{kN} \cdot \text{m}$$

取 $M = 62.5 \text{kN} \cdot \text{m}$。

（3）计算配筋。初步估计纵向受拉钢筋为单层布置，$h_0 = h - 35 = 450 - 35 = 415 \text{mm}$

$$\xi = 1 - \sqrt{1 - \frac{2M}{\alpha_1 f_c b h_0^2}} = 1 - \sqrt{1 - \frac{2 \times 62.5 \times 10^6}{1.0 \times 14.3 \times 200 \times 415^2}} = 0.136 < \xi_b = 0.550$$

$$A_s = \frac{\alpha_1 f_c b h_0 \xi}{f_y} = \frac{1.0 \times 14.3 \times 200 \times 415 \times 0.136}{300} = 539 \text{mm}^2$$

选用 2 Φ 20，$A_s = 628 \text{mm}^2$

（4）验算配筋量。最小配筋率 $\rho_{min} = 0.45 \dfrac{f_t}{f_y} = 0.45 \times \dfrac{1.43}{300} = 0.002145 > 0.002$，取大值。

$$A_s = 628 > \rho_{min}bh = 0.002145 \times 200 \times 450 = 193 \text{mm}^2$$

钢筋净间距 $= 200 - 2 \times 20 - 2 \times 25 = 110 > 25 \text{mm}$，且大于钢筋直径 20mm，满足要求。

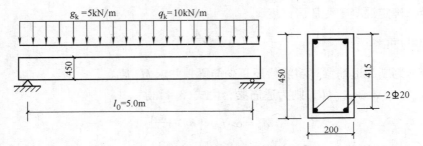

图 3-14 例题 3-1 图

【例题 3-2】 已知钢筋混凝土矩形截面 $b \times h = 250 \text{mm} \times 450 \text{mm}$，混凝土强度等级 C20，采用 HRB335 级钢筋，承受弯矩设计值为 120kN·m，室内环境潮湿，试验算在下列两种情况下梁是否安全：（1）受拉钢筋为 4 Φ 25，$A_s = 1964 \text{mm}^2$；（2）受拉钢筋为 3 Φ 18，$A_s = 763 \text{mm}^2$。

【解】 查表得

$f_c = 9.6 \text{N/mm}^2$，$f_t = 1.10 \text{N/mm}^2$，$\alpha_c = 1.0$，$f_y = 300 \text{N/mm}^2$，$\xi_b = 0.550$，保护层厚度 $c = 30 \text{mm}$。

（1）$h_0 = h - c - \dfrac{d}{2} = 450 - 30 - \dfrac{25}{2} = 408 \text{mm}$

$$x = \frac{f_y A_s}{\alpha_1 f_c b} = \frac{300 \times 1964}{1.0 \times 9.6 \times 250} = 246 \text{mm} > \xi_b h_0 = 0.550 \times 408 = 224 \text{mm}，超筋。$$

$$M_u = \alpha_1 f_c b h_0^2 \xi_b \left(1 - \frac{\xi_b}{2}\right) = 1.0 \times 9.6 \times 250 \times 408^2 \times 0.550 \times \left(1 - \frac{0.550}{2}\right)$$

$$= 159.3 \times 10^6 \text{N} \cdot \text{mm} = 159.3 \text{kN} \cdot \text{m} > 120 \text{kN} \cdot \text{m}，安全。$$

（2）$h_0 = h - c - \dfrac{d}{2} = 450 - 30 - \dfrac{18}{2} = 411 \text{mm}$

$$x = \frac{f_y A_s}{\alpha_1 f_c b} = \frac{300 \times 763}{1.0 \times 9.6 \times 250} = 95 < \xi_b h_0 = 0.550 \times 411 = 226 \text{mm}，不超筋。$$

$$\rho_{min} = 0.45 \frac{f_t}{f_y} = 0.45 \times \frac{1.10}{300} = 0.00165 < 0.002,\ \text{取大值}。$$

$A_s = 763 > \rho_{min}bh = 0.002 \times 250 \times 450 = 225\text{mm}$，则不为少筋，且为适筋梁。

$$M_u = \alpha_1 f_c bx \left(h_0 - \frac{x}{2} \right) = 1.0 \times 9.6 \times 250 \times 95 \times \left(411 - \frac{95}{2} \right)$$

$$= 82.9 \times 10^6 \text{N} \cdot \text{mm} = 82.9\text{kN} \cdot \text{m} < 120\text{kN} \cdot \text{m},\ \text{不安全}。$$

【例题 3-3】 某挑板剖面构造如图 3-15 所示。板面永久荷载标准值：防水层 0.35kN/m^2，60mm 厚钢筋混凝土板（密度 25kN/m^3），25mm 厚水泥砂浆抹灰（密度 20kN/m^3）。板面可变荷载标准值：雪荷载 0.3kN/m^2。混凝土为 C20，采用 HPB300 级钢筋。求板的配筋。

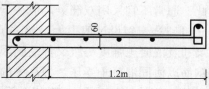

【解】（1）荷载标准值计算

永久荷载：$g_k = 0.35 + 25 \times 0.060 + 20 \times 0.025 = 2.35\text{kN/m}^2$

可变荷载：$q_k = 0.30\text{kN/m}^2$

（2）计算支座截面最大弯矩设计值

图 3-15　例题 3-3 图

取宽度 1m 作为计算单元。

因仅有一个可变荷载，故弯矩设计值应取下列两者中的较大值

$$M = \frac{1}{2}(1.2g_k + 1.4q_k)l^2 = \frac{1}{2} \times (1.2 \times 2.35 + 1.4 \times 0.3) \times 1.2^2 = 2.33\text{kN} \cdot \text{m}$$

$$M = \frac{1}{2}(1.35g_k + 1.4 \times 0.7q_k)l^2$$

$$= \frac{1}{2} \times (1.35 \times 2.35 + 1.4 \times 0.7 \times 0.30) \times 1.2^2 = 2.50\text{kN} \cdot \text{m}$$

取 $M = 2.50\text{kN} \cdot \text{m}$。

（3）计算配筋

$f_c = 9.6\text{N/mm}^2$，$f_t = 1.10\text{N/mm}^2$，$\alpha_c = 1.0$，$f_y = 270\text{N/mm}^2$，$\xi_b = 0.573$，$b = 1000\text{mm}$，$h = 60\text{mm}$，$h_0 = 60\text{mm} - 20\text{mm} = 40\text{mm}$

$$\xi = 1 - \sqrt{1 - \frac{2M}{\alpha_1 f_c bh_0^2}} = 1 - \sqrt{1 - \frac{2 \times 2.50 \times 10^6}{1.0 \times 9.6 \times 1000 \times 40^2}} = 0.1775 < \xi_b = 0.573$$

$$A_s = \frac{\alpha_1 f_c bh_0 \xi}{f_y} = \frac{1.0 \times 9.6 \times 1000 \times 40 \times 0.1775}{270} = 252\text{mm}^2/\text{m}$$

选用 $\phi 8@170$，$A_s = 50.3 \times 1000/170 = 296\text{mm}^2/\text{m}$

最小配筋率 $\rho_{min} = 0.45 \frac{f_t}{f_y} = 0.45 \times \frac{1.10}{210} = 0.00236 > 0.002$，取大值。

$A_s = 252\text{mm}^2/\text{m} > \rho_{min}bh = 0.00236 \times 1000 \times 60 = 142\text{mm}^2/\text{m}$，满足要求。

按构造要求选用分布钢筋 $\phi 6@250$。

注：这里仅进行了承载力计算，设计时还需要验算挠度与裂缝宽度是否满足规范要求。另外实际设计时还应考虑施工或检修集中荷载和可能出现的积水荷载，为简化起见，这里的

例题并未考虑。

3.2.4 双筋矩形梁正载面承载力计算

1. 双筋梁概述

不仅在截面受拉区配置纵向受拉钢筋，而且在受压区配置受压钢筋的梁称为双筋梁。实践表明，在受弯构件内用钢筋来帮助混凝土承受截面的部分压力，一般情况下是不经济的，因此，通常不宜采用双筋梁。但在下列特殊情况下，为满足使用要求，可采用双筋梁。

（1）当弯矩设计值很大，超过了单筋矩形截面适筋梁所能负担的最大弯矩，而梁的截面尺寸及混凝土强度等级又都受到限制而不能增大，这时可设计成双筋梁，在受压区配置受压钢筋以协同混凝土受压，提高梁的承载能力。

（2）当构件在不同的荷载组合下产生变号弯矩时（如在风荷载或地震作用下的梁），为了承受正负弯矩分别作用时截面出现的拉力，需在梁的顶部和底部均配置钢筋时，可设计成双筋梁。

（3）受压钢筋的存在可以提高截面的延性，并可减少长期荷载作用下的变形，因此抗震结构中要求框架梁需配置一定比例的受压钢筋，为此也可采用双筋梁。

（4）当因某种原因，截面受压区已存在面积较大的钢筋时，则宜考虑其受压作用。

双筋矩形截面梁破坏时，受拉钢筋的拉应力达到屈服强度，压区混凝土的压应变达到极限压应变，当梁内配置一定数量的封闭箍筋，能防止受压钢筋过早地压曲时，受压钢筋就能与压区混凝土共同变形。随着荷载的增加，受压钢筋的应力也随之增加，只要受压区高度满足一定的条件，受压钢筋就能和压区混凝土同时达到各自的极限压应变值，这时混凝土被压碎，受压钢筋屈服。

《规范》规定：当梁中配有按计算需要的纵向受压钢筋时，箍筋应做成封闭式；此时，箍筋的间距不应大于 $15d$（d 为纵向钢筋的最小直径），同时不应大于 400mm；当一层内的纵向受压钢筋多于 5 根且直径大于 18mm 时，箍筋不应大于 $10d$；当梁的宽度大于 400mm 且一层内的纵向受压钢筋多于 3 根时，或当梁的宽度不大于 400mm 但一层内的纵向受压钢筋多于 4 根时，应设置复合箍筋。

2. 基本公式

双筋矩形截面梁达到承载能力极限状态时的截面应力图如图 3-16 所示。由力的平衡条

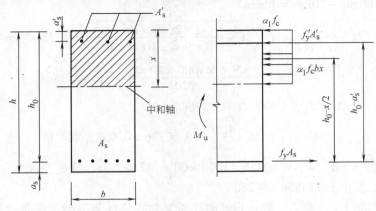

图 3-16　双筋矩形梁正截面承载力计算简图

件可以得到极限弯矩设计值基本计算公式：

$$\sum N = 0 \quad \alpha_1 f_c bx + f_y' A_s' = f_y A_s \tag{3-12}$$

$$\sum M = 0 \quad M \leqslant M_u = \alpha_1 f_c bx \left(h_0 - \frac{x}{2} \right) + f_y' A_s' (h_0 - a_s') \tag{3-13}$$

式中　f_y'——受压钢筋强度设计值；

$\quad\quad a_s'$——受压钢筋合力点至受压区外边缘的距离；

$\quad\quad A_s'$——受压钢筋的截面面积。

3. 基本公式的适用条件

（1）
$$x \leqslant \xi_b h_0 \tag{3-14}$$

此项的意义与单筋矩形截面相同，以保证混凝土不致于首先被压碎而产生脆性破坏。

（2）
$$x \geqslant 2a_s' \tag{3-15}$$

此项是为了保证受压钢筋达到规定的抗压强度设计值。试验表明，当受压钢筋配置较多，或者弯矩较小，则压区混凝土所承受的压力也很小，受压区高度变得很小，使受压钢筋离中和轴太近，构件破坏时，受压钢筋的应力尚不能达到屈服强度。

一般情况下，双筋截面梁承担的弯矩较大，能满足最小配筋率的要求，可不必进行验算。

4. 计算方法

（1）截面设计（当 A_s' 未知时）

已知：截面尺寸 $b \times h$，弯矩设计值 M，材料强度 f_c、f_y、f_y'。求：受拉钢筋截面面积 A_s 与受压钢筋截面面积 A_s'。

为了节约钢筋，应根据截面总配筋截面面积（$A_s' + A_s$）为最小的原则来计算，实用上为简化计算，可直接取 $\xi = \xi_b$，则 $x = \xi_b h_0$，将之代入式（3-13），化简则可得：

$$A_s' = \frac{M - \alpha_1 f_c bh_0^2 \xi_b \left(1 - \dfrac{\xi_b}{2} \right)}{f_y' (h_0 - a_s')} \tag{3-16}$$

若 $A_s' \leqslant 0$，则说明不需要配置受压钢筋，仅按单筋梁计算即可。

若 $A_s' > 0$，则由式（3-12）可得：

$$A_s = \frac{\alpha_1 f_c bh_0 \xi_b + f_y' A_s'}{f_y} \tag{3-17}$$

（2）截面设计（当 A_s' 已知时）

已知：截面尺寸 $b \times h$，弯矩设计值 M，材料强度 f_c、f_y、f_y'，受压钢筋截面面积 A_s'。求：受拉钢筋面积 A_s。

第一步　求单筋矩形截面所负担的极限弯矩设计值：

$$M_1 = M - f_y' A_s' (h_0 - a_s') \tag{3-18}$$

第二步　求 x

$$x = h_0 - \sqrt{h_0^2 - \frac{2M_1}{\alpha_1 f_c b}} \tag{3-19}$$

第三步　求 A_s

若 $x > \xi_b h_0$，说明给定 A_s' 不足，需按 A_s' 为未知的情况进行设计。

若 $2a_s' \leqslant x \leqslant \xi_b h_0$，则：

$$A_s = \frac{\alpha_1 f_c bx + f'_y A'_s}{f_y} \tag{3-20}$$

若 $x < 2a'_s$ 且 $x \leqslant \xi_b h_0$，取 $x = 2a'_s$，则：

$$A_s = \frac{M}{f_y(h_0 - a'_s)} \tag{3-21}$$

（3）截面复核

已知：截面尺寸 $b \times h$，弯矩设计值 M，材料强度 f_c、f_y、f'_y，受压钢筋截面面积 A'_s，受拉钢筋截面面积 A_s。求：截面所能承受的最大弯矩设计值 M_u，并校核是否安全。

第一步　求 x

$$x = \frac{f_y A_s - f'_y A'_s}{\alpha_1 f_c b} \tag{3-22}$$

第二步　求 M_u

若 $2a'_s \leqslant x \leqslant \xi_b h_0$，则：

$$M_u = \alpha_1 f_c bx \left(h_0 - \frac{x}{2}\right) + f'_y A'_s (h_0 - a'_s) \tag{3-23}$$

若 $x < 2a'_s$ 且 $x \leqslant \xi_b h_0$，取 $x = 2a'_s$，则：

$$M_u = f_y(h_0 - a'_s)A_s \tag{3-24}$$

若 $x > \xi_b h_0$，取 $x = \xi_b h_0$，代入式（3-23）求 M_u

第三步　验算是否安全

若 $M_u \geqslant M$，截面安全；若 $M_u < M$，截面不安全。

5. 例题

【例题 3-4】　已知梁的截面尺寸 $b \times h = 250\text{mm} \times 500\text{mm}$，混凝土强度等级为 C30，一类环境，采用 HRB400 级钢筋，承受弯矩设计值 $M = 310\text{kN} \cdot \text{m}$，试计算需要配置受拉钢筋截面面积 A_s 与受压钢筋截面面积 A'_s。

【解】　$f_c = 14.3\text{N/mm}^2$，$\alpha_c = 1.0$，$f_y = f'_y = 360\text{N/mm}^2$，$\xi_b = 0.518$，假定受拉钢筋双排配置，近似取 $h_0 = h - a_s = 500\text{mm} - 60\text{mm} = 440\text{mm}$

$$
\begin{aligned}
A'_s &= \frac{M - \alpha_1 f_c b h_0^2 \xi_b \left(1 - \dfrac{\xi_b}{2}\right)}{f'_y(h_0 - a'_s)} \\
&= \frac{310 \times 10^6 - 1.0 \times 14.3 \times 250 \times 440^2 \times 0.518 \times \left(1 - \dfrac{0.518}{2}\right)}{360 \times (440 - 35)} = 304\text{mm}^2
\end{aligned}
$$

$A'_s > 0$，说明需要配置受压钢筋

$$
\begin{aligned}
A_s &= \frac{\alpha_1 f_c b h_0 \xi_b + f'_y A'_s}{f_y} \\
&= \frac{1.0 \times 14.3 \times 250 \times 440 \times 0.518 + 360 \times 304}{360} = 2263 + 304 = 2567\text{mm}^2
\end{aligned}
$$

受压钢筋选用 2 Φ 14，$A'_s = 308\text{mm}^2$

受拉钢筋选用 2 Φ 22 + 4 Φ 25，$A_s = 760 + 1964 = 2724\text{mm}^2$

【例题 3-5】　已知矩形梁的截面尺寸 $b \times h = 250\text{mm} \times 600\text{mm}$，混凝土强度等级为 C30，

一类环境，采用 HRB335 级钢筋，承受弯矩设计值 $M = 155\text{kN} \cdot \text{m}$，已在受压区配置受压钢筋 2Φ14，即 $A'_s = 308\text{mm}^2$，试计算受拉钢筋截面面积 A_s。

【解】 $f_c = 14.3\text{N/mm}^2$，$\alpha_c = 1.0$，$f_y = f'_y = 300\text{N/mm}^2$，$\xi_b = 0.550$，假定受拉钢筋为一排，近似取 $h_0 = h - a_s = 600 - 35 = 565\text{mm}$

$$M_1 = M - f'_y A'_s (h_0 - a'_s) = 155 \times 10^6 - 300 \times 308 \times (565 - 35) = 106 \times 10^6 \text{N} \cdot \text{mm}$$

$$x = h_0 - \sqrt{h_0^2 - \frac{2M_1}{\alpha_1 f_c b}} = 565 - \sqrt{565^2 - \frac{2 \times 106 \times 10^6}{1.0 \times 14.3 \times 250}} = 55\text{mm}$$

$$x = 55 < \xi_b h_0 = 0.550 \times 565 = 311\text{mm} \qquad x = 55 < 2a'_s = 2 \times 35 = 70\text{mm}$$

$$A_s = \frac{M}{f_y (h_0 - a'_s)} = \frac{155 \times 10^6}{300 \times (565 - 35)} = 975\text{mm}^2$$

受拉钢筋选用 4Φ18，$A_s = 1017\text{mm}^2$

【例题 3-6】 已知矩形梁的截面尺寸 $b \times h = 200\text{mm} \times 450\text{mm}$，混凝土强度等级为 C30，环境类别为二类 b，采用 HRB335 级钢筋，承受弯矩设计值 $M = 145\text{kN} \cdot \text{m}$，配置受压钢筋 2Φ16，即 $A'_s = 402\text{mm}^2$，配置受拉钢筋 3Φ25，即 $A'_s = 1473\text{mm}^2$，试验算此截面是否安全。

【解】 $f_c = 14.3\text{N/mm}^2$，$\alpha_c = 1.0$，$f_y = f'_y = 300\text{N/mm}^2$，$\xi_b = 0.550$，保护层厚度 $c = 35\text{mm}$，$h_0 = h - a_s = 450 - (35 + 25/2) = 402.5\text{mm}$，$a'_s = 35 + 16/2 = 43\text{mm}$

$$x = \frac{f_y A_s - f'_y A'_s}{\alpha_1 f_c b} = \frac{300 \times 1473 - 300 \times 402}{1.0 \times 14.3 \times 200} = 112\text{mm}$$

$$x = 112\text{mm} < \xi_b h_0 = 0.550 \times 402.5 = 221\text{mm}, \quad x = 112\text{mm} > 2a'_s = 2 \times 43 = 86\text{mm}$$

$$M_u = \alpha_1 f_c b x \left(h_0 - \frac{x}{2} \right) + f'_y A'_s (h_0 - a'_s)$$

$$= 1.0 \times 14.3 \times 200 \times 112 \times (402.5 - 112/2) + 300 \times 402 \times (402.5 - 43)$$

$$= 154.3 \times 10^6 \text{N} \cdot \text{mm} = 154.3\text{kN} \cdot \text{m} > M = 145\text{kN} \cdot \text{m}$$

所以截面是安全的。

3.2.5 T 形截面梁正截面承载力计算

1. T 形截面梁概述

矩形截面受弯构件虽具有构造简单、施工方便等优点，但正截面承载力计算不考虑混凝土抗拉作用，因此，为节省混凝土、减轻构件自重，在不影响其承载力的情况下，可将拉区混凝土挖去一部分，并将受拉钢筋集中放置，即形成如图 3-17 所示的 T 形截面。

在实际工程中，T 形截面受弯构件是很多的，如现浇肋形楼盖中的主、次梁（跨中截面），吊车梁，空心板等。此外，倒 T 形、工字形截面位于受拉区的翼缘不参与受力，也按 T 形截面计算。空心板截面可折算成工字形截面，所以也应按 T 形截面计算。

试验和理论分析表明，T 形截面梁受力后，翼缘受压时的压应力沿翼缘宽度方向的分布是不均匀的（图 3-18），离梁肋越远压应力越小，因此受压翼缘的计算宽度应有一定的限制。为简化计算，在此宽度范

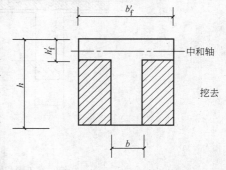

图 3-17 T 形截面示意图

围内的应力可假设是均匀的。《规范》规定的翼缘计算宽度 b'_f 按表 3-7 规定的最小值取用。

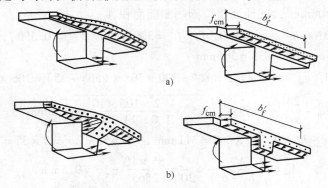

图 3-18　T 形截面的应力分布

表 3-7　T 形、工字形、倒 L 形截面受弯构件翼缘计算宽度 b'_f

考 虑 情 况		T 形截面		倒 L 形截面
		肋形梁（板）	独立梁	肋形梁（板）
1	按计算跨度 l_0 考虑	$l_0/3$	$l_0/3$	$l_0/6$
2	按梁（肋）净距 s_n 考虑	$b + s_n$	—	$b + s_n/2$
3	按翼缘高度 h'_f 考虑　当 $h'_f/h_0 \geqslant 0.1$	—	$b + 12h'_f$	—
	当 $0.1 > h'_f/h_0 \geqslant 0.05$	$b + 12h'_f$	$b + 6h'_f$	$b + 5h'_f$
	当 $h'_f/h_0 < 0.05$	$b + 12h'_f$	b	$b + 5h'_f$

注：1. 表中 b 为梁的腹板宽度。

2. 如肋形梁在梁跨内设有间距小于纵肋间距的横肋时，则可不遵守表列情况 3 的规定。

3. 对于加腋的 T 形和倒 L 形截面，当受压区加腋的高度 h_b 不小于 h'_f 且加腋的宽度 b_b 不大于 $3h_b$ 时，则其翼缘计算宽度可按表列情况 3 规定分别增加 $2b_b$（T 形截面）和 b_b（倒 L 形截面）。

4. 独立梁受压区的翼缘板在荷载作用下经验算沿纵肋方向可能产生裂缝时，其计算宽度应取用腹板宽度 b。

2. 两类 T 形截面的判别

T 形截面按受压区高度的不同可分为两类：第一类 T 形截面，受压区高度在翼缘内，即 $x \leqslant h'_f$（图 3-19a）；第二类 T 形截面，受压区高度进入腹板内，即 $x > h'_f$（图 3-19b）。

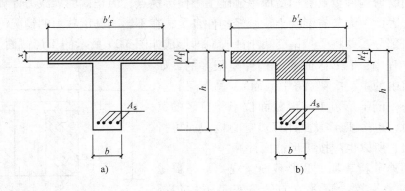

图 3-19　两类 T 形截面

a）第一类 T 形截面（$x \leqslant h'_f$）　b）第二类 T 形截面（$x > h'_f$）

当受压区高度等于翼缘厚度$(x = h'_f)$时，为两类 T 形截面的临界情况，在此情况下破坏时，其计算应力状态与截面尺寸为$b'_f \times h$单筋矩形截面相同，其平衡公式为：

$$\sum N = 0 \qquad \alpha_1 f_c b'_f h'_f = f_y A_s \tag{3-25}$$

$$\sum M = 0 \qquad M_u = \alpha_1 f_c b'_f h'_f \left(h_0 - \frac{h'_f}{2} \right) \tag{3-26}$$

如果

$$\alpha_1 f_c b'_f h'_f \geqslant f_y A_s \tag{3-27}$$

或

$$M \leqslant \alpha_1 f_c b'_f h'_f \left(h_0 - \frac{h'_f}{2} \right) \tag{3-28}$$

则属于第一类 T 形截面，反之则属于第二类 T 形截面。式（3-27）用于截面复核情况，式（3-28）用于截面设计情况。

3. 基本公式

对于第一类 T 形截面的计算，相当于宽度为b'_f的矩形截面计算，用b'_f代替矩形截面面积基本公式中的b即可，当然对于公式的适用条件同样应满足。需要特别注意：验算最小配筋率时，截面面积按$b \times h$计算，而不是按 T 形全截面面积计算。

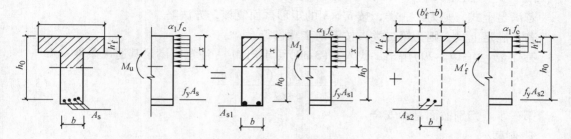

图 3-20　第二类 T 形截面

对于第二类 T 形截面，可将其截面承受的弯矩设计值看成由两部分组成（图 3-20）：第一部分为腹板受压区混凝土与部分钢筋A_{s1}所承担的弯矩设计值M_1；第二部分为翼缘挑出部分受压混凝土与部分钢筋A_{s2}所承担的弯矩设计值M_2。其平衡公式为：

$$\sum N = 0 \qquad \alpha_1 f_c b x + \alpha_1 f_c (b'_f - b) h'_f = f_y A_s \tag{3-29}$$

$$\sum M = 0 \qquad M \leqslant M_u = M_1 + M_2$$

$$= \alpha_1 f_c b x \left(h_0 - \frac{x}{2} \right) + \alpha_1 f_c (b'_f - b) h'_f \left(h_0 - \frac{h'_f}{2} \right) \tag{3-30}$$

公式适用条件：

（1）

$$x \leqslant \xi_b h_0 \tag{3-31}$$

（2）

$$\rho = \frac{A_s}{bh} \geqslant \rho_{min} \tag{3-32}$$

由于受压区已进入肋部，相应的受拉钢筋配置较多，一般均能满足最小配筋率的要求。

4. 计算方法

（1）截面设计步骤

第一步　用公式$M \leqslant \alpha_1 f_c b'_f h'_f \left(h_0 - \frac{h'_f}{2} \right)$判断 T 形截面类型；

若满足上式，则为第一类，按$b'_f \times h$的矩形截面计算，方法略。

若不满足上式,则为第二类,按下列步骤进行。

第二步 求 M_2 和 A_{s2}；

$$M_2 = \alpha_1 f_c (b_f' - b) h_f' \left(h_0 - \frac{h_f'}{2} \right) \tag{3-33}$$

$$A_{s2} = \frac{\alpha_1 f_c (b_f' - b) h_f'}{f_y} \tag{3-34}$$

第三步 求 M_1 和 A_{s1}；

$$M_1 = M - M_2 \tag{3-35}$$

按已知 M_1 的截面尺寸 $b \times h$ 为单筋矩形梁求 A_{s1}，注意应满足其适用条件 $x \leqslant \xi_b h_0$。

第四步 求 A_s；

$$A_s = A_{s1} + A_{s2} = \frac{\alpha_1 f_c b x + \alpha_1 f_c (b_f' - b) h_f'}{f_y} \tag{3-36}$$

第五步 验算截面最小配筋率并选用钢筋。

（2）截面复核步骤

第一步 用公式 $\alpha_1 f_c b_f' h_f' \geqslant f_y A_s$ 判断 T 形截面类型；

若满足上式，则为第一类，按 $b_f' \times h$ 的矩形截面复核，方法略。

若不满足上式，则为第二类，按下列步骤进行。

第二步 由式(3-29)解出 x 代入式(3-30)可求出 M_u，注意应满足其适用条件；

$$x = \frac{f_y A_s - \alpha_1 f_c (b_f' - b) h_f'}{\alpha_1 f_c b} \tag{3-37}$$

第三步 判别截面是否安全。

5. 例题

【例题 3-7】 已知 T 形截面独立梁（见图 3-21），$b = 250\text{mm}$，$h = 800\text{mm}$，$b_f' = 600\text{mm}$，$h_f' = 100\text{mm}$，计算跨度 $l_0 = 6300\text{mm}$，环境类别为一类，弯矩设计值 $M = 450\text{kN} \cdot \text{m}$，混凝土 C20，采用 HRB335 级钢筋。求纵向受拉钢筋截面面积 A_s。

【解】 （1）求计算翼缘宽度

预估受拉钢筋按两排布置，近似取 $h_0 = 800 - 60 = 740\text{mm}$

按跨度考虑，$b_f' = \dfrac{l_0}{3} = \dfrac{6300}{3} = 2100\text{mm}$

按翼缘高度考虑，$\dfrac{h_f'}{h_0} = \dfrac{100}{740} = 0.135 > 0.1$，

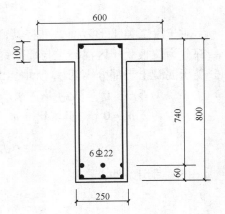

图 3-21 例题 3-7 图

$$b_f' = b + 12 h_f' = 250 + 12 \times 100 = 1450\text{mm}$$

两者中的较小值为 1450mm，大于 600mm，所以最终取 $b_f' = 600\text{mm}$

（2）判别截面类型

$$f_c = 9.6\text{N/mm}^2, \quad f_t = 1.10\text{N/mm}^2, \quad \alpha_c = 1.0, \quad f_y = 300\text{N/mm}^2, \quad \xi_b = 0.550$$

$$\alpha_1 f_c b_f' h_f' \left(h_0 - \frac{h_f'}{2} \right) = 1.0 \times 9.6 \times 600 \times 100 \times \left(740 - \frac{100}{2} \right) = 397.4 \times 10^6 \text{mm} < M = 450 \times 10^6 \text{mm}$$

所以为第二类 T 形截面。

（3）求 M_1

$$M_1 = M - M_2 = M - \alpha_1 f_c (b'_f - b) h'_f \left(h_0 - \frac{h'_f}{2} \right)$$

$$= 450 \times 10^6 - 1.0 \times 9.6 \times (600 - 250) \times 100 \times \left(740 - \frac{100}{2} \right)$$

$$= 450 \times 10^6 - 231.8 \times 10^6 = 218.2 \times 10^6 \text{N} \cdot \text{mm}$$

（4）求 A_s

$$x = h_0 - \sqrt{h_0^2 - \frac{2M_1}{\alpha_1 f_c b}} = 740 - \sqrt{740^2 - \frac{2 \times 218.2 \times 10^6}{1.0 \times 9.6 \times 250}} = 135\text{mm} < \xi_b h_0 = 0.550 \times 740\text{mm}$$

$$A_s = \frac{\alpha_1 f_c b x + \alpha_1 f_c (b'_f - b) h'_f}{f_y}$$

$$= \frac{1.0 \times 9.6 \times 250 \times 135 + 1.0 \times 9.6 \times (600 - 250) \times 100}{300} = 2200\text{mm}^2$$

（5）验算截面最小配筋率并选用钢筋

截面最小配筋率满足要求。选用 6 Φ 22，$A_s = 2281\text{mm}^2$。

【例题 3-8】 上一例题中，若已配置受拉钢筋为 8 Φ 25，即 $A_s = 4418\text{mm}^2$，弯矩设计值 $M = 650\text{kN} \cdot \text{m}$，其余已知条件不变，试验算截面是否安全。

【解】 （1）求计算翼缘宽度

过程同上一题，最终取 $b'_f = 600\text{mm}$。

（2）判别截面类型

$$\alpha_1 f_c b'_f h'_f = 1.0 \times 9.6 \times 600 \times 100 < f_y A_s = 300 \times 4418$$

所以为第二类 T 形截面。

（3）求解 x

$$x = \frac{f_y A_s - \alpha_1 f_c (b'_f - b) h'_f}{\alpha_1 f_c b}$$

$$= \frac{300 \times 4418 - 1.0 \times 9.6 \times (600 - 250) \times 100}{1.0 \times 9.6 \times 250} = 412\text{mm}$$

$$x = 412\text{mm} > \xi_b h_0 = 0.55 \times (800 - 30 - 25 - 25/2) = 0.55 \times 732.5 = 403\text{mm}$$

超筋，所以取 $x = 403\text{mm}$

（4）求 M_u 并判别截面是否安全

$$M_u = \alpha_1 f_c b x \left(h_0 - \frac{x}{2} \right) + \alpha_1 f_c (b'_f - b) h'_f \left(h_0 - \frac{h'_f}{2} \right)$$

$$= 1.0 \times 9.6 \times 250 \times 403 \times \left(732.5 - \frac{403}{2} \right) + 1.0 \times 9.6 \times (600 - 250) \times 100 \times \left(732.5 - \frac{100}{2} \right)$$

$$= 742.9\text{kN} \cdot \text{m} > 650\text{kN} \cdot \text{m}，所以安全。$$

3.3 受弯构件斜截面承载力计算

3.3.1 斜截面破坏形态

受弯构件在弯矩 M 与剪力 V 的共同作用下，法向应力与剪应力将合成主拉应力与主压应力。当主拉应力超过混凝土的复合受力下的抗拉极限强度时，就会在沿主拉应力垂直方向产生斜向裂缝，从而可能导致斜截面破坏。为此，在梁截面尺寸满足一定要求的前提下，还需通过计算在梁中配置箍筋，必要时设置利用纵向钢筋弯起形成的弯起钢筋。箍筋与弯起钢筋统称为腹筋。配置腹筋的梁为有腹筋梁；没配置腹筋的梁为无腹筋梁。

斜裂缝与最终斜截面的破坏形态与剪跨比 λ 有关。对于集中荷载作用下的简支梁，剪跨比 λ 计算公式为：

$$\lambda = \frac{M}{Vh_0} = \frac{a}{h_0} \tag{3-38}$$

式中　a——集中荷载作用点到支座边缘的距离；

　　　h_0——截面的有效高度。

无腹筋梁斜截面破坏的主要影响因素除了剪跨比 λ 外，还有混凝土的抗拉强度 f_t、纵向受力钢筋的配筋率 ρ、截面形状、尺寸效应。有腹筋梁的破坏形态还与配箍率 ρ_{sv} 有关，配箍率 ρ_{sv} 计算公式为：

$$\rho_{sv} = \frac{A_{sv}}{bs} = \frac{nA_{sv1}}{bs} \tag{3-39}$$

式中　b——梁的宽度；

　　　s——沿构件长度方向的箍筋间距；

　　　A_{sv}——配置在同一截面内箍筋各肢的截面面积总和；

　　　A_{sv1}——单肢箍筋的截面面积；

　　　n——在同一截面内箍筋的肢数。

试验表明，梁沿斜截面破坏的主要形态有以下三种，如图 3-22 所示。

（1）斜压破坏。这种破坏多发生在集中荷载距支座较近，且剪力大而弯矩小的区段，即剪跨比比较小（λ < 1）时，或者剪跨比适中，但腹筋配置量过多，以及腹板宽度较窄的 T 形或工字形梁。由于剪应力起主要作用，破坏过程中，先是在梁腹部出现多条密集而大体平行的斜裂缝（称为腹剪裂缝）。随着荷载增加，梁腹部被这些斜裂缝分割成若干个斜向短柱，当混凝土中的压应力超过其抗压强度时，发生类似受压短柱的破坏，此时箍筋应力一般达不到屈服强度。

（2）剪压破坏。这种破坏常发生在剪跨比适中（1 < λ < 3），且腹筋配置量适当时，是最典型的斜截面破坏。这种破坏过程是，首先在剪弯区出现弯曲垂直裂缝，然后斜向延伸，形成较宽的主裂缝——临界斜裂缝。随着荷载的增大，斜裂缝向荷载作用点缓慢发展，剪压区高度不断减小，斜裂缝的宽度逐渐加宽，与斜裂缝相交的箍筋应力也随之增大。破坏时，受压区混凝土在正应力和剪应力的共同作用下被压碎，且受压区内混凝土有明显的压坏现象，此时箍筋

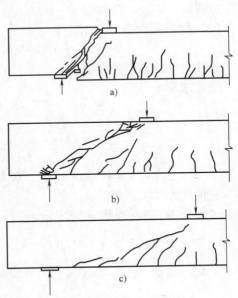

图 3-22　梁沿斜截面破坏形态
a）斜压破坏　b）剪压破坏　c）斜拉破坏

的应力到达屈服强度。

（3）斜拉破坏。这种破坏发生在剪跨比较大（$\lambda > 3$），且箍筋配置量过少的情况下。其破坏特点是，破坏过程急速且突然，斜裂缝一旦出现在梁腹部，很快就向上下延伸，形成临界斜裂缝，将梁劈裂为两部分而破坏，且往往伴随产生沿纵筋的撕裂裂缝。破坏荷载与开裂荷载很接近。

3.3.2 斜截面承载力计算

1. 计算公式

《规范》是以剪压破坏形态作为斜截面受剪承载力计算依据的。图 3-23 所示为一配置箍筋及弯起钢筋的简支梁发生斜截面剪压破坏时，取出的斜裂缝到支座间的一段隔离体。其斜截面的受剪承载力由混凝土、箍筋和弯起钢筋三部分组成，即有：

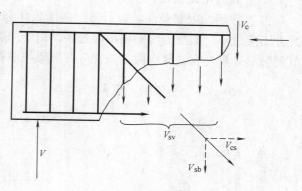

$$V_u = V_c + V_{sv} + V_{sb} = V_{cs} + V_{sb}$$

$$(3\text{-}40)$$

式中　V_c——剪压区混凝土所承受的剪力；

　　V_{sv}——与斜载面相交的箍筋所承受的剪力；

图 3-23　梁斜截面计算简图

　　V_{sb}——与斜载面相交的弯起钢筋所承受的剪力；

　　V_{cs}——斜截面上混凝土和箍筋所承受的剪力。

对不配置箍筋和弯起钢筋的一般板类受弯构件，其斜截面的受剪承载力可用下式计算：

$$V \leqslant V_c = 0.7\beta_h f_t b h_0 \tag{3-41a}$$

$$\beta_h = \sqrt[4]{\frac{800}{h_0}} \tag{3-41b}$$

式中，β_h 为截面高度影响系数，当 $h_0 < 800\text{mm}$ 时，取 $h_0 = 800\text{mm}$；当 $h_0 > 2000\text{mm}$ 时，取 $h_0 = 2000\text{mm}$。

矩形、T 形和工字形截面受弯构件的截面受剪承载力应符合下列规定：

$$V \leqslant \alpha_{cv} f_t b h_0 + f_{yv} \frac{A_{sv}}{s} h_0 + 0.8 f_{yv} A_{sb} \sin\alpha_s \tag{3-42}$$

式中　α_{cv}——斜截面混凝土受剪承载力系数，对于一般受弯构件取 0.7；对集中荷载作用下（包括作用有多种荷载，其中集中荷载对支座截面或节点边缘所产生的剪力值占总剪力的 75% 以上的情况）的独立梁，取 α_{cv} 为 $\dfrac{1.75}{\lambda + 1}$，$\lambda$ 为计算截面的剪跨比，可取 λ 等于 a/h_0，当 λ 小于 1.5 时，取 1.5，当 λ 大于 3 时，取 3，a 取集中荷载作用点至支座截面或节点边缘的距离；

　　A_{sv}——配置在同一截面内箍筋各肢的全部截面面积，即 nA_{sv1}，此处，n 为在同一个截面内箍筋的肢数，A_{sv1} 为单肢箍筋的截面面积；

　　s——沿构件长度方向的箍筋间距；

f_{yv}——箍筋的抗拉强度设计值。

容易看出，对于梁当满足 $V \leqslant V_c$ 条件，即：

$$V \leqslant 0.7 f_t b h_0 \tag{3-43}$$

或

$$V \leqslant \frac{1.75}{\lambda + 1.0} f_t b h_0 \tag{3-44}$$

说明梁中混凝土的受剪承载力就可抵抗斜截面的破坏，可不进行斜截面承载力计算，箍筋仅需按构造要求配置。

2. 公式的适用范围（上限和下限）

（1）截面的限制条件。为了防止斜压破坏和限制使用阶段的斜裂缝宽度，构件的截面尺寸不应过小，配置的腹筋也不应过多。由于薄腹梁的斜裂缝宽度一般开展要大些，为防止其斜裂缝开展过宽，截面限制条件分一般梁与薄腹梁两种情况给出：

当 $\dfrac{h_w}{b} \leqslant 4$，属于一般梁，应满足：

$$V \leqslant 0.25 \beta_c f_c b h_0 \tag{3-45}$$

当 $\dfrac{h_w}{b} \geqslant 6$，属于薄腹梁，应满足：

$$V \leqslant 0.20 \beta_c f_c b h_0 \tag{3-46}$$

当 $4 < \dfrac{h_w}{b} < 6$，按线性内插法求得。

式中　h_w——截面的腹板高度。对矩形截面，取有效高度 h_0；对 T 形截面，取有效高度减去翼缘高度；对工字形截面，取腹板净高；

β_c——混凝土强度影响因素。当混凝土强度等级不超过 C50 时，取 $\beta_c = 1.0$；当混凝土强度等级为 C80 时，取 $\beta_c = 0.8$；其间按线性内插法计算。

（2）最小配箍率。为了避免斜拉破坏的发生，要求梁的箍筋用量满足下列条件：

$$\rho_{sv} = \frac{n A_{sv1}}{bs} \geqslant \rho_{sv,\min} = 0.24 \frac{f_t}{f_{yv}} \tag{3-47}$$

3.3.3　箍筋和弯起钢筋的构造要求

1. 箍筋的构造要求

箍筋是受拉钢筋，它的主要作用是使被斜裂缝分割的混凝土梁体能够传递剪力并抑制斜裂缝的开展。因此，在设计中箍筋必须有合理的形式、直径和间距，同时应有足够的锚固。

（1）箍筋的形式和肢数。箍筋的形式有开口式和封闭式，按肢数可分为单肢、双肢及四肢等（图 3-24）。梁中常采用双肢箍；当梁宽很小时也可采用单肢箍；梁宽大于 400mm 且在一层内纵向受压钢筋多于 3 根时，或当梁的宽度不大于 400mm 但一层内的纵向受压钢筋多于 4 根时，应设置复合箍。

按计算不需要箍筋的梁，当梁截面高度 $h > 300$mm 时，应沿梁全长设置箍筋；当截面高度 $h = 150 \sim 300$mm 时，可仅在构件端部各 1/4 跨度范围内设置箍筋；但当构件中部 1/2 跨度范围内有集中荷载作用时，则应沿梁全长设置箍筋；当截面高度 $h < 150$mm 时，可不设箍筋。

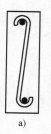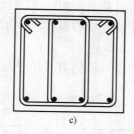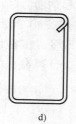

图 3-24　箍筋的肢数和形式

a）单肢箍　b）双肢箍　c）四肢箍　d）封闭箍　e）开口箍

（2）箍筋直径。为了使钢筋骨架具有一定的刚度，箍筋直径不宜过小。对截面高度 $h >$ 800mm 的梁，其箍筋直径不宜小于 8mm；对截面高度 $h \leqslant 800$mm 的梁，其箍筋直径不宜小于 6mm。梁中配有计算需要的纵向受压钢筋时，箍筋直径不应小于纵向受压钢筋最大直径的 0.25 倍。

（3）箍筋间距。为了控制使用荷载下的斜裂缝宽度，并保证箍筋穿越每条斜裂缝，梁中箍筋的最大间距宜符合表 3-8 的规定。

当梁中配有按计算需要的纵向受压钢筋时，箍筋应做成封闭式；此时，箍筋的间距不应大于 15d（d 为纵向钢筋的最小直径），同时不应大于 400mm；当一层内的纵向受压钢筋多于 5 根且直径大于 18mm 时，箍筋间距不应大于 10d；当梁的宽度大于 400mm 且一层内的纵向受压钢筋多于 3 根时，或当梁的宽度不大于 400mm 但一层内的纵向受压钢筋多于 4 根时，应设置复合箍筋。

表 3-8　梁中箍筋最大间距
（单位：mm）

梁高 $h/$mm	$V > 0.7f_tbh_0$	$V \leqslant 0.7f_tbh_0$
$150 < h \leqslant 300$	150	200
$300 < h \leqslant 500$	200	300
$500 < h \leqslant 800$	250	350
$h > 800$	300	400

2. 弯起筋的构造要求

在混凝土梁中，宜采用箍筋作为承受剪力的钢筋。当采用弯起钢筋时，其弯起角宜取 45°或 60°；在弯起钢筋的弯终点外应留有平行于梁轴线方向的锚固长度，在受拉区不应小于 20d，在受压区不应小于 10d，此处，d 为弯起钢筋的直径；梁底层钢筋中的角部钢筋不应弯起，顶层钢筋中的角部钢筋不应弯下。

当按计算需要设置弯起钢筋时，前一排（对支座而言）的弯起点至后一排的弯终点的距离不应大于表 3-8 中 $V > 0.7f_tbh_0$ 一栏规定的箍筋最大间距。

3.3.4　斜截面受剪承载力计算

1. 斜截面受剪承载力计算的计算位置

在计算斜截面受剪承载力时，计算位置应按下列规定采用：

（1）支座边缘处的斜截面，如图 3-25 所示斜截面 1-1。

（2）受拉区弯起钢筋弯起点处的斜截面，如图 3-25 所示斜截面 2-2 和 3-3。

（3）受拉区箍筋截面面积或间距改变处的斜截面，如图 3-25 所示斜截面 4-4。

（4）腹板宽度改变处的截面。

按《规范》规定，计算截面的剪力设计值应取其相应截面上的最大剪力值。

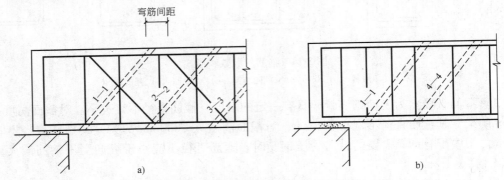

图 3-25　斜截面抗剪强度的计算位置图

2. 计算步骤

（1）构件的截面尺寸和纵筋由正截面承载力计算已初步选定。进行斜截面承载力计算时应首先复核是否满足截面限制条件，如不满足应加大截面尺寸或提高混凝土强度等级。

（2）计算是否需要按照计算配置箍筋，当不需要按计算配置箍筋时，应按构造要求配置箍筋。

（3）需要按计算配置箍筋时，剪力设计值的计算截面位置应按前述的规定采用。

（4）计算所需要的箍筋，且选用的箍筋应满足箍筋最大间距和最小直径的要求。

（5）当需要配置弯起钢筋时，可先计算 V_{cs} 再计算弯起钢筋的面积。这时，剪力设计值按如下方法取用：计算第一排弯起钢筋（对支座而言）时，取支座边剪力；计算以后每排弯起钢筋时，取前一排弯起钢筋弯起点处的剪力。两排弯起筋的间距应小于箍筋的最大间距。

3. 例题

【例题 3-9】　如图 3-26 所示，简支梁净跨 $l_n = 4.76\text{m}$，承受均布荷载设计值 $q = 90\text{kN/m}$，梁的截面尺寸 $b \times h = 250\text{mm} \times 600\text{mm}$，混凝土强度等级为 C20，纵向钢筋采用 HRB335 级，箍筋采用 HPB300 级，经正截面承载力计算，纵向钢筋选用 4 Φ22 与 2 Φ20。试计算梁内腹筋。

【解】　由附录表 2 查得：$f_c = 9.6\text{N/mm}^2$，$f_t = 1.1\text{N/mm}^2$，$f_y = 300\text{N/mm}^2$，$f_{yv} = 210\text{N/mm}^2$。

（1）支座剪力设计值

$$V_A = V_B = \frac{1}{2}ql_n = \frac{1}{2} \times 90 \times 4.76 = 214.2\text{kN}$$

（2）验算截面尺寸

截面有效高度

$$h_0 = 600 - 60 = 540\text{mm}$$

$$\frac{h_w}{b} = \frac{h_0}{b} = \frac{540}{250} = 2.16 < 4$$

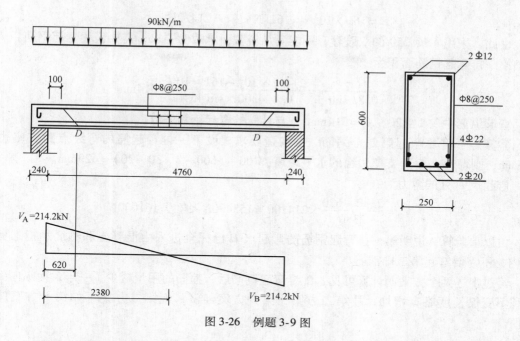

图 3-26 例题 3-9 图

$$0.25\beta_c f_c bh_0 = 0.25 \times 1.0 \times 9.6 \times 250 \times 540 = 324 \times 10^3 \text{N} = 324 \text{kN} > V_A = 214.2 \text{kN}$$

截面符合要求。

（3）仅配置箍筋的设计方案

单位长度上的箍筋面积

$$\frac{nA_{sv1}}{s} = \frac{V_A - 0.7 f_t bh_0}{1.25 f_{yv} h_0} = \frac{214.2 \times 10^3 - 0.7 \times 1.1 \times 250 \times 540}{1.25 \times 210 \times 540} = 0.777 \text{mm}^2/\text{mm}$$

选用直径 $d = 8\text{mm}$ 的双肢箍，计算箍筋间距

$$s = \frac{2 \times 50.3}{0.777} = 129 \text{mm}, \quad \text{取} \ s = 125 \text{mm} < s_{\max} = 250 \text{mm}$$

验算配箍率

$$\rho_{sv} = \frac{nA_{sv1}}{bs} = \frac{2 \times 50.3}{250 \times 125} = 0.32\% > \rho_{sv,\min} = 0.24 \frac{f_t}{f_{yv}} = 0.24 \times \frac{1.1}{210} = 0.13\%$$

因此，选用Φ8@125 是符合要求的。

（4）同时配置箍筋与弯起钢筋的方案

按构造要求选定Φ8@250 的双肢箍（满足 $s \leqslant s_{\max}, d \geqslant d_{\min}$）

校核配箍率

$$\rho_{sv} = \frac{nA_{sv1}}{bs} = \frac{2 \times 50.3}{250 \times 250} = 0.16\% > \rho_{sv,\min} = 0.24 \frac{f_t}{f_{yv}} = 0.24 \times \frac{1.1}{210} = 0.13\%$$

计算 V_{cs}

$$V_{cs} = 0.7 f_t bh_0 + 1.25 f_{yv} \frac{nA_{sv1}}{s} h_0$$

$$= 0.7 \times 1.1 \times 250 \times 540 + 1.25 \times 210 \times \frac{2 \times 50.3}{250} \times 540$$

$$= 161 \times 10^3 \text{N} = 161 \text{kN} < V_A = 214.2 \text{kN}$$

由此，采用Φ8@250 的双肢箍，不能满足斜截面承载力要求，需要设置弯起钢筋。

第一排弯起钢筋面积为

$$A_{sb1} = \frac{V_A - V_{cs}}{0.8 f_y \sin\alpha_s} = \frac{214.2 \times 10^3 - 161 \times 10^3}{0.8 \times 300 \times \sin 45°} = 314 \text{mm}^2$$

弯起纵筋中的 1 Φ20，$A_s = 314 \text{mm}^2$，与计算的弯起钢筋一致。

验算是否需要弯起第二排钢筋。按构造要求，设第一排弯起筋的弯终点距支座边缘 100mm，则弯起点 D 距支座边缘的水平距离：$100 + (600 - 2 \times 30 - 20) = 620 \text{mm}$。

弯起点 D 处的剪力为：

$$V_D = \frac{2380 - 620}{2380} \times 214200 = 158400 \text{N} < V_{cs} = 161000 \text{N}$$

由以上验算，说明第一排弯起钢筋的弯起点 D 已完全进入由混凝土和箍筋承担的剪力 V_{cs} 内，不需要弯起第二排钢筋。

经过上述两个方案的计算可见，配置弯起钢筋后，箍筋的用量减少了一半，而纵向钢筋面积不变仅长度略有增加，故第二方案比第一方案经济，但第二方案不如第一方案施工简便。

3.4 其他构造要求

前一节研究了如何保证斜截面受剪承载力的问题，仅此还不够，因为斜截面上还有弯矩作用，还要保证斜截面的受弯承载力。斜截面的受弯承载力是通过构造要求予以保证的，下面研究这个问题。

3.4.1 纵筋的弯起与截断

1. 抵抗弯矩图

为理解受弯构件纵向受力钢筋截断和弯起构造，先说明抵抗弯矩图的概念及其绘制方法。

抵抗弯矩图是指按实际纵向受力钢筋布置情况画出的各正截面所能承受的弯矩图形，即受弯承载力 M_u 沿构件轴线方向的分布图形，以下简称 M_R 图。

图 3-27 所示一承受均布荷载简支梁 AB，按跨中 $M_{max} = 145 \text{kN} \cdot \text{m}$ 计算，需配置 $A_s = 1252 \text{mm}^2$，实际配筋 2 Φ25 + 1 Φ22，$A_s = 1362 \text{mm}^2$，由截面复核验算可得实际受弯承载力。绘制抵抗弯矩图时，可近似地认为截面能承受的实际弯矩值与纵向受拉钢筋面积成正比，则跨中截面的受弯承载力 $M_u = 145 \times \dfrac{1362}{1252} = 157.7 \text{kN} \cdot \text{m}$。

画出的梁的抵抗弯矩图如图 3-27 所示的矩形 $abcd$，图上与截面对应的竖距代表

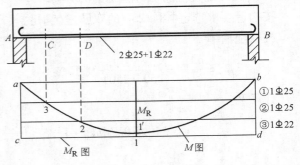

图 3-27 抵抗弯矩图

该截面的受弯承载力。

纵向受拉钢筋全部伸入支座，且在支座内有足够的锚固长度时，不仅保证了梁中各个截面的正截面受弯承载力，而且任何斜截面的受弯承载力也能得到保证。尽管纵向受拉钢筋全部伸入支座构造简单，但除了最大弯矩值截面以外，其余截面的纵向钢筋强度都没有得到充分利用。为此，可以把一部分纵向受力钢筋在不需要的位置弯起或者截断。

钢筋每弯起一次或截断一次，截面的受弯承载力要受到一次削弱，沿梁的长度方向各截面的受弯承载力随实际配置纵向钢筋的数量而变化，这种变化可以反映在抵抗弯矩图中。绘制抵抗弯矩图时，可以近似地假定，每根纵向钢筋所承担的弯矩值按钢筋截面面积的比例分配。把各根钢筋的抵抗弯矩竖距在图 3-27 上画出。对钢筋①而言，C 是其强度充分利用截面，点 3 是充分利用点，A 是不需要截面，点 a 是理论断点。D 是钢筋②的充分利用截面，点 2 是充分利用点，C 是不需要截面，点 3 是理论截断点。D 是钢筋③的不需要截面，点 2 是钢筋③理论截断点，点 $1'$ 是钢筋③充分利用点(由点 1 可见,实际上它仍未被充分利用,因为此梁的实际配筋量比计算值稍大)。

2. 钢筋的弯起

由于钢筋骨架的成型要求，至少要有两根纵向钢筋伸入支座，钢筋①、②不能弯起。若将钢筋③两端分别在 E、F 截面处开始弯起，如图 3-28 所示。为简化起见，可以把梁的轴线作为梁截面受压和受拉的分界线。所以，当弯起钢筋与梁轴线相交于 G、H 截面时，就失去了抗弯能力。G、H 截面的受弯承载力仅有钢筋①、②参与。弯起前后钢筋③承受弯矩能力的变化用斜线 eg、fh 表示。

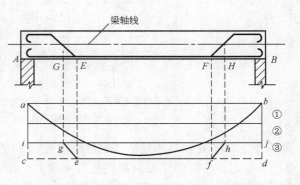

图 3-28　抵抗弯矩图中钢筋弯起的表示方法

为确保正截面受弯承载力，故抵抗弯矩图必须包在弯矩图之外。在混凝土梁的受拉区中，弯起钢筋的弯起点可设在正截面受弯承载力计算不需要该钢筋的截面之前，但弯起钢筋与梁轴线的交点应位于不需要该钢筋的截面之外(图 3-29)。同时，通过计算可得，钢筋弯起时满足斜截面受弯承载力的构造条件为：在该钢筋按计算充分利用截面外至少 $0.5h_0$ 处才能弯起。弯起钢筋的弯终点外应有平行于梁轴线方向的锚固长度，在受拉区不应小于 $20d$，在受压区不应小于 $10d$(d 为弯起钢筋的直径)。

3. 钢筋的截断

在支座范围外的梁正弯矩区段截断钢筋，由于钢筋面积骤减，在纵筋截断处混凝土产生拉应力集中导致过早出现斜裂缝，所以除部分承受跨中正弯矩的纵筋由于承受支座边界较大剪力的需要而弯起外，一般情况下不宜在正弯矩区段内截断钢筋。而对悬臂梁、连续梁等在支座附近负弯矩区段配置的纵筋，通常根据弯矩图的变化，将按计算不需要的纵筋截断，以节省钢材。

钢筋混凝土梁支座截面负弯矩纵向受拉钢筋不宜在受拉区截断。当必须截断时，应符合以下规定：①当 $V \leqslant 0.7f_t bh_0$ 时，应延伸至按正截面受弯承载力计算不需要该钢筋的截面以

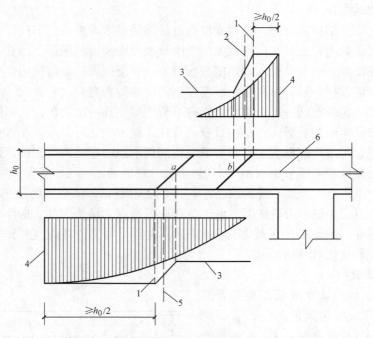

图 3-29　弯起钢筋弯起点与弯矩图的关系
1—在受拉区中的弯起截面　2—按计算不需要钢筋"b"的截面
3—正截面受弯承载力图　4—按计算充分利用钢筋"a"或"b"强度的截面
5—按计算不需要钢筋"a"的截面　6—梁中心线

外不小于 $20d$ 处截断，且从该钢筋强度充分利用截面伸出的长度就应小于 $1.2l_a$；②当 $V > 0.7f_t bh_0$ 时，应延伸至按正截面受弯承载力计算不需要该钢筋的截面以外不小于 h_0 且不小于 $20d$ 处截断，且从该钢筋强度充分利用截面伸出的长度不应小于 $1.2l_a + h_0$；③若按上述规定确定的截断点仍位于负弯矩受拉区内，则应延伸至按正截面受弯承载力计算不需要该钢筋以外不小于 $1.3h_0$ 且不小于 $20d$ 处截断，且从该钢筋强度充分利用截面伸出的延伸长度不应小于 $1.2l_a + 1.7h_0$（l_a 为受拉钢筋的锚固长度）。

在钢筋混凝土悬臂梁中，应有不少于两根上部钢筋伸至悬臂梁外端，并向下弯折不小于 $12d$；其余钢筋不应在梁的上部截断，而应按有关规定的弯起点位置向下弯折，并按有关的规定在梁的下边锚固。

3.4.2　纵筋锚固与搭接

1. 钢筋锚固

当计算中充分利用钢筋的抗拉强度时，普通受拉钢筋的锚固长度按下列公式计算：

$$l_a = \alpha \frac{f_y}{f_t} d \qquad (3-48)$$

式中　d——钢筋的公称直径；

　　　α——钢筋的外形系数，对光面钢筋取 0.16，对带肋钢筋取 0.14。

受拉钢筋的锚固长度应根据锚固条件按下式计算，且不应小于 200mm：

$$l_a = \zeta_a l_{ab} \tag{3-49}$$

式中　l_a——受拉钢筋的锚固长度；

　　　ζ_a——锚固长度修正系数，对普通钢筋按本规范第8.3.2条的规定取用，当多于一项时，可按连乘计算，但不应小于0.6；对预应力筋，可取1.0。

纵向受拉普通钢筋的锚固长度修正系数ζ_a应按下列规定取用：

（1）当带肋钢筋的公称直径大于25mm时取1.10。

（2）环氧树脂涂层带肋钢筋取1.25。

（3）施工过程中易受扰动的钢筋取1.10。

（4）当纵向受力钢筋的实际配筋面积大于其设计计算面积时，修正系数取设计计算面积与实际配筋面积的比值，但对有抗震设防要求及直接承受动力荷载的结构构件，不应考虑此项修正。

（5）锚固钢筋的保护层厚度为$3d$时修正系数可取0.80，保护层厚度为$5d$时修正系数可取0.70，中间按内插取值，此处d为锚固钢筋的直径。

当计算中充分利用纵向钢筋的抗压强度时，其锚固长度不应小于$0.7l_a$。

伸入梁支座范围内的纵向受力钢筋根数，当梁宽不小于100mm时，不宜少于两根；当梁宽小于100mm时，可为一根。

钢筋混凝土简支梁和连续梁简支端，应符合如下要求：

（1）下部纵向受力钢筋伸入梁支座范围内的锚固长度l_{as}应符合下列规定：当$V \leqslant 0.7f_tbh_0$时，$l_{as} \geqslant 5d$；当$V > 0.7f_tbh_0$时，对带肋钢筋$l_{as} \geqslant 12d$，对光面钢筋$l_{as} \geqslant 15d$。

（2）如纵向受力钢筋伸入梁支座范围内的锚固长度不符合上述要求时，应采取在钢筋上加焊锚固钢板或将钢筋端部焊接在梁端以预埋件上等有效锚固措施。

（3）支承在砌体结构上的钢筋混凝土独立梁，在纵向受力钢筋的锚固长度l_{as}范围内应配置不少于两个箍筋，其直径不宜小于纵向受力钢筋最大直径的0.25倍，间距不宜大于纵向受力钢筋最小直径的10倍；当采取机械锚固措施时，箍筋间距尚不宜大于纵向受力钢筋最小直径的5倍。

（4）对土强度等级为C25及以下的简支梁和连续梁的简支端，当距支座边$1.5h$范围内作用有集中荷载，且$V > 0.7f_tbh_0$时，对带肋钢筋宜采取附加锚固措施，或取锚固长度$l_{as} \geqslant 15d$。

2. 钢筋搭接

钢筋的连接可分为两类：绑扎搭接；机械连接或焊接。受力钢筋的接头宜设置在受力较小处。在同一根钢筋上宜少设接头。

同构件中相邻纵向受力钢筋的绑扎搭接接头宜相互错开。

钢筋绑扎搭接接头连接区段的长度为1.3倍搭接长度，凡搭接接头中点位于该连接区段长度内的搭接接头均属于同一连接区段。同一连接区段内纵向受力钢筋搭接接头面积百分率为该区段内有搭接接头的纵向受力钢筋截面面积与全部纵向受力钢筋截面面积的比值。

位于同一连接区段内的受拉钢筋搭接接头面积百分率：对梁类、板类及墙类构件，不宜大于25%；对柱内构件，不宜大于50%。

纵向受拉钢筋绑扎搭接接头的搭接长度应根据位于同一连接区段内的钢筋搭接接头面积

百分率按下列公式计算，且任何情况下均不应小于300mm。

$$l_1 = \zeta l_a \tag{3-50}$$

式中，ζ 为纵向受拉钢筋搭接长度修正系数，按表3-9采用。

表3-9　纵向受拉钢筋搭接长度修正系数 ζ

纵向钢筋搭接接头面积百分率(%)	≤25	50	100
ζ	1.2	1.4	1.6

本 章 小 结

1. 钢筋混凝土受弯构件的典型构件梁与板的构造要求包括材料强度等级、截面尺寸、配筋、钢筋净距与保护层厚度等，进行截面设计时应满足相应的构造要求。

2. 钢筋混凝土受弯构件分为超筋梁、少筋梁和适筋梁三种破坏形态，超筋梁、少筋梁属于脆性破坏，适筋梁的破坏属于延性破坏，设计时应按适筋梁来设计，避免设计成超筋梁和少筋梁。

3. 计算受弯构件正截面承载力时，以适筋 III_a 受力阶段作为计算依据。计算公式推导时采用了四个基本假定。

4. 按单筋矩形截面受弯构件承载力基本公式：

$$\alpha_1 f_c bx = f_y A_s$$

$$M \leqslant M_u = \alpha_1 f_c bx \left(h_0 - \frac{x}{2} \right) = f_y A_s \left(h_0 - \frac{x}{2} \right)$$

适用条件：

$$\xi \leqslant \xi_b$$

$$\rho \geqslant \rho_{min}$$

根据基本公式可推出正截面设计与截面复核的计算公式，并由此推出双筋矩形截面、T形截面的承载力计算方法。

5. 随着梁的剪跨比和配箍率的变化，梁沿斜截面可发生斜拉破坏、剪压破坏和斜压破坏等主要破坏形态。斜截面受剪承载力的计算公式是以剪压破坏的受力特征为依据建立的，因此应采取相应构造措施防止斜压破坏和斜拉破坏的发生，即截面尺寸应有保证，箍筋的最大间距、最小直径及配箍率应满足构造要求。

6. 影响斜截面剪承载力的主要因素有梁的剪跨比、混凝土强度等级、配箍率及箍筋强度、纵筋配筋率等。

思考题与习题

1. 适筋梁正截面受力过程可划分为几个阶段？各阶段主要特点是什么？与计算有何联系？

2. 在实际工程中为什么要避免采用少筋梁和超筋梁？在设计中是如何实现的？

3. 受弯构件正截面承载力计算有哪些基本假定？

4. 在什么情况下可采用双筋截面梁？如何保证受压钢筋强度得到充分利用？

5. 钢筋混凝土梁的斜截面破坏形态有哪几种？在设计中应把斜截面破坏形态控制在哪一种？如何防止发生另外的破坏形态？

6. 为什么设计厚度不大的普通板时，一般不需要进行抗剪计算及配置腹筋？

7. 箍筋和弯筋间距为什么要加以限制而不能过大？

8. 已知矩形截面梁尺寸 $b \times h = 200mm \times 450mm$，承受弯矩设计值 $M = 85kN \cdot m$，采用混凝土强度等级 C25，HRB335 级钢筋，环境类别为一类，结构的安全等级为二级。求所需受拉钢筋截面面积，并绘制截面配筋图。

9. 已知矩形截面梁尺寸 $b \times h = 250mm \times 450mm$，纵向受拉钢筋为 4 ⏀ 20 的 HRB335 级钢筋，取 $a_s = 35mm$，混凝土强度等级为 C25，试确定该梁所能承受的弯矩设计值。

10. 已知矩形梁截面尺寸 $b \times h = 200mm \times 500mm$，$a_s = a'_s = 40mm$。该梁在不同荷载组合下受变号弯矩作用，其弯矩设计值分别为 $M = -85kN \cdot m$，$M = +108kN \cdot m$。采用 C25 混凝土与 HRB400 级钢筋。试求：

（1）按单筋矩形截面计算在 $M = -85kN \cdot m$ 作用下，梁顶需要配置的受拉钢筋 A'_s；

（2）按单筋矩形截面计算在 $M = +108kN \cdot m$ 作用下，梁底面需要配置的受拉钢筋 A_s；

（3）将在 $M = -85kN \cdot m$ 作用下梁顶面的受拉钢筋 A'_s 作为受压钢筋，按双筋梁计算在 $M = +108kN \cdot m$ 作用下梁底面需要配置的受拉钢筋 A_s；

（4）试比较（2）与（3）的梁底配筋面积。

11. 某 T 形截面梁 $b'_f = 400mm$，$h'_f = 100mm$，$b = 200mm$，$h = 600mm$，采用 C20 混凝土，HRB400 级钢筋，环境类别为一类，结构的安全等级为二级，试计算以下情况该梁的配筋（取 $a_s = 60mm$）。

（1）承受弯矩设计值 $M = 155kN \cdot m$；

（2）承受弯矩设计值 $M = 285kN \cdot m$；

（3）承受弯矩设计值 $M = 365kN \cdot m$。

12. 钢筋混凝土矩形截面简支梁，环境类别为一类，截面尺寸为 $b \times h = 200mm \times 550mm$，承受均布荷载，箍筋采用 HRB335 级，混凝土采用 C30。试求：

（1）当支座处剪力设计值为 $V = 180kN$，试确定箍筋的直径和间距；

（2）当支座处剪切力设计值分别为 $V = 18kN$ 和 $V = 670kN$ 时，分别如何处理？

13. 某简支梁，计算跨度为 4500mm，承受均布荷载设计值为 $q = 30kN/m$，安全等级为二级，截面尺寸为 $b \times h = 200mm \times 450mm$，采用 C25 混凝土，纵筋采用 HRB335 级钢筋，箍筋采用 HPB300 级钢筋，求梁的纵向受力钢筋和箍筋，并画出配筋示意图。

第4章　受压构件的承载力计算

本章提要

本章讲述了轴心受压构件和偏心受压构件的承载能力计算及其构造要求。受压构件承载力计算可分为正截面承载力计算和斜截面承载力计算。偏心受压构件有大偏心受压和小偏心受压两种情况，在进行受压构件设计计算时，除满足计算要求外，尚需符合有关构造要求。

本章要点

1. 掌握受压构件的一般构造要求
2. 掌握轴心受压构件的承载力计算方法
3. 掌握受压构件大偏心受压和小偏心受压的概念
4. 理解大偏心受压构件、小偏心受压构件的计算方法
5. 了解偏心受压构件斜截面承载力计算

承受以轴向压力为主的构件属于受压构件。在建筑结构中，钢筋混凝土受压构件的应用十分广泛。钢筋混凝土受压构件按纵向压力作用线与截面形心是否重合，可分为轴心受压构件和偏心受压构件。当构件所受的纵向压力作用线与构件截面形心轴线重合时称为轴心受压构件(图4-1a)。

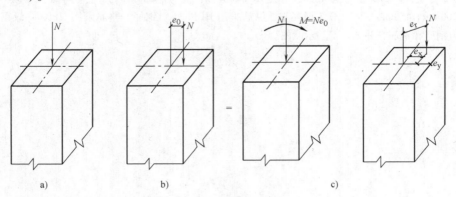

图4-1　受压构件

a) 轴心受压　b) 单向偏心受压　c) 双向偏心受压

当纵向压力作用线与构件截面形心轴线不重合或在构件截面上同时作用有轴心力和弯矩时，称为偏心受压构件。因为在构件截面上，弯矩和轴心压力的共同作用可看成为具有偏心距为 e 的纵向压力 N 的作用。如果纵向压力只在一个主轴方向偏心，则称为单向偏心受压构件(图4-1b)。而在两个主轴方向均偏心时，称为双向偏心受压构件(图4-1c)。

实际工程中的轴心受压构件，因为混凝土质量的不均匀性，施工时的偏差等，理想的

轴心受压构件是不存在的。但在设计中，对于承受以恒荷载为主的多层房屋的中间柱以及屋架的腹杆等构件，因其弯矩很小而忽略不计，可以近似地简化为轴心受压构件进行计算。

4.1 一般构造要求

4.1.1 材料强度等级

混凝土强度等级对受压构件的承载能力影响较大。为了减小构件的截面尺寸，节省钢材，宜采用较高强度等级的混凝土。一般柱中采用 C25 及以上等级的混凝土，对于高层建筑的底层柱，必要时可采用高强度等级的混凝土。

受压钢筋不宜采用高强度钢筋，一般采用 HRB335 级、HRB400 级和 HRB500 级；箍筋一般采用 HPB300 级、HRB335 级钢筋。

4.1.2 截面形式及尺寸

柱截面一般采用方形或矩形，因其构造简单，施工方便，特殊情况下也可采用圆形或多边形等。

柱截面的尺寸主要根据内力的大小、构件的长度及构造要求等条件确定。为了避免构件长细比过大，承载力降低过多，柱截面尺寸不宜过小，一般现浇钢筋混凝土柱截面尺寸不宜小于 250mm×250mm，I 形截面柱的翼缘厚度不宜小于 120mm，腹板厚度不宜小于 100mm。此外，为了施工支模方便，柱截面尺寸宜使用整数，800mm 及以下的截面宜以 50mm 为模数，800mm 以上的截面宜以 100mm 为模数。

4.1.3 纵向钢筋

纵向钢筋的直径不宜小于 12mm，通常在 12～32mm 范围内选用。钢筋应沿截面的四周均匀对称地放置，根数不得少于 4 根，圆柱中的纵向钢筋根数不宜少于 8 根。为了减少钢筋在施工时可能产生的纵向弯曲，宜采用较粗的钢筋。柱内纵筋的混凝土保护层厚度必须符合规范要求且不应小于纵筋直径，纵筋净距不应小于 50mm，对水平位置上浇筑的预制柱，其纵筋最小净距与梁相同。在偏心受压柱中垂直于弯矩作用平面的侧面上的纵向受力钢筋以及轴心受压柱中各边的纵向受力钢筋，其中距不宜大于 300mm。

柱中全部纵筋的配筋率不应小于 0.6%，当采用 HRB400、RRB400 级钢筋时，全部纵筋的最小配筋率应取 0.5%，当混凝土等级在 C60 及以上时，全部纵筋的最小配筋率应取 0.7%。在偏心受压柱中一侧纵筋的配筋率不应小于 0.2%。从经济和施工方面考虑，柱内全部纵向钢筋的配筋率不宜大于 5%。

当偏心受压柱的截面高度 $h \geq 600mm$ 时，在柱的侧面上应设置直径为 10～16mm 的纵向构造钢筋，并相应设置复合箍筋或拉筋。

4.1.4 箍筋

箍筋不但可以防止纵向钢筋压屈，而且在施工时起固定纵向钢筋位置的作用，还对混凝土受压后的侧向膨胀起约束作用，因此柱中箍筋应做成封闭式。

箍筋间距不应大于400mm及构件截面的短边尺寸，且不应大于15d（d为纵向受力钢筋的最小直径）。

箍筋直径，当采用热轧钢筋时，其直径不应小于$d/4$（d为纵筋的最大直径），且不应小于6mm。当柱中全部纵向受力钢筋的配筋率超过3%时，箍筋直径不宜小于8mm，且应焊成封闭环式，其间距不应大于10d（d为纵向受力钢筋的最小直径），且不应大于200mm。

箍筋形式根据截面形式、尺寸及纵向钢筋根数确定。

当柱的截面短边不大于400mm且每边的纵筋不多于4根时，可采用单个箍筋；当柱的截面短边大于400mm且每边的纵筋多于3根时，或当柱截面的短边不大于400mm但各边纵筋多于4根时，应设置复合箍筋（图4-2）。

配有螺旋式或焊接环式间接钢筋的柱中，如计算中考虑间接钢筋的作用，则间接钢筋的间距不应大于80mm及$d_{cor}/5$（d_{cor}为按间接钢筋内表面确定的核心截面直径），且不宜小于40mm。

其他截面形式柱的箍筋如图4-3所示，但不允许采用有内折角的箍筋，避免产生外拉力，使折角处混凝土破坏。

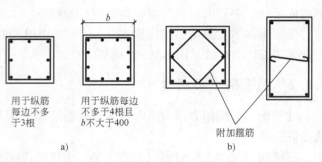

图4-2 柱的箍筋配置

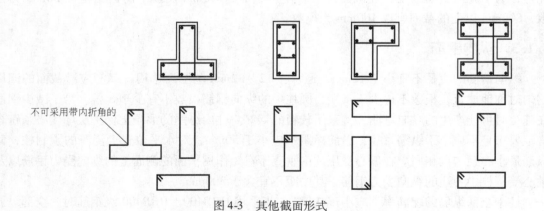

图4-3 其他截面形式

4.1.5 上、下层柱纵筋的搭接

在多层房屋中，柱内纵筋接头位置一般设在各层楼面处，通常是将下层柱的纵筋伸出楼面一段长度l_1，以备与上层柱的纵筋搭接。不加焊的受拉钢筋搭接长度l_1不应小于1.2l_a，且不应小于300mm；受压钢筋的搭接长度l_1不应小于0.7l_a，且不应小于200mm，如图4-4所示。

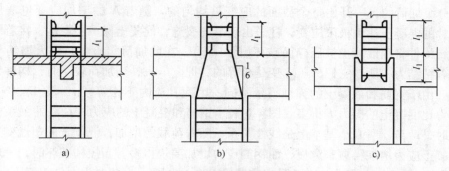

图 4-4　上下层柱的纵筋搭接

4.2　轴心受压构件截面承载力计算

柱是最具有代表性的受压构件，钢筋混凝土受压柱按配置的箍筋形式不同，可分为两种类型，即配有纵筋和普通箍筋的柱及配有纵筋和螺旋箍筋的柱。

4.2.1　配有纵筋和普通箍筋的柱

该类柱是工程中最常见的一种形式。其截面一般为方形、矩形或圆形。纵筋的作用是帮助混凝土承担压力，同时还承担由于荷载的偏心而引起的弯矩。箍筋的作用是与纵筋形成空间骨架，防止纵筋向外压屈，且对核心部分的混凝土起到约束作用。

4.2.1.1　钢筋混凝土轴心受压柱的破坏形态

为了正确建立钢筋混凝土轴心受压构件的承载力计算公式，必须先明确轴心力作用下钢筋混凝土轴心受压构件的破坏过程，以及混凝土和钢筋的受力状态。

受压柱根据长细比的不同，分为短柱和长柱。短柱指的是长细比 $l_0/b \leqslant 8$（矩形截面，b 为截面较小边长）或 $l_0/i \leqslant 28$（i 为截面回转半径）的柱。

图 4-5a 所示为配有纵筋和普通箍筋的矩形截面的钢筋混凝土短柱，受到轴心力 N 的作

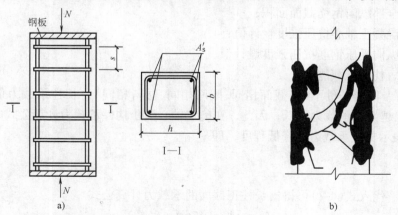

图 4-5　轴心受压短柱的破坏试验
a）轴心受压短柱试件　b）轴心受压短柱的破坏形态

用。N 是分级加荷的，一开始整个截面的应变是均匀的，随着 N 的增加应变也增加，临破坏时，构件的混凝土达到极限应变，柱子出现纵向裂缝，混凝土保护层剥落，接着纵向钢筋向外鼓出，构件将因混凝土被压碎而破坏（图 4-5b）。在此加荷实验中，因为钢筋与混凝土之间存在着粘结力，所以它们的压应变是相等的，即 $\varepsilon_c = \varepsilon_s$，当加荷较小时，构件处于弹性工作阶段，由于钢筋和混凝土的弹性模量不同，因而其应力不相等，$\sigma'_s = \varepsilon_s E_s$，$\sigma_c = \varepsilon_c E_c$，钢筋的应力比混凝土的应力大得多。图 4-6 表示钢筋和混凝土的应力与荷载的关系曲线，当荷载较小时，N 与 σ_c 和 σ'_s 基本上是线性关系，随着荷载的增加，混凝土的塑性变形有所发展，故混凝土应力增加得愈来愈慢，而钢筋应力增加要快得多。当短柱破坏时，一般是纵筋先达到屈服强度，此时混凝土的极限应变为 0.002，也即认为此时混凝土达到轴心抗压强度，而相应的纵向钢筋应力值为 $\sigma'_s = 2 \times 10^5 \times 0.002 = 400 \text{N/mm}^2$，对于热轧钢筋已达到屈服强度，但对于屈服强度超过 400N/mm^2 的钢筋，其受压强度设计值只能取 $f'_y = 400\text{N/mm}^2$，因此，在普通受压构件中采用高强钢筋作为受压钢筋不能充分发挥其高强度的作用，是不经济的。

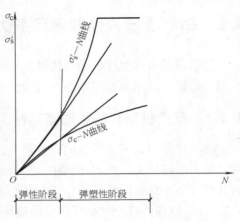

对于长细比较长的长柱在轴心力的作用下，由于各种因素造成的初始偏心距的影响是不可忽视的，而且由于该初始偏心距，使构件产生的水平挠度又将加大原来的初始偏心距，这样相互影响的结果，促使了构件截面破坏较早到来，导致承载力的降低。试验表明，柱的长细比越大，其承载力越低，当长细比很大时，还可能发生失稳破坏。

图 4-6　应力与荷载的关系曲线

4.2.1.2　轴心受压构件承载力计算公式

根据上述试验分析，短柱的正截面承载力计算公式可写成

$$N_s = f_c A + f'_y A'_s \tag{4-1}$$

式中　A——构件截面面积；

$\quad\ A'_s$——全部纵向钢筋截面面积；

$\quad\ f_c$——混凝土轴心抗压强度设计值；

$\quad\ f'_y$——纵向受压钢筋抗压强度设计值；

$\quad\ N_s$——短柱的承载能力。

实验测得，同等条件下（即截面相同、配筋相同、材料相同），长柱承载力低于短柱承载力，且长细比越大，承载力越低，因此，在确定轴心受压构件承载力计算公式时，通常采用稳定系数 φ 表示长柱承载力的降低程度，即

$$\varphi = \frac{N_1}{N_s} \tag{4-2}$$

将式（4-1）代入式（4-2）可得出长柱正截面的承载力计算公式

$$N_1 = \varphi N_s = \varphi(f_c A + f'_y A'_s)$$

考虑到构件为非弹性匀质体及施工中人为误差等因素引起构件截面形心与质量形心有可能不一致而导致截面上应力分布的不均匀性。另外，还考虑与偏心受压柱正截面承载力有相

近的可靠度，《规范》通过对承载力乘以 0.9 的方法修正这些因素对构件承载力的影响。因此，配有纵筋和普通箍筋的钢筋混凝土轴心受压柱正截面承载力计算公式为

$$N \leqslant 0.9\varphi(f_c A + f'_y A'_s) \tag{4-3}$$

式中　N——轴心压力设计值；

　　　φ——钢筋混凝土构件稳定系数，按表 4-1 采用。

当纵向钢筋配筋率大于 3% 时，公式（4-3）中的 A 应为 $(A - A'_s)$ 所代替。

表 4-1　钢筋混凝土轴心受压构件的稳定系数

l_0/b	≤8	10	12	14	16	18	20	22	24	26	28
l_0/d	≤7	8.5	10.5	12	14	15.5	17	19	21	22.5	24
l_0/i	≤28	35	42	48	55	62	69	76	83	90	97
φ	1.00	0.98	0.95	0.92	0.87	0.81	0.75	0.70	0.65	0.60	0.56
l_0/b	30	32	34	36	38	40	42	44	46	48	50
l_0/d	26	28	29.5	31	33	34.5	36.5	38	40	41.5	43
l_0/i	104	111	118	125	132	139	146	153	160	167	174
φ	0.52	0.48	0.44	0.40	0.36	0.32	0.29	0.26	0.23	0.21	0.19

注：表中 l_0 为构件的计算长度，b 为矩形截面的短边尺寸，d 为圆形截面的直径，i 为截面的最小回转半径。

表 4-1 中的 φ 值是根据构件在两端为不动铰支承的条件下由试验得到的。而柱的计算长度 l_0 与柱两端的支承情况有关。《规范》规定柱的计算长度 l_0 按下列情况采用：

（1）一般多层房屋的钢筋混凝土框架结构各层柱的计算长度：

现浇楼盖：底层柱 $l_0 = 1.0H$；其余各层柱 $l_0 = 1.25H$；

装配式楼盖：底层柱 $l_0 = 1.25H$；其余各层柱 $l_0 = 1.5H$。

（2）无侧移钢筋混凝土框架结构各层柱的计算长度：

无侧移钢筋混凝土框架结构，当为三跨或三跨以上，或为两跨且房屋的总宽度不小于总高度的 1/3 时，其各层框架柱的计算长度为：现浇楼盖，$l_0 = 0.7H$；装配式楼盖，$l_0 = 1.0H$。

以上规定中，对底层柱，H 为基础顶面到一层楼盖顶面之间的距离；对其余各层柱，H 为上、下两层楼盖顶面之间的距离。

4.2.1.3　承载力计算方法

轴心受压构件的承载力计算问题可以归纳为截面设计和截面复核两大类。

1. 截面设计

已知轴向设计力 N，构件的计算长度 l_0，材料强度等级。设计构件的截面尺寸和配筋。

分析：为求构件的截面尺寸和配筋，必须用公式（4-3）求解，但此时 A、A'_s、φ 等均为未知数，满足公式（4-3）的解有很多组，故可用试算法求解。步骤如下：

（1）初步估算截面尺寸。假设 $\varphi = 1$，$\rho' = 1\%$（建议 ρ' 选在 0.5%~2% 范围内），估出

$$A = \frac{N}{0.9\varphi(f_c + \rho' f'_y)}$$

，求出截面尺寸。

（2）求稳定系数 φ。根据计算长度 l_0 与截面的短边尺寸之比值查表 4-1 确定。

（3）确定纵筋截面积 A'_s。将已知数值代入式（4-3）求出 A'_s。

（4）验算配筋率 ρ'，检查是否符合 $\rho' \in [\rho_{\min}, \rho_{\max}]$ 要求，如果计算出来的配筋率不符合

要求，可调整截面尺寸后重新计算。

（5）选配钢筋。

【**例题 4-1**】　已知某现浇楼盖的多层框架结构房屋，二层层高为 3.6m，安全等级为二级，$\gamma_0 = 1$，通过内力计算得知二层中柱的轴向压力设计值 $N = 2420kN$（包括自重）。混凝土采用 C25 级，HRB335 级钢筋，$f_c = 11.9N/mm^2$，$f'_y = 300N/mm^2$，试设计此柱的截面及配筋。

【**解**】　（1）确定截面尺寸

假设 $\varphi = 1$，$\rho' = 1.5\%$，则

$$A = \frac{N}{0.9\varphi(f_c + \rho'f'_y)} = \frac{2420 \times 10^3}{0.9 \times 1 \times (11.9 + 1.5\% \times 300)} = 164000mm^2$$

采用正方形截面 $A = b \times h = 400 \times 400mm$

（2）求稳定系数 φ

$$l_0/b = 1.25 \times 3.6/0.4 = 11.25$$

查表 4-1 插值得 $\varphi = 0.961$。

（3）求纵筋面积 A'_s

$$A'_s = \frac{\dfrac{\gamma_0 N}{0.9\varphi} - f_c A}{f'_y} = \frac{1.0 \times 2420 \times 10^3/(0.961 \times 0.9) - 11.9 \times 400 \times 400}{300} = 2980mm^2$$

（4）选配钢筋

纵筋：选用 8 Φ 22，实配 $A'_s = 3041mm^2$，$\rho = \dfrac{A'_s}{A} = \dfrac{3041}{160000} = 1.9\% < 3\%$；箍筋：按构造要求选用 Φ 8@300。

（5）截面配筋图如图 4-7 所示。

2. 截面复核

已知截面尺寸和配筋、构件的计算长度 l_0、材料强度等级。求构件所能承担的轴向压力 N_u 或验算截面在已知轴向力 N 作用下是否安全。

分析：若求构件所能承担的轴向压力设计值 N_u，则可把已知数据代入式(4-3)。若验算截面在已知轴向力作用下是否安全，则把已知数据代入式(4-3)，求出的 N_u 与已知轴向力 N 比较，如果 $N_u \geqslant N$，则安全，反之，则不安全。

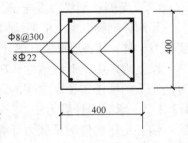

图 4-7　例 4-1 截面配筋图

【**例题 4-2**】　某现浇底层钢筋混凝土轴心受压柱，其截面尺寸 $b \times h = 400mm \times 500mm$，该柱承受的轴力设计值 $N = 2500kN$，柱高 4.4m，采用 C30 混凝土，HRB400 级受力钢筋，已知 $f_c = 14.3N/mm^2$，$f'_y = 360N/mm^2$，$a_s = 35mm$，配置有纵向受力钢筋截面面积 $A'_s = 1256mm^2$，试验算截面是否安全。

【**解**】　（1）确定稳定系数 φ

$$l_0 = 1.0H = 1 \times 4.4 = 4.4m$$

$$l_0/b = 4400/400 = 11$$

查表 4-1 得 $\varphi = 0.965$。

（2）确定柱截面承载力

$$A = 400 \times 500 = 200000 \text{mm}^2$$

$$A'_s = 1256 \text{mm}^2, \quad \rho' = \frac{A'_s}{A} = \frac{1256}{200000} = 0.628\% < 3\%$$

$$N_u = 0.9\varphi(f_c A + A'_s f'_y) = 0.9 \times 0.965 \times (14.3 \times 200000 + 1256 \times 360)$$
$$= 2879.4 \times 10^3 \text{N} = 2879.4 \text{kN} > N = 2500 \text{kN}$$

故此柱截面安全。

4.2.2　配有纵筋和螺旋箍筋的柱

图 4-8 所示的截面为采用螺旋式（或焊接钢环式）箍筋的轴心受压钢筋混凝土柱，这种柱的截面形状一般为圆形或多边形，其承载力比普通箍筋柱有所提高。当柱承受很大轴心压力，并且柱截面尺寸由于建筑上及使用上的要求受到限制，若设计成普通箍筋的柱，即使提高了混凝土强度等级和增加了纵筋配筋量也不足以承受该轴心压力时，则可考虑采用螺旋筋或焊接环筋以提高承载力。

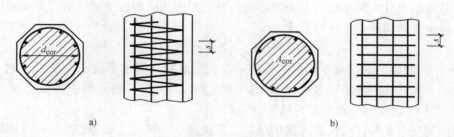

图 4-8　螺旋式配筋柱或焊环式配筋柱
a）螺旋式配筋柱　b）焊环式配筋柱

配有纵筋和螺旋箍筋的柱，其螺旋筋像环箍一样能约束核心混凝土在纵向受压时产生的横向变形，从而提高了混凝土抗压强度和变形能力。当荷载逐渐增大，螺旋筋外的混凝土保护层开始剥落时，螺旋筋内的混凝土并未破坏，应力随着荷载的增加而继续增大。因此，在计算中不考虑保护层混凝土的作用，只考虑螺旋筋内核心面积 A_{cor} 的混凝土作为计算截面面积。

当外力逐渐加大，螺旋筋的应力达到抗拉屈服强度时，就不再能有效地约束混凝土的横向变形，混凝土的抗压强度就不能再提高，这时构件破坏。

根据上述分析可知，螺旋筋或焊接环筋（也可称为"间接钢筋"）所包围的核心截面混凝土的实际抗压强度 f_{c1} 因套箍作用而高于混凝土轴心抗压强度 f_c，其值可利用圆柱体混凝土侧向均匀压应力的三轴受压试验所得的近似关系式进行计算：

$$f_{c1} = f_c + 4\sigma_c \tag{4-4}$$

式中　σ_c——当螺旋钢筋的应力达到屈服强度时，柱的核心混凝土受到的径向压应力值。

由图 4-9 可知，当螺旋钢筋屈服时，在箍筋钢筋间距 s 范围内 σ_c 的合力与箍筋的拉力平衡，则可得 $2f_y A_{ss1} = \sigma_c s d_{cor}$

$$\sigma_c = \frac{2f_y A_{ss1}}{s d_{cor}} = \frac{2f_y A_{ss1} d_{cor} \pi}{4 \times \frac{\pi d_{cor}^2}{4} \times s} = \frac{f_y A_{sso}}{2A_{cor}} \quad (4-5)$$

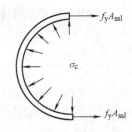

图 4-9　螺旋配筋环向应力

式中　A_{ss1}——单肢箍筋的截面面积；

$\quad\quad f_y$——螺旋钢筋的抗拉强度设计值；

$\quad\quad s$——沿构件轴线方向间接钢筋的间距；

$\quad\quad d_{cor}$——构件的核心直径，按间接钢筋内表面确定；

$\quad\quad A_{sso}$——间接钢筋的换算截面面积；

$$A_{sso} = \frac{\pi d_{cor} A_{ss1}}{s} \quad (4-6)$$

$\quad\quad A_{cor}$——混凝土的核心截面面积，$A_{cor} = \frac{\pi d_{cor}^2}{4}$。

根据力的平衡条件，可得配有纵筋和螺旋箍筋柱的承载力 N 的计算公式：

$$N = f_{c1} A_{cor} + f_y' A_s' = (f_c + 4\sigma_c) A_{cor} + f_y' A_s' = f_c A_{cor} + 2f_y A_{sso} + f_y' A_s'$$

考虑截面应力分布的不均匀性和间接钢筋对混凝土约束折减的影响后，可得螺旋式或焊接环式间接钢筋柱的承载力计算公式为

$$N \leqslant 0.9(f_c A_{cor} + 2\alpha f_y A_{sso} + f_y' A_s') \quad (4-7)$$

式中　α——间接钢筋对混凝土约束的折减系数，当混凝土强度等级不大于 C50 时，取 $\alpha = 1.0$；当混凝土强度等级为 C80 时，取 $\alpha = 0.85$；当混凝土强度等级在 C50 与 C80 之间时，按线性内插法确定。

为保证间接钢筋外面的混凝土保护层在正常使用中不脱落，要求按式(4-7)算得的构件承载力不应超过按式(4-3)算得的 1.5 倍。

凡属下列情况之一者，不应考虑间接钢筋的影响而仍按式(4-3)计算构件的承载力：

（1）当 $l_0/d > 12$ 时，此时因长细比较大，有可能因纵向弯曲而使螺旋筋不起作用；

（2）当按式(4-7)算得的 N 小于按式(4-3)算得的 N 时；

（3）当间接钢筋换算截面面积 A_{sso} 小于纵筋全部截面面积的 25% 时，则认为间接钢筋配置得太少，约束效果不明显。

此外，间接钢筋间距不应大于 80mm 及 $d_{cor}/5$，且不应小于 40mm，间接钢筋的直径仍按一般柱内箍筋直径有关规定采用。

【例题 4-3】　某现浇钢筋混凝土轴心受压圆截面柱，直径为 450mm，承受的轴向压力设计值 $N = 2700$kN，柱计算高度 4.5m，安全等级为二级，在柱内配置有 8 Φ 22（$A_s' = 3041\text{mm}^2$），采用 C20 混凝土，HRB335 级受力钢筋，HPB235 级螺旋钢筋。试设计柱内的螺旋钢筋。

【解】　（1）验算适用条件

$l_0/d = 4500/450 = 10 < 12$，查表 4-1 插值得 $\varphi = 0.966$。

当仅配有箍筋时，其承载力为

$$N_u = 0.9\varphi(f_c A + f_y' A_s') = 0.9 \times 0.966 \times \left(9.6 \times \frac{\pi \times 450^2}{4} + 300 \times 3041\right) \times 10^{-3}$$

$$= 2120\text{kN} < N = 2700\text{kN}$$

$$1.5N_u = 1.5 \times 0.9\varphi(f_c A + f'_y A'_s) = 1.5 \times 2120 = 3180\text{kN} > N = 2700\text{kN}$$

由上述计算可知，仅配有箍筋的该柱，其承载力不能满足要求。但由于 $1.5N_u > N$，所以可考虑采用螺旋钢筋柱。

（2）螺旋筋计算

设混凝土保护层厚度为 30mm，截面的核心直径 $d_{cor} = 450 - 2 \times 30 = 390\text{mm}$，则

$$A_{cor} = \frac{\pi d_{cor}^2}{4} = \frac{\pi}{4} \times 390^2 = 119400\text{mm}^2$$

由式(4-7)可得间接钢筋的换算截面面积为

$$A_{sso} = \frac{\dfrac{N}{0.9} - f'_y A'_s - f_c A_{cor}}{2\alpha f'_y}$$

$$= \frac{\dfrac{2700 \times 10^3}{0.9} - 300 \times 3041 - 9.6 \times 119400}{2 \times 1.0 \times 300} = 1569\text{mm}^2$$

$$> 0.25A'_s = 0.25 \times 3041 = 760\text{mm}^2$$

设螺旋钢筋间距 $s = 50\text{mm}$，则单肢螺旋箍筋截面面积为

$$A_{ss1} = \frac{sA_{sso}}{\pi d_{cor}} = \frac{50 \times 1569}{\pi \times 390} = 64.1\text{mm}^2$$

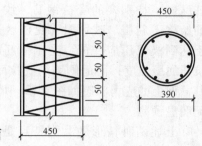

图 4-10　例题 4-3 截面配筋图

选用 $\Phi 10\text{mm}$ 螺旋箍筋，实际截面面积 $A_{ss1} = 78.5\text{mm}^2 > 64.1\text{mm}^2$

配筋如图 4-10 所示。

4.3　偏心受压构件正截面承载力计算

根据纵向压力的作用位置，偏心受压构件可分为单向偏心受压构件和双向偏心受压构件。在此，仅介绍单向偏心受压构件正截面承载力的计算。以下的偏心受压构件未特别注明的即指单向偏心受压构件。

4.3.1　偏心受压构件的破坏特征

钢筋混凝土偏心受压构件的破坏形态有大偏心受压破坏和小偏心受压破坏两种情况。

1. 大偏心受压破坏（受拉破坏）

当轴向力 N 的偏心距较大，且受拉钢筋的数量不多时，受荷后，靠近轴向力作用的一侧受压，另一侧受拉。随着荷载的增加，首先在受拉区产生横向裂缝，荷载再增加，受拉区的裂缝随之不断地开展，在破坏前主裂缝逐渐明显，受拉钢筋的应力达到屈服强度，随着裂缝的开展，受压区高度减小，最后受压区钢筋屈服而且混凝土被压碎。其破坏形态与配有双筋适筋梁相似(图 4-11)。

因为这种偏心受压构件的破坏是由于受拉钢筋首先屈服，而后导致受压区混凝土被压碎，其承载力主要取决于

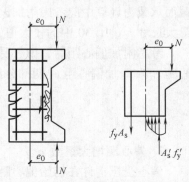

图 4-11　大偏心受压破坏形态

受拉钢筋，故又称为受拉破坏。这种破坏有明显的预兆，属于延性破坏。

2. 小偏心受压破坏（受压破坏）

（1）当轴向力 N 的偏心距较小时，构件截面全部受压或大部分受压，如图 4-12a 或图 4-12b 所示的情况。一般情况下截面破坏是从靠近轴向力 N 一侧受压区边缘处的压应变达到混凝土极限压应变值而开始的。破坏时，受压应力较大一侧的混凝土被压坏，同侧的受压钢筋的应力也达到抗压屈服强度。而离轴向力 N 较远一侧的钢筋可能受拉也可能受压，但都不屈服。

（2）当轴向力的偏心距虽然较大，但却配置了特别多的受拉钢筋，致使受拉钢筋始终不屈服。破坏时，受压区边缘混凝土达到极限压应变值，受压钢筋应力达到抗压屈服强度，而远侧钢筋受拉而不屈服，其截面上的应力状态如图 4-12c 所示。破坏无明显预兆。

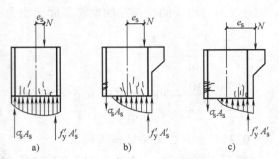

图 4-12　小偏心受压破坏形态

a）截面全部受压　b）截面大部分受压　c）受拉钢筋较多

上述两种情形的共同特点是，构件在破坏时，受压区混凝土和近轴力一侧的受压钢筋都达到了其抗压强度，而距轴力较远一侧的钢筋，无论受拉或受压，一般均未屈服。构件的承载力主要取于压区混凝土及受压钢筋，故称为受压破坏。这种破坏缺乏明显的预兆，属于脆性破坏。

3. 两类偏心受压破坏的界限

从以上两类偏心受压破坏的特征可以看出，大偏心受压破坏犹如受弯构件正截面的适筋破坏，小偏心受压破坏犹如受弯构件正截面的超筋破坏，因此，两类偏心受压破坏的界限可用受弯构件中的适筋破坏和超筋破坏的界限予以划分，即

当 $\xi \leqslant \xi_b$ 时，为大偏心受压构件；当 $\xi > \xi_b$ 时，为小偏心受压构件。

4.3.2　偏心距增大系数

1. 附加偏心距 e_a 和初始偏心距 e_i

在实际工程中，由于混凝土质量的不均匀性，施工的偏差，实际荷载和设计荷载作用位置的偏差等原因，都会造成轴向力在偏心方向产生附加偏心距 e_a，因此，在偏心受压构件正截面承载力计算中应考虑附加偏心距 e_a 的影响，《规范》规定，e_a 取 20mm 和偏心方向截面最大尺寸 h 的 1/30 中的较大值。

考虑附加偏心距后，偏心受压构件正截面承载力计算时所取的初始偏心距 e_i 由原始偏心距 e_0 和附加偏心距 e_a 两部分组成，即

$$e_i = e_0 + e_a \tag{4-8}$$

$$e_0 = \frac{M}{N} \tag{4-9}$$

2. 偏心距增大系数 η

偏心受压构件在初始偏心距 e_i 的轴向力作用下会产生纵向弯曲，其侧向挠度为 f，此时截面上弯矩 M 由 $M = Ne_i$ 增加为 $M = N(e_i + f) = Ne_i + Nf$，如图 4-13 所示，而 f 随着柱子的长

细比不同大小也不一样。

短柱 f 很小，附加弯矩 Nf 可忽略不计；长柱（$8 < l_0/b \leqslant 30$ 的柱）Nf 则不能忽略，而且破坏时，承载力比其他条件相同的短柱要低，长细比越大，降低越多；细长柱（$l_0/b > 30$ 的柱）属失稳破坏，工程设计中应尽量避免细长柱。因此在计算长柱时，用初始偏心距乘以偏心距增大系数的方法考虑纵向弯曲的影响。

《规范》给出矩形、T 形、I 形、环形和圆形截面偏心距增大系数的计算公式：

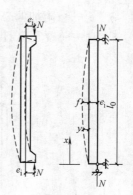

图 4-13　柱的纵向弯曲变形

$$\eta = 1 + \frac{1}{1400 e_i/h_0} \left(\frac{l_0}{h} \right)^2 \zeta_1 \zeta_2 \qquad (4-10)$$

$$\zeta_1 = \frac{0.5 f_c A}{N} \qquad (4-11)$$

$$\zeta_2 = 1.15 - 0.01 \frac{l_0}{h} \qquad (4-12)$$

式中　l_0——构件的计算长度；

　h——截面高度；其中，对环形截面，取外直径；对圆形截面，取直径；

　h_0——截面的有效高度；

　ζ_1——偏心受压构件的截面曲率修正系数，当 $\zeta_1 > 1.0$ 时，取 $\zeta_1 = 1.0$；

　ζ_2——构件长细比对截面曲率的影响系数，当 $l_0/h < 15$ 时，取 $\zeta_2 = 1.0$；

　A——构件的截面面积；对 T 形、I 形截面，均取 $A = bh + 2(b_f' - b) h_f'$。

4.3.3　矩形截面偏心受压构件正截面承载力计算基本公式

4.3.3.1　大偏心受压构件正截面的受压承载力计算公式

为简化计算，采用与受弯构件同样的假设及方法，把受压区混凝土曲线压应力图用等效矩形图形来替代，其应力值取为 $\alpha_1 f_c$，受压区高度取为 x，如图 4-14 所示。

1. 基本公式

根据力的平衡条件及各力对受拉钢筋合力点取矩的力矩平衡条件，可以得到下面两个基本计算公式：

$$N = \alpha_1 f_c bx + f_y' A_s' - f_y A_s \qquad (4-13)$$

$$Ne = \alpha_1 f_c bx \left(h_0 - \frac{x}{2} \right) + f_y' A_s' (h_0 - a') \qquad (4-14)$$

式中　N——受压承载力设计值；

　α_1——系数取值同受弯构件；

　e——轴向力作用点至受拉钢筋 A_s 合力点之间的距离，即

$$e = \eta e_i + \frac{h}{2} - a_s \qquad (4-15)$$

$$e_i = e_0 + e_a \qquad (4-16)$$

　η——偏心距增大系数，按式（4-10）计算；

　e_i——初始偏心距；

e_0——轴向力对截面重心的偏心距，$e_0 = M/N$；

e_a——附加偏心距，其值取偏心方向截面尺寸的 1/30 和 20mm 中的较大者；

h——受压区计算高度。

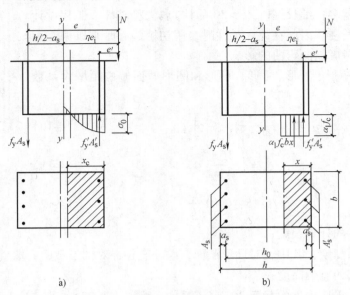

图 4-14　大偏心受压构件正截面承载力计算图形

a）截面应力分布图　b）等效计算图形

2. 适用条件

（1）为了保证构件破坏时，受拉区钢筋应力能达到屈服强度，必须满足

$$x \leqslant x_b \tag{4-17}$$

式中　x_b——界限破坏时受压区计算高度，$x_b = \xi_b h_0$，ξ_b 与受弯构件的相同。

（2）为了保证构件破坏时受压钢筋应力能达到屈服强度，必须满足：

$$x \geqslant 2a'_s \tag{4-18}$$

当 $x = \xi h_0 < 2a'_s$ 时，表示受压钢筋的应力可能达不到屈服强度 f'_y，为偏于安全并方便计算起见，此时可近似取 $x = 2a'_s$，其应力图形如图 4-15 所示，对受压钢筋 A'_s 作用点取矩，得

$$Ne' = f_y A_s (h_0 - a'_s) \tag{4-19}$$

$$e' = \eta e_i - \frac{h}{2} + a'_s \tag{4-20}$$

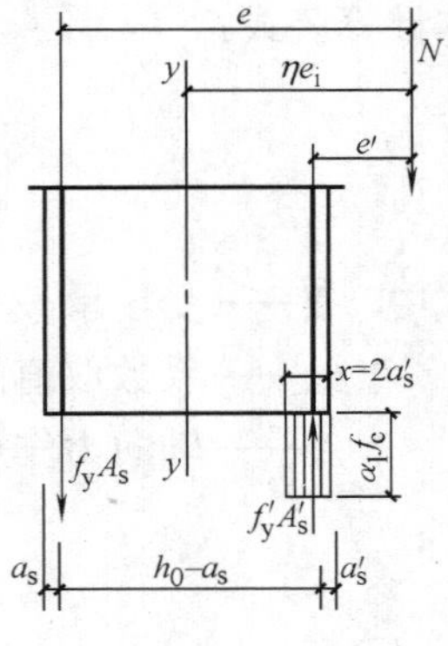

4.3.3.2　小偏心受压构件正截面的受压承载力计算公式

小偏心受压破坏时，受压区混凝土被压碎，受压钢筋 A'_s 的应力达到屈服强度，而远侧钢筋 A_s 可能受拉或受压但都不屈服（图 4-16）。在计算时，受压区的混凝土曲线压应力图仍用等效矩形图来替代。

根据力的平衡条件及力矩平衡条件可得，

$$N = \alpha_1 f_c bx + f'_y A'_s - \sigma_s A_s \tag{4-21a}$$

图 4-15　$x < 2a'_s$ 时大偏心受压构件的计算图形

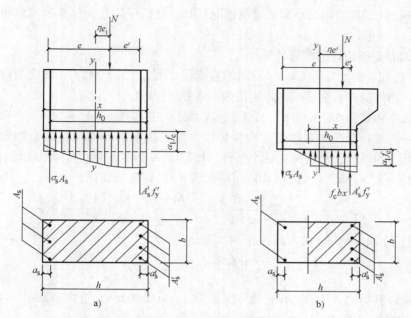

图 4-16 小偏心受压构件正截面承载力计算图形

a）截面全部受压应力图 b）截面大部分受压应力图

$$Ne = \alpha_1 f_c bx \left(h_0 - \frac{x}{2} \right) + f'_y A'_s (h_0 - a'_s) \qquad (4\text{-}21\text{b})$$

式中　σ_s——钢筋 A_s 的应力值，可近似取

$$\sigma_s = \frac{\xi - \beta_1}{\xi_b - \beta_1} f_y \qquad (4\text{-}22)$$

　　β_1——同受弯构件，当混凝土强度 ≤ C50 时，取 $\beta_1 = 0.8$，当混凝土强度为 C80 时，取 $\beta_1 = 0.74$，其间用线性内插法确定；

　　$\xi，\xi_b$——相对受压区计算高度和相对界限受压区计算高度。

$$e = \eta e_i + \frac{h}{2} - a_s \qquad (4\text{-}23)$$

$$e' = \frac{h}{2} - \eta e_i - a'_s \qquad (4\text{-}24)$$

式中　$e、e'$——轴向力作用点至受拉钢筋 A_s 合力点和受压钢筋 A'_s 合力点之间的距离

同时要求满足 $-f'_y \leqslant \sigma_s \leqslant f_y$。

4.3.4　矩形截面偏心受压构件正截面承载力计算

4.3.4.1　不对称配筋矩形截面的计算

不对称配筋矩形截面计算，包括截面配筋计算和截面承载力复核两类问题。

1. 截面配筋计算

该类问题一般是已知构件截面尺寸、材料、构件截面上作用的内力设计值 N、M，要求 A_s 和 A'_s。计算关键点是求出偏心距增大系数 η，判别构件的偏心类型，根据划分大、小偏心受压的界限 $x = x_b = \xi_b h_0$，通过近似简化处理得出：当 $\eta e_i > 0.3h_0$ 时，可按大偏心受压情

况计算；当 $\eta e_i \leqslant 0.3 h_0$，则按小偏心受压情况计算。然后应用有关计算公式求得钢筋截面面积 A_s 及 A'_s。

（1）大偏心受压构件的配筋计算

情况 1：已知：截面尺寸 $b \times h$，材料的强度设计值 $\alpha_1 f_c$、f'_y 和 f_y，轴向力设计值 N 及弯矩设计值 M，构件的计算高度 l_0，求钢筋截面面积 A_s 及 A'_s。

从式（4-13）和式（4-14）中可看出，两个基本公式中共有 x、A_s 和 A'_s 三个未知数，所以不能得出唯一的解。情况与双筋受弯构件类似，为了使钢筋（$A_s + A'_s$）的总用量为最小，应充分发挥混凝土的强度，故可补充一个条件，即取 $x = x_b = \xi_b h_0$（x_b 为界限破坏时受压区计算高度）。现将 $x = x_b = \xi_b h_0$ 代入式（4-14），得钢筋 A'_s 的计算公式：

$$A'_s = \frac{Ne - \alpha_1 f_c b x_b (h_0 - 0.5 x_b)}{f'_y (h_0 - a'_s)} = \frac{Ne - \alpha_1 f_c h_0^2 \xi_b (1 - 0.5 \xi_b)}{f'_y (h_0 - a'_s)} \tag{4-25}$$

将求得的 A'_s 及 $x = \xi_b h_0$ 代入式（4-13），则得

$$A_s = \frac{\alpha_1 f_c b h_0 \xi_b - N}{f_y} + \frac{f'_y}{f_y} A'_s \tag{4-26}$$

按式（4-25）算得的 A'_s 不应小于最小配筋率 $\rho_{\min} = 0.002 bh$，否则就取 $A'_s = 0.002 bh$，按 A'_s 为已知的情况来计算 A_s。

由式（4-26）算得的 A_s 不应小于 $\rho_{\min} bh$，否则就取 $A_s = \rho_{\min} bh$。

最后，按轴心受压构件验算垂直于弯矩作用平面的受压承载力，当其不小于 N 值时即为满足，否则要重新设计。

情况 2：已知：截面尺寸 $b \times h$，材料的强度设计值 $\alpha_1 f_c$、f'_y 和 f_y，轴向力设计值 N 及弯矩设计值 M，构件的计算高度 l_0 及受压钢筋 A'_s 的数量，计算受拉钢筋截面面积 A_s。

从式（4-13）和式（4-14）中可看出，两个基本公式中共有 x 和 A_s 两个未知数，完全可以通过式（4-13）和式（4-14）的联立，直接求得 A_s 值。但要求解 x 的一元二次方程。x 有两个根，在计算中要判断出其中一个根是真实的 x 值。x 值有三种可能性：

若求得的 $x \in [2a'_s, \xi_b h_0]$，说明受压钢筋 A'_s 位置适当，能充分发挥作用，而且受拉钢筋也能达到屈服强度，此时受拉钢筋 A_s 应按下式计算

$$A_s = \frac{f'_y}{f_y} A'_s + \frac{\alpha_1 f_c b x}{f_y} - \frac{N}{f_y} \tag{4-27}$$

若求得的 $x > \xi_b h_0$，说明已知的受压钢筋 A'_s 尚不足，应加大构件截面尺寸，或按 A_s 未知的情况来重新计算，使其满足 $x < \xi_b h_0$ 的条件。

若 $x < 2a'_s$ 时，说明已知的受压钢筋 A'_s 达不到屈服，此时应按式（4-19）对受压钢筋 A'_s 合力点取矩，计算 A_s 值，即

$$A_s = \frac{Ne'}{f_y (h_0 - a'_s)} \tag{4-28}$$

另外，再按不考虑受压钢筋 A'_s 来计算 A_s，即取 $A'_s = 0$，利用式（4-13）及式（4-14）等求算 A_s 值，然后与用式（4-28）求得的 A_s 值作比较，取其中较小值配筋。

（2）小偏心受压构件的配筋计算

将小偏心受压构件的应力 σ_s 公式（4-22）代入式（4-21），并在式（4-14）中将 x 代换为 ξh_0，则小偏心受压的基本公式为

$$N = \alpha_1 f_c b\xi h_0 + f'_y A'_s - \frac{\xi - \beta_1}{\xi_b - \beta_1} f_y A_s \tag{4-29}$$

$$Ne = \alpha_1 f_c b h_0^2 \xi(1 - 0.5\xi) + f'_y A'_s (h_0 - a'_s) \tag{4-30}$$

式中 $e = \eta e_i + \dfrac{h}{2} - a_s$

式（4-29）及式（4-30）中有三个未知数 ξ、A'_s 及 A_s，故不能得出唯一的解。由于在小偏心受压时，远离轴向力一侧的钢筋 A_s 无论受拉还是受压，其应力都达不到强度设计值，故配置数量很多的钢筋是无意义的。可取构造要求的最小用量，但考虑到在 N 较大而 e_0 较小的全截面受压情况下，如附加偏心距 e_a 与荷载偏心距 e_0 方向相反，对距轴力较远一侧受压钢筋 A_s 将更不利（图 4-17）。对 A'_s 合力中心取矩，得

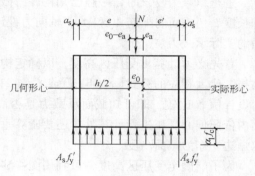

$$A_s = \frac{Ne' - \alpha_1 f_c b\left(\dfrac{h}{2} - a'_s\right)}{f'_y(h_0 - a'_s)} \tag{4-31}$$

式中 e' 为轴向力 N 至 A'_s 合力中心的距离，这时取 $\eta = 1.0$ 对 A_s 最不利，故

$$e' = \frac{h}{2} - a'_s - (e_0 - e_a)$$

按式（4-31）求得的 A_s 应不小于 $0.002bh$，否则应取 $A_s = 0.002bh$。

分析表明：当 $N > \alpha_1 f_c bh$ 时，按式（4-31）求得的 A_s，才有可能大于 $0.002bh$；当 $N \leqslant \alpha_1 f_c bh$ 时，按式（4-31）求得的 A_s 将小于 $0.002bh$，应取 $A_s = 0.002bh$。

如上所述，在小偏心受压情况下，A_s 可直接由式（4-31）或 $0.002bh$ 中的较大值确定，与 ξ 及 A'_s 的大小无关，是独立的条件，因此，当 A_s 确定后，小偏心受压的基本公式（4-29）及式（4-30）中只有二个未知数 ξ 及 A'_s，故可求得唯一的解。

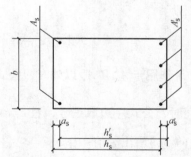

图 4-17 e_a 与 e_0 反向全截面受压

将式（4-31）或 $0.002bh$ 中的较大值 A_s 代入基本公式消去 A'_s 求解 ξ，得

$$\xi = \sqrt{B_2^2 + 2\left(\frac{N}{\alpha_1 f_c bh_0} + \beta_1 B_1\right)\left(1 - \frac{a'_s}{h_0}\right) - \frac{2Ne}{\alpha_1 f_c bh_0^2}} + B_2 \tag{4-32}$$

式中 $B_1 = \dfrac{A_s f_y}{(\beta_1 - \xi_b)\alpha_1 f_c bh_0}$； $B_2 = \dfrac{a'_s}{h_0}(1 + B_1) - B_1$

小偏心受压应满足 $\xi > \xi_b$ 及 $-f'_y \leqslant \sigma_s \leqslant f_y$ 的条件。当纵筋 A_s 的应力 σ_s 达到受压屈服（$-f'_y$），且 $-f'_y = f_y$ 时，根据式（4-22）可计算出其相对受压区计算高度 ξ_{cy} 如下：

$$\xi_{cy} = 2\beta_1 - \xi_b \tag{4-33}$$

因此：

1）当 $\xi_b < \xi < \xi_{cy}$ 时，将 ξ 代入式（4-30）可求得 A_s，当求得的 A'_s 小于 $0.002bh$ 时，取 $A'_s = 0.002bh$。

2）当 $\xi > \xi_{\text{cy}}$，此时 σ_{s} 达到 $-f'_{\text{y}}$，计算时可取 $\sigma_{\text{s}} = -f'_{\text{y}}$，基本公式转化为：

$$N = \alpha_1 f_{\text{c}} b \xi h_0 + f'_{\text{y}} A'_{\text{s}} + f'_{\text{y}} A_{\text{s}} \tag{4-34}$$

$$Ne = \alpha_1 f_{\text{c}} b h_0^2 \xi (1 - 0.5\xi) + f'_{\text{y}} A'_{\text{s}} (h_0 - a'_{\text{s}}) \tag{4-35}$$

将 A_{s} 代入上式，需重新求解 ξ 及 A'_{s}。

同样 A'_{s} 应不小于 $0.002bh$，否则取 $A'_{\text{s}} = 0.002bh$。

最后要按轴心受压构件验算垂直于弯矩作用平面的受压承载力。

2. 截面承载力复核

截面承载力复核一般包括弯矩作用平面的承载力复核和垂直于弯矩作用平面的承载力复核。

进行承载力复核时，一般已知构件的截面尺寸 bh、A_{s} 和 A'_{s}，材料的强度等级，构件计算长度 l_0，截面的配筋 A_{s} 和 A'_{s}，轴向力设计值 N 和承受弯矩设计值 M 或偏心距 e_0，验算截面的实际承载力。

首先必须计算出受压区高度，以确定构件是大偏心受压还是小偏心受压，然后根据判定结果，代入相应的公式[式（4-13）或式（4-21）]计算构件的实际承载力，最后与已知的轴向力设计值 N 比较，即可知截面承载力是否满足要求。对于小偏心受压，除了在弯矩作用平面内依照偏心受压进行计算外，还要验算垂直于弯矩作用平面的轴心受压承载力，此时，应取短边 b 作为截面高度。

为了能确定受压区高度，可利用图 4-14 中各力对轴向力 N 的作用点取距的平衡条件得到平衡方程

$$f_{\text{y}} A_{\text{s}} e \pm f'_{\text{y}} A'_{\text{s}} e' = \alpha_1 f_{\text{c}} b h_0^2 \xi \left(\frac{e}{h_0} - 1 + 0.5\xi \right) \tag{4-36}$$

式中，当 N 作用于 A_{s} 和 A'_{s} 以外时，公式左边取负号，且 $e' = \eta e_{\text{i}} - \dfrac{h}{2} + a'_{\text{s}}$；当 N 作用于 A_{s} 和 A'_{s} 之间时，公式左边取正号，且 $e' = \dfrac{h}{2} - \eta e_{\text{i}} - a'_{\text{s}}$ $e = \eta e_{\text{i}} + \dfrac{h}{2} - a_{\text{s}}$

由式（4-36）解出 ξ 值。

若 $2a_{\text{s}} \leqslant \xi h_0 \leqslant \xi_{\text{b}} h_0$，则为大偏心受压构件，将 ξ 直接代入式（4-13）计算截面的承载力；

若 $\xi h_0 < 2a_{\text{s}}$，则仍为大偏心受压构件，按式（4-19）计算截面的承载力；

若 $\xi > \xi_{\text{b}}$，则为小偏心受压构件，此时刚计算出来的 ξ 不能作为小偏心受压构件的 ξ，应该将已知数据代入式（4-29）和式（4-30）联立解 ξ 和 N：当求出的 $N \leqslant \alpha_1 f_{\text{c}} bh$ 时，此时 N 即为构件的承载力；当求出的 $N > \alpha_1 f_{\text{c}} bh$ 时，还须按式（4-31）考虑附加偏心距 e_{a} 与荷载偏心距 e_0 方向相反时的 N 值，并与代入式（4-29）和式（4-30）联立解出的 N 相比较，取其中的较小值为构件的承载力。另外，对于小偏心受压，尚须验算垂直于弯矩作用平面的轴心受压轴向力。

4.3.4.2 对称配筋矩形截面的计算

在实际工程中，有的偏心受压构件作用的弯矩方向是变化的，如框架柱、排架柱在方向不定的风荷载或地震作用下，弯矩方向就是变化的。因此，在设计中，当构件承受变号弯矩作用，或为了构造简单便于施工时，常采用对称配筋截面，即 $A_{\text{s}} = A'_{\text{s}}$，$f'_{\text{y}} = f_{\text{y}}$ 且 $a_{\text{s}} = a'_{\text{s}}$。对称配筋矩形截面计算，包括截面设计和截面复核两类问题。

1. 截面设计

（1）大、小偏心受压的判别

对称配筋时，截面两侧的配筋相同，即 $A_s = A'_s$，$f_y = f'_y$，根据式（4-13）算出：

$$x = \frac{N}{\alpha_1 f_c b}$$

若 $x \leqslant \xi_b h_0$ 即 $\xi \leqslant \xi_b$，则为大偏心受压；若 $x \geqslant \xi_b h_0$ 即 $\xi \geqslant \xi_b$，则为小偏心受压。

（2）大偏心受压

当 $2a_s \leqslant x \leqslant x_b$ 时，可由式（4-14）得到

$$A_s = A'_s = \frac{Ne - \alpha_1 f_c bx\left(h_0 - \dfrac{x}{2}\right)}{f'_y(h_0 - a'_s)} \tag{4-37}$$

当 $x < 2a'_s$ 时，可按不对称配筋计算方法一样处理，参见式（4-19），得

$$A'_s = A_s = \frac{Ne'}{f_y(h_0 - a'_s)} \tag{4-38}$$

（3）小偏心受压

把 $A_s = A'_s$，$f'_y = f_y$ 及 $a_s = a'_s$ 代入式（4-22）和式（4-21）解联立方程，消去 A'_s 和 f'_y，可得 ξ 的三次方程，通过近似简化计算该三次方程，得到求解 ξ 的近似公式。

$$\xi = \frac{N - \xi_b \alpha_1 f_c b h_0}{\dfrac{Ne - 0.43\alpha_1 f_c b h_0^2}{(\beta_1 - \xi_b)(h_0 - a'_s)} + \alpha_1 f_c b h_0} + \xi_b \tag{4-39}$$

将求得的 ξ 代入式（4-30）即可求得钢筋面积

$$A_s = A'_s = \frac{Ne - \alpha_1 f_c b h_0^2 \xi(1 - 0.5\xi)}{f'_y(h_0 - a'_s)} \tag{4-40}$$

在计算中，当 $A_s + A'_s > 5\% bh_0$ 时，说明截面尺寸过小，宜加大柱的截面尺寸；当 $A_s = A'_s < \rho_{min} bh_0$ 时，说明截面尺寸偏大，可调整截面尺寸。

2. 截面复核

对称配筋的截面承载力复核可按不对称配筋的截面复核方法进行验算，但应取 $A_s = A'_s$，$f_y = f'_y$。

【**例题 4-4**】 已知矩形截面偏心受压柱，截面尺寸 $b = 300mm$，$h = 500mm$，$a_s = a'_s = 40mm$，构件处于正常环境，承受的纵向压力设计值 $N = 300kN$，弯矩设计值 $M = 270kN \cdot m$，混凝土 C20，HRB335 级钢筋，柱的计算高度 $l_0 = 4.2m$，计算按对称配筋的 A_s 和 A'_s 值。

【**解**】 （1）判断是否为大偏心受压构件：

$$x = \frac{N}{\alpha_1 f_c b} = \frac{300 \times 10^3}{1.0 \times 9.6 \times 300} = 104mm < \xi_b h_0 = 0.550 \times (500 - 40) = 253mm$$

且 $> 2a_s = 80mm$

所以为大偏心受压构件。

（2）求 A_s 和 A'_s

$$e_0 = \frac{270 \times 1000}{300} = 900mm$$

$$e_i = e_0 + e_a = 900 + 20 = 920mm$$

$$\xi_1 = \frac{0.5 f_c A}{N} > 1 \ \text{取} \ \xi_1 = 1.0$$

$$\xi_2 = 1.15 - 0.01 \frac{l_0}{h} = 1.066$$

$$\eta = 1 + \frac{1}{1400 e_i / h_0} \left(\frac{l_0}{h}\right)^2 \xi_1 \xi_2 = 1.0268$$

$$e = \eta e_i + \frac{h}{2} - a_s = 1153 \text{mm}$$

$$A_s = A_s' = \frac{Ne - \alpha_1 f_c b x (h_0 - 0.5x)}{f_y'(h_0 - a_s')}$$

$$= \frac{300 \times 10^3 \times 1153 - 1.0 \times 9.6 \times 300 \times 104 \times (460 - 0.5 \times 104)^2}{300 \times (460 - 40)}$$

$$= 1775 \text{mm}^2 > 0.002bh = 0.002 \times 300 \times 500 = 300 \text{mm}^2$$

每侧选用 5Φ22 的钢筋，实际配 $A_s = A_s' = 3550 \text{mm}^2$，配筋如图 4-18 所示。

【例题 4-5】 一矩形截面钢筋混凝土柱，截面尺寸 $b \times h = 400 \times 600 \text{mm}$，柱的计算长度为 6m，控制截面上轴向力设计值 $N = 3000 \text{kN}$，弯矩设计值 $M = 85 \text{kN} \cdot \text{m}$。混凝土强度等级 C20，纵向受力钢筋为 HRB335，计算按对称配筋所需的钢筋截面面积的 $A_s = A_s'$ 值。

【解】 （1）判断是否为大偏心受压构件：

$$x = \frac{N}{\alpha_1 f_c b} = \frac{3000 \times 10^3}{1.0 \times 9.6 \times 400}$$

$$= 781 \text{mm} > \xi_b h_0 = 0.550 \times (600 - 40) = 308 \text{mm}$$

所以为小偏心受压构件。

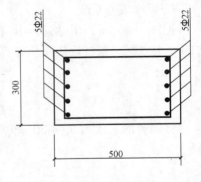

图 4-18　例题 4-4 截面配筋图

（2）求 ξ

$$e = \eta e_i + \frac{h}{2} - a_s = 63.7 + 300 - 40 = 323.7 \text{mm}$$

$$\xi = \frac{N - \xi_b \alpha_1 f_c b h_0}{\dfrac{Ne - 0.43 \alpha_1 f_c b h_0^2}{(\beta_1 - \xi_b)(h_0 - a_s')} + \alpha_1 f_c b h_0} + \xi_b$$

$$= \frac{3000 \times 10^3 - 0.550 \times 1.0 \times 9.6 \times 400 \times 560}{\dfrac{3000 \times 10^3 \times 323.7 - 0.43 \times 1.0 \times 9.6 \times 400 \times 560^2}{(0.8 - 0.55)(560 - 40)} + 1.0 \times 9.6 \times 400 \times 560} + 0.550$$

$$= 1.071$$

（3）计算 $A_s = A_s'$

由式（4-39）得

$$A_s = A_s' = \frac{Ne - \alpha_1 f_c b h_0^2 \xi (1 - 0.5\xi)}{f_y'(h_0 - a_s')}$$

$$= \frac{3000 \times 10^3 \times 323.7 - 1.0 \times 9.6 \times 400 \times 560^2 \times (1 - 0.5 \times 1.017)}{300 \times (560 - 40)} = 2431 \text{mm}^2$$

每侧选用 5Φ25 的钢筋，实际配 $A_s = A_s' = 2454 \text{mm}^2$，配筋图（略）。

（4）验算垂直于弯矩作用平面的受压承载力(略)。

4.4 偏心受压构件斜截面受剪承载力计算

偏心受压构件除了承受轴向压力与弯矩外，一般还受到剪力的作用，剪力相对较小时可不考虑其影响，但对于有较大水平力作用的框架柱等构件，其剪力影响较大，必须计算斜截面受剪承载力。

试验结果表明，由于轴向压力的存在，延缓了斜裂缝的出现和发展，使截面保留较大的受剪区截面，因而使受剪承载力得以提高，但轴向压力对构件抗剪承载力的提高又是有限度的，当轴压比 $N/f_cbA > 0.3$ 时，对构件抗剪承载力的提高效果并不明显，再增大轴向压力，则构件的抗剪承载力将降低。

矩形、T形和I形截面的钢筋混凝土偏心受压构件，其斜截面受剪承载力应按下列公式计算：

$$V \leqslant \frac{1.75}{\lambda + 1} f_t b h_0 + f_{yv} \frac{A_{sv}}{s} h_0 + 0.07N \tag{4-41}$$

式中　λ——偏心受压构件计算截面的剪跨比，按下列规定取用：

　　　　（1）对各类结构的框架柱，取 $\lambda = M/(Vh_0)$，当框架结构中柱的反弯点在层高范围内时，可取 $\lambda = H_n/(2h_0)$；当 $\lambda < 1$ 时，取 $\lambda = 1$；当 $\lambda > 3$ 时，取 $\lambda = 3$；此处，M 为计算截面上与剪力设计值 V 相应的弯矩设计值，H_n 为柱净高。

　　　　（2）对其他偏心受压构件，当承受均布荷载时，取 $\lambda = 1.5$；当承受集中荷载时(包括作用有多种荷载、且集中荷载对支座截面或节点边缘所产生的剪力值占总剪力的75%以上的情况)，取 $\lambda = a/h_0$；当 $\lambda < 1.5$ 时，取 $\lambda = 1.5$；当 $\lambda > 3$ 时，取 $\lambda = 3$；此处，a 为集中荷载至支座或节点边缘的距离。

　　　N——与剪力设计值 V 相应的轴向压力设计值；当 $N > 0.3f_cA$ 时，取 $N = 0.3f_cA$；A 为构件的截面面积。

矩形、T形和I形截面的钢筋混凝土偏心受压构件，当符合下列公式的要求时：

$$V \leqslant \frac{1.75}{\lambda + 1.0} f_t b h_0 + 0.07N \tag{4-42}$$

则可不进行斜截面受剪承载力计算，而仅需按构造要求配置箍筋。

偏心受压构件的受剪截面尺寸的要求与受弯构件的受剪截面尺寸的要求相同。

本 章 小 结

1. 配有纵筋和普通箍筋的钢筋混凝土柱，由于破坏时混凝土的极限应变为0.002，所以钢筋的相应的应力不超过大约 $400\mathrm{N/mm^2}$，因此，在普通受压构件中不宜采用高强度钢筋。

2. 规范对受压构件的材料、截面尺寸、纵向受力钢筋、箍筋等方面作了一些构造要求。

3. 轴心受压构件的计算公式：$N \leqslant 0.9\varphi(f_cA + f'_yA'_s)$，其中 φ 为稳定系数。

4. 根据偏心距的大小和配筋情况，偏心受压构件可分为大偏心受压和小偏心受压两种破坏状态。大偏心受压破坏犹如受弯构件正截面的适筋破坏，小偏心受压破坏犹如受弯构件正截面的超筋破坏，因此，两类偏心受压破坏的界限可用受弯构件中的适筋破坏和超筋破坏的界限予以划分，即当 $\xi \leqslant \xi_b$ 时，为大偏心受压构件；当 $\xi > \xi_b$ 时，为小偏心受压构件。

5. 大、小偏心受压的承载力计算公式中均考虑偏心距增大系数 η 的影响，据偏心受压构件破坏时的应力状态建立的两个平衡方程是进行截面设计和承载力验算的依据。截面分非对称配筋和对称配筋，但考虑到有可能承受变向内力或为了构造简单便于施工时，常采用对称配筋截面设计。

6. 偏心受压的斜截面抗剪计算，与受弯构件矩形截面独立梁受集中荷载的抗剪公式有密切联系。轴向压力的存在对抗剪有利的。

思考题与习题

1. 简述轴心受压柱正截面承载力计算公式中各符号的意义。

2. 设计受压构件时，为何不宜采用高强钢筋？

3. 简述大、小偏心受压构件的破坏特征，偏心受压构件如何分类？

4. 写出矩形截面大偏心受压构件正截面的受压承载力计算公式。

5. 写出矩形截面小偏心受压构件正截面受压承载力计算公式。

6. 计算偏心受压构件时，为何要引入偏心距增大系数？

7. 某钢筋混凝土框架底层中柱，截面尺寸 $b \times h = 400\text{mm} \times 400\text{mm}$，构件的计算长度 $l_0 = 5.7\text{m}$，承受包括自重在内的轴向压力设计值 $N = 2000\text{kN}$，该柱采用 C20 级混凝土，纵向受力钢筋 HRB335 级。试确定柱的配筋。

8. 某矩形截面柱，其尺寸 $b \times h = 400\text{mm} \times 500\text{mm}$，该柱承受的轴力设计值 $N = 2500\text{kN}$，计算长度 $l_0 = 4.4\text{m}$，采用 C30 混凝土，HRB400 级钢筋，已配置纵向受力钢筋面积 $4\ \Phi\ 20\,(A_s = 1256\text{mm}^2)$，试验算截面是否安全。

9. 一现浇钢筋混凝土圆形螺旋箍筋柱，承受轴力设计值 $N = 2000\text{kN}$（包括自重），计算长度 $l_0 = 4.5\text{m}$，直径为 400mm，采用 C20 混凝土，HPB300 级螺旋筋，已配置面积 $8\ \Phi\ 16\,(A_s = 1608\text{mm}^2)$ 纵向受力钢筋，试求所需螺旋筋用量。

10. 某钢筋混凝土柱截面尺寸 $b \times h = 300\text{mm} \times 500\text{mm}$，柱计算长度 $l_0 = 6\text{m}$，轴向力设计值 $N = 1300\text{kN}$，弯矩设计值 $M = 253\text{kN} \cdot \text{m}$。采用混凝土强度等级为 C20，纵向受力钢筋采用 HRB335 级，按对称配筋设计，求钢筋截面面积 $A_s = A_s'$。

11. 钢筋混凝土矩形截面柱，对称配筋，截面尺寸 $b \times h = 350\text{mm} \times 500\text{mm}$，$a_s = a_s' = 35\text{mm}$，$l_0/h < 8$，混凝土强度等级 C25，纵向受力钢筋为 HRB335 级。承受轴向力设计值 $N = 350\text{kN}$，设计弯矩值 $M = 255\text{kN} \cdot \text{m}$。试求该柱的纵向钢筋 $A_s = A_s'$。

12. 已知柱截面尺寸 $b \times h = 300\text{mm} \times 600\text{mm}$，$a_s = a_s' = 35\text{mm}$，$l_0 = 4.8\text{m}$，承受轴力 $N = 1000\text{kN}$，弯矩 $M = 300\text{kN} \cdot \text{m}$，混凝土强度等级为 C30，纵筋为 HRB335 级钢筋，采用对称配筋。求 $A_s = A_s' = ?$

第5章　钢筋混凝土受拉构件承载力计算

本章提要

本章主要讲述了轴心受拉构件、偏心受拉构件的受力特点及承载力计算。

本章要点

1. 掌握轴心受拉构件承载力的计算方法
2. 理解偏心受拉构件承载力的计算方法

受拉构件根据轴向作用力的位置可分为轴心受拉构件和偏心受拉构件。当纵向拉力作用点与截面形心重合时，称为轴心受拉构件；当纵向拉力作用点与截面形心不重合时，称为偏心受拉构件。

对于钢筋混凝土桁架、拱的拉杆等，当自重和节点位移引起的弯矩很小时，可近似地按轴心受拉构件计算。此外，承受内压力的圆管壁和圆形水池的池壁等，也常常按轴心受拉构件计算。而矩形水池壁、矩形剖面的料仓墙壁以及工业厂房中的双肢柱的肢杆等，则属于偏心受拉构件。

5.1　轴心受拉构件正截面承载力计算

在实际工程中，由于混凝土抗拉强度很低，所以当构件承受的拉力不大时，混凝土就要开裂，轴心受拉构件在混凝土开裂前，混凝土与钢筋共同承受拉力，开裂以后，裂缝截面的全部拉力由钢筋承受，当钢筋应力达到屈服强度时，构件达到其极限承载力。因此，轴心受拉构件的正截面受拉承载力计算公式为

$$N \leqslant f_y A_s \tag{5-1}$$

式中　N——轴心拉力设计值；

　　　f_y——钢筋的抗拉强度设计值；

　　　A_s——受拉钢筋的全部截面面积。

【例题 5-1】　某钢筋混凝土屋架下弦，截面尺寸为 $200\text{mm} \times 140\text{mm}$，混凝土强度等级为 C30，纵向钢筋为 HRB335 级，承受轴向拉力设计值 $N = 220\text{kN}$。试求钢筋截面面积。

【解】　可直接按式(5-1)计算纵向钢筋截面面积 A_s，由附表 7 查得 $f_y = 300\text{N/mm}^2$，$\rho_{\min} = 0.3\%$

由式(5-1)得

$$A_s = \frac{N}{f_y} = \frac{220 \times 10^3}{300} = 730\text{mm}^2$$

$$\rho_{\min} bh = 0.3\% \times 200 \times 140 = 84\text{mm}^2 < A_s = 730\text{mm}^2$$

满足最小配筋率要求。

则选用 4 Φ 16（$A_s = 806\text{mm}^2$）。

5.2 偏心受拉构件正截面受拉承载力计算

根据轴向拉力的作用位置不同，偏心受拉构件可以分为小偏心受拉构件和大偏心受拉构件两种。

5.2.1 矩形截面小偏心受拉构件正截面受拉承载力计算

矩形截面的钢筋混凝土受拉构件，当轴向拉力作用在钢筋 A_s 合力点和钢筋 A'_s 合力点之间时$\left(e_0 \leqslant \dfrac{h}{2} - a_s \right)$，整个截面承受拉力，临破坏前，一般情况是截面全部裂通，由钢筋承担全部拉力（图 5-1），这种破坏特征称为小偏心受拉。设计时，可假定钢筋应力达到屈服强度，构件破坏。根据内外力分别对钢筋 A_s 及 A'_s 的合力点取矩的平衡条件可得：

$$Ne = f_y A'_s (h_0 - a'_s) \tag{5-2}$$
$$Ne' = f_y A_s (h'_0 - a_s) \tag{5-3}$$

式中 f_y——钢筋的抗拉强度设计值。

$$e = \frac{h}{2} - e_0 - a_s$$

$$e' = e_0 + \frac{h}{2} - a'_s$$

当对称配筋时，离轴向力较远一侧的钢筋 A'_s 的应力达不到其抗拉强度设计值。因此设计截面时，均按式（5-3）确定。

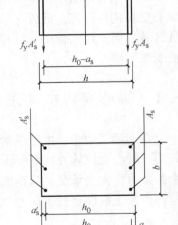

图 5-1 小偏心受拉计算简图

5.2.2 矩形截面大偏心受拉构件正截面受拉承载力计算

矩形截面的钢筋混凝土构件，当轴向拉力作用在钢筋合力点和合力点范围以外时，离轴向力较近一侧受拉，而离轴向力较远一侧的混凝土仍然受压。当受拉区混凝土开裂时，受拉区钢筋承受全部拉力，受压区由混凝土和受压钢筋承担全部压力。随着荷载的不断增加，受拉区钢筋达到屈服强度，裂缝开展很大，受压区混凝土被压碎。当受拉钢筋配筋率不很大时，受压区混凝土压碎程度往往不明显，这种破坏特征称为大偏心受压。

由此可见，矩形截面大偏心受拉构件正截面承载力计算的应力图形如图 5-2 所示，当纵向受拉钢筋的应力达到其抗拉强度设计值，受压区混凝土应力图形可简化为矩形，其应力达到等效混凝土抗压强度设计值。根据平衡条件可得基本计算公式如下：

$$N = A_s f_y - A'_s f'_y - \alpha_1 f_c bx \tag{5-4}$$
$$Ne = \alpha_1 f_c bx \left(h_0 - \frac{x}{2} \right) + A'_s f'_y (h_0 - a'_s) \tag{5-5}$$

式中
$$e = e_0 - \left(\frac{h}{2} - a_s \right)$$

公式的适用条件为：$2a_s' < x \leqslant x_b = \xi_b h_0$

为了使 $A_s + A_s'$ 的总用量最小，与偏心受压构件一样，取 $x = \xi_b h_0$ 并代入式(5-4)、式(5-5)可得

$$A_s' = \frac{Ne - \xi_b(1 - 0.5\xi_b)\alpha_1 f_c b h_0^2}{f_y'(h_0 - a_s')} \qquad (5\text{-}6)$$

$$A_s = \frac{\xi_b b h_0 \alpha_1 f_c + A_s' f_y' + N}{f_y} \qquad (5\text{-}7)$$

当采用对称配筋时，求得 x 为负值，取 $x = 2a_s'$，并对 A_s' 合力点取矩，计算 A_s，其他情况计算同大偏心受压构件类似，所不同的是 N 为拉力。

【例题 5-2】 偏心受拉池壁板的截面厚度 $h = 200\text{mm}$，$a_s = a_s' = 25\text{mm}$，每米宽板承受拉力设计值 $N = 315\text{kN}$，弯矩设计值 $M = 63\text{kN} \cdot \text{m}$，混凝土强度等级为 C30($f_c = 14.3\text{N/mm}^2$)，采用 HRB335 级钢筋配筋。试求钢筋截面面积 A_s 和 A_s'。

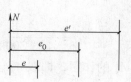
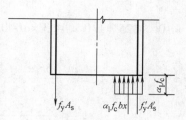
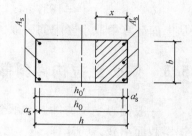

图 5-2 大偏心受拉计算简图

【解】 (1) 判断破坏类型

取 $b = 1000\text{mm}$ 宽的板进行计算。

$$h_0 = (200 - 25)\text{mm} = 175\text{mm}$$

$$e_0 = \frac{M}{N} = \frac{63 \times 10^6}{315 \times 10^3}\text{mm} = 200\text{mm} > \frac{h}{2} - a_s = \left(\frac{200}{2} - 25 \right)\text{mm} = 75\text{mm}$$

属于大偏心受拉构件

(2) 计算 A_s'

$$e = e_0 - \frac{h}{2} + a_s = \left(200 - \frac{200}{2} + 25 \right)\text{mm} = 125\text{mm}$$

由式(5-6)可得

$$A_s' = \frac{Ne - \alpha_1 f_c b h_0^2 \xi_b(1 - 0.5\xi_b)}{f_y'(h_0 - a_s')}$$

$$= \frac{315 \times 10^3 \times 125 - 1.0 \times 14.3 \times 1000 \times 175^2 \times 0.55 \times (1 - 0.5 \times 0.55)}{300 \times (175 - 25)} < 0$$

取 $A_s' = \rho_{min}' bh = (0.002 \times 1000 \times 175)\text{mm}^2 = 400\text{mm}^2$，选用 $\Phi 10@180$，$A_s' = 413\text{mm}^2$。这时本题转化为已知 A_s' 求 A_s 的问题。

(3) 求 A_s

$$Ne = \alpha_1 f_c b x \left(h_0 - \frac{x}{2} \right) + f_y' A_s'(h_0 - a_s')$$

$$315 \times 10^3 \times 125 = 1.0 \times 14.3 \times 1000 x (175 - 0.5x) + 300 \times 413 \times (175 - 25)$$

解得 $x = 9\text{mm} < 2a_s' = 50\text{mm}$，取 $x = 2a_s'$ 则

$$A_s = \frac{Ne'}{f_y(h_0 - a_s')}$$

$$= \frac{315 \times 10^3 \times \left(200 + \dfrac{200}{2} - 25\right)}{300 \times (175 - 25)} \mathrm{mm}^2 = 1925\mathrm{mm}^2$$

若不考虑 A_s' 的作用，即取 $A_s' = 0$，则由式(5-5)得

$$Ne = \alpha_1 f_c b x \left(h_0 - \frac{x}{2}\right)$$

$$315 \times 10^3 \times 125 = 1.0 \times 14.3 \times 1000x(175 - 0.5x)$$

$$x = 16.5\mathrm{mm}$$

$$\begin{aligned}
A_s &= \frac{\alpha_1 f_c b h_0 x}{f_y} + \frac{f_y'}{f_y} A_s' + \frac{N}{f_y}\\
&= \frac{1.0 \times 14.3 \times 1000 \times 16.5 + 315 \times 10^3}{300} \mathrm{mm}^2\\
&= 1837\mathrm{mm}^2
\end{aligned}$$

从上面计算中取小者配筋，取 $A_s = 1837\mathrm{mm}^2$，选用 $\Phi 14@80$，$A_s = 1924\mathrm{mm}^2$。

5.3 偏心受拉构件斜截面受剪承载力计算

一般偏心受拉构件，在承受弯矩和拉力的同时，也存在着剪力，当剪力较大时就不能忽视斜截面承载力的计算。

由于轴向拉力 N，使得构件更易出现斜裂缝；在出现斜裂缝后，构件的斜截面抗剪承载力要降低一些，降低的程度与轴向拉力的数值有关。

本 章 小 结

1. 受拉构件根据轴向作用力的位置可分为轴心受拉构件和偏心受拉构件。

2. 在实际工程中，由于混凝土抗拉强度很低，开裂以后，裂缝截面的全部拉力由钢筋承受。因此，轴心受拉构件的正截面受拉承载力计算公式为：

$$N \leq f_y A_s$$

3. 根据纵向拉力的作用位置不同，偏心受拉构件可以分为小偏心受拉和大偏心受拉两种。

4. 小偏心受拉是指当纵向拉力作用在两侧钢筋 A_s 合力点和 A_s' 合力点之间时，由整个截面承受拉力，临破坏前通常截面全部开裂退出工作，由钢筋承担全部拉力，由此根据平衡条件可推得基本计算公式。

5. 大偏心受拉是指当纵向拉力作用在钢筋 A_s 合力点和 A_s' 合力点范围以外时，离轴向力较近一侧受拉，而离轴向力较远一侧的混凝土仍然受压。由此根据平衡条件可推得基本计算公式。

思考题与习题

1. 怎样判别钢筋混凝土大、小偏心受拉构件？如何计算它们的配筋？

2. 如何计算小偏心受拉构件正截面承载力？

3. 大、小偏心受拉构件正截面承载力计算中，为什么 x_b 取值与受弯构件是相同的？

4. 钢筋混凝土偏心受拉构件，已知截面尺寸为 $b \times h = 250\text{mm} \times 400\text{mm}$，$a_s = a_s' = 40\text{mm}$，混凝土强度等级为 C30，采用 HRB335 级钢筋，受拉设计值为 $N = 210\text{kN}$，弯矩设计值 $M = 230\text{kN} \cdot \text{m}$，试计算配筋 A_s 和 A_s'。

第6章　钢筋混凝土受扭构件承载力计算

本 章 提 要

本章主要讲述了纯扭构件、剪扭构件及弯剪扭构件的承载力计算方法和步骤，及受扭构件的构造要求。

本 章 要 点

1. 理解纯扭构件、剪扭构件的承载力计算方法和步骤
2. 掌握采用"叠加法"计算弯剪扭构件的方法和步骤
3. 掌握受扭构件的构造要求

6.1　概述

凡是在构件截面中有扭矩作用的构件，一般都称为受扭构件。扭转是结构承受的五种基本受力状态之一。受扭构件是钢筋混凝土结构中常见的构件形式，例如：钢筋混凝土雨篷梁、钢筋混凝土框架的边梁，以及工业厂房中吊车梁等，均属受扭构件（图 6-1）。在这些构件中，承受纯扭矩作用的构件很少，大多数情况下都是同时承受扭矩、弯矩及剪力的作用，即一般都是扭转和弯曲同时发生。

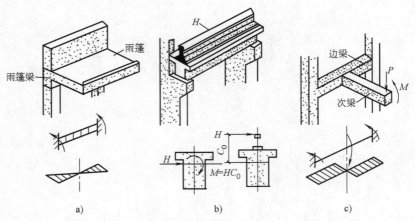

图 6-1　常见受扭构件的工程实例
a)、b) 平衡扭转　c) 协调扭转

钢筋混凝土结构构件的扭转，根据其扭转形成的原因，可以分为两种类型：一是平衡扭转，二是协调扭转或称为附加扭转。若构件中的扭转由荷载直接引起，其值可由平衡条件直接求出，此类扭转称为平衡扭转，如砌体结构中支撑悬臂板的雨篷梁（图 6-1a）和工业厂房

中的吊车梁(图 6-1b)。另一类是超静定结构中由于变形的协调使截面产生的扭转,称为协调扭转,如框架结构中的边梁(图 6-1b、c)。对于前者,构件承受的扭矩大小可以由静力计算得出。对于后者,则较复杂了,需要考虑内力重分布,扭矩的计算必须考虑各受力阶段构件的刚度比不是一个定值。

本章介绍的受扭承载力计算,主要是针对平衡扭转而言的。对属于协调扭转的钢筋混凝土构件,目前的《规范》对设计方法明确了以下两点:

(1) 支承梁(框架边梁)的扭矩值采用考虑内力重分布的分析方法。将支承梁按弹性分析所得的梁端扭矩内力设计值进行调整。

根据国内的试验研究:若支承梁、柱为现浇的整体式结构,梁上板为预制板时,梁端扭矩调幅系数 β 不超过 0.4;若支承梁、板柱为现浇整体式结构时,结构整体性较好,现浇板通过受弯、扭的形式承受支承梁的部分扭矩,故梁端扭矩调幅系数可适当增大。

(2) 考虑内力重力分布后的支承梁,仍应按弯剪扭构件进行承载力计算,其配置的纵向钢筋和箍筋尚应符号构造要求。

6.2 纯扭构件承载力计算

6.2.1 钢筋混凝土受扭构件的破坏特征

1. 钢筋混凝土受扭构件抗扭钢筋的形式

以扭矩作用下的钢筋混凝土矩形截面构件为例,研究纯扭构件的受力状态及破坏特征。

由材料力学可知,匀质弹性材料的矩形截面构件在扭矩 T 作用下,在截面上将产生剪应力 τ,而没有正应力 σ,最大剪应力发生在长边中点,最大剪应力在构件侧面产生与剪应力方向呈 45°的主拉应力。试验表明,无筋矩形截面混凝土构件在扭矩作用下,当长边中点处受到的主拉应力超过混凝土抗拉强度时,首先在该点附近最薄弱处产生一条呈 45°方向的斜裂缝,然后迅速地以螺旋形向相邻两个面延伸,最后形成一个三面开裂面受压的空间扭曲破坏面,使结构立即破坏,破坏带有突然性,具有典型脆性破坏性质。因此,从受力合理的观点考虑,抗扭钢筋应采用与轴线呈 45°的螺旋形钢筋,并将螺旋钢筋配置在构件截面的边缘处。但螺旋形钢筋施工比较复杂,且在受力上不能适应扭矩方向的改变。为此通常在构件中配置封闭箍筋与纵向受力筋来承受主拉应力,以承受扭矩作用效应。

2. 受扭构件的破坏特征

当裂缝出现后开裂混凝土退出工作时,斜截面上拉应力主要由钢筋承受,斜裂缝的倾角是变化的,结构的破坏特征主要与配筋数量有关。钢筋混凝土纯扭构件的破坏形态可分为以下四种类型:

(1) 适筋破坏。当构件为正常配筋,即抗扭箍筋与抗扭纵筋配置适当时,在扭矩作用下,构件将发生许多呈 45°的斜裂缝,混凝土开裂后并退出工作,钢筋应力增加但没有达到屈服点。随着扭矩不断增加,受力纵筋及箍筋相继达到屈服点,进而混凝土裂缝不断开展,最后由于受压区混凝土达到抗压强度而破坏。结构破坏对其变形及混凝土裂缝宽度均较大。

这种破坏过程是延续发展的，钢筋先屈服而后混凝土被压碎，与受弯构件适筋梁相似，属于延性破坏。钢筋混凝土受扭构件的承载力计算，即以这种破坏为依据，其破坏扭矩的大小直接受配筋数量的影响。

（2）少筋破坏。当抗扭钢筋配得过少，结构在扭矩作用下，混凝土开裂并退出工作时，混凝土承担的拉力转移给钢筋。由于结构配置纵筋及箍筋数量很少，钢筋应力立即达到或超过屈服点，结构立即破坏。其破坏突然发生，破坏前无任何预兆，类似于受弯构件的少筋梁，属于脆性破坏。在工程设计中应予避免。《规范》规定，抗扭纵筋和抗扭箍筋的配筋量不得小于各自的最小配筋量，并应符合抗扭钢筋的构造要求。

（3）超筋破坏。当抗扭钢筋配置过多时，在扭矩作用下，构件将产生许多呈45°的细而密的螺旋形斜裂缝，混凝土受扭构件配筋数量过大，受压区混凝土首先达到抗压强度而破坏。构件的破坏是由受压混凝土被压碎所致，这类似于受弯构件的超筋梁，构件破坏前无任何破坏预兆，破坏突然发生，属于脆性破坏，其破坏类似于受弯构件的超筋梁，属于脆性破坏，在工程设计中应予避免。为防止这种超筋破坏的发生，《规范》规定，应限制构件的截面尺寸及混凝土的强度等级，亦即相当于限制抗扭钢筋的最大配筋量。

（4）部分超筋破坏。当混凝土受扭构件的纵筋与箍筋比率相差较大时，即一种钢筋配置数量过多，另一种钢筋配置数量较少，随着扭矩荷载的不断增加，配置数量较少的钢筋达到屈服点，最后受压区混凝土达到抗压强度而破坏。结构破坏时配置数量较多的钢筋并没有达到屈服点，结构具有一定的延性性质。这种破坏的延性比完全超筋要大一些，但又小于适筋构件，这种破坏叫"部分超筋破坏"。为防止出现这种破坏，规范用抗扭纵筋和抗扭箍筋的比值 ζ 的合适范围来控制。

综上所述，在对受扭构件进行设计的过程中，应以适筋破坏为设计依据。设计时为保证抗扭纵筋与抗扭箍筋都能得到充分利用，避免部分超筋破坏发生，应控制抗扭纵筋和抗扭箍筋之间的数量比例。

6.2.2　钢筋混凝土纯扭构件承载力计算

构件受扭时，截面周边附近纤维的扭转变形和应力较大，而扭转中心附近纤维的扭转变形和应力较小。如果设想将截面中间部分挖去，即忽略该部分截面的抗扭影响，则截面可用空心杆件替代。空心杆件每个面上的受力情况相当于一个平面桁架，纵筋为桁架的弦杆，箍筋相当于桁架的竖杆，裂缝间混凝土相当于桁架的斜腹杆。因此，整个杆件犹如一个空间桁架。如前所述，斜裂缝与杆件轴线的夹角。会随纵筋与箍筋的强度比值 ζ 而变化。钢筋混凝土受扭构件的计算，便是建立在这个变角空间桁架模型的基础之上的。

扭矩在构件中引起的主拉应力与构件的轴线呈45°，由此看出，抗扭配筋好像是沿与轴线呈45°方向布置的螺旋状钢筋。但由于螺旋状钢筋只能承受一个方向的扭转，而且在构造上很困难，所以，在实际中都采用横向封闭箍筋与纵向受力钢筋组成的空间骨架来抵抗扭转。钢筋混凝土纯扭构件的试验结果表明，构件的抗扭承载力由混凝土的抗扭承载力 T_c 和箍筋与纵筋的抗扭承载力 T_s 两部分构成，即 $T_u = T_c + T_s$。由前述纯扭构件的空间桁架模型可以看出，混凝土的抗扭承载力和箍筋与纵筋的抗扭承载力并非是彼此完全独立的变量，而是相互关联的。因此，应将构件的抗扭承载力作为一个整体来考虑。《规范》采用的方法是先确定有关的基本变量，然后根据大量的实测数据进行回归分析，从而得到抗扭承载力计算的经验公式。

1. 抗扭纵筋与抗扭箍筋的配筋强度比

由于抗扭钢筋由纵筋和箍筋两部分组成，二者的配筋比例对构件的受扭承载力很有影响。二者之间的比例用纵筋和箍筋的配筋强度比 ζ 对来表示，如图 6-2 所示。

$$\zeta = \frac{f_y A_{st1} s}{f_{yv} A_{st1} u_{cor}} \tag{6-1}$$

式中　ζ——抗扭纵筋与抗扭箍筋的配筋强度比；

　f_y、f_{yv}——抗扭纵筋和箍筋的抗拉强度设计值；

　　A_{st1}——抗扭箍筋的单肢截面面积；

　　A_{st1}——沿截面均匀对称布置的全部抗扭纵筋的总截面面积；

　　u_{cor}——截面核心部分的周长（截面核心是指箍筋内皮围成的范围）$u_{cor} = 2(b_{cor} + h_{cor})$，

　　　　b_{cor}、h_{cor} 为从箍筋内表面计算的截面核心部分的短边和长边边长。

试验表明，当 $0.5 \leqslant \zeta \leqslant 2.0$ 时，纵筋和箍筋基本能达到屈服强度。为防止发生"部分超筋破坏"，《规范》取限制条件为：$0.6 \leqslant \zeta \leqslant 1.7$。$\zeta < 0.6$ 时取 0.6；当 $\zeta > 1.7$ 时取 1.7；在设计时，最佳的 ζ 取值为 1.2。

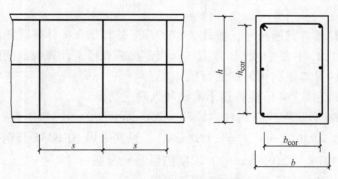

图 6-2　抗扭纵筋与抗扭箍筋

2. 钢筋混凝土纯扭构件承载力计算

（1）基本计算公式。矩形截面钢筋混凝土纯扭构件的受扭承载力计算公式为

$$T \leqslant T_u = 0.35 f_t W_t + 1.2 \sqrt{\zeta} \frac{f_{yv} A_{st1}}{S} A_{cor} \tag{6-2}$$

式中　T——外荷载产生的扭矩设计值；

　　A_{cor}——截面核心部分的面积，$A_{cor} = b_{cor} h_{cor}$；

　f_{yv}、A_{st1}——意义同前；

　　W_t——截面受扭塑性抵抗矩，$W_t = b^2 (3h - b)/6$；

　b、h——矩形截面的短边、长边尺寸；

　　f_t——混凝土的抗拉强度设计值。

（2）适用条件

1）最小配筋率。

① 抗扭箍筋。抗扭箍筋应做成封闭式，且沿截面周边布置，配筋率应满足：

$$\rho_{sv} = \frac{A_{sv}}{bs} = \frac{n \cdot A_{stl}}{bs} \geq \rho_{sv,min} = 0.28 \frac{f_t}{f_{yv}} \tag{6-3}$$

② 抗扭纵筋。抗扭纵筋配筋率应满足：

$$\rho_{tl} = \frac{A_{stl}}{bh} \geq \rho_{tl,min} = 0.6 \sqrt{\frac{T f_t}{V b f_y}} \tag{6-4}$$

当 $T/(Vb) > 2.0$ 时，取 $T/(Vb) = 2.0$。

当 $T \leq 0.7 f_t W_t$ 时，抗扭钢筋可按构造要求配置抗扭纵筋和抗扭箍筋，但抗扭纵筋和抗扭箍筋的配筋率应满足上述最小配筋率的要求。

2）截面尺寸限制。对于超筋破坏，可采用控制截面尺寸方法来防止。《规范》规定，钢筋混凝土矩形截面纯扭构件截面尺寸的限制条件为

$$T \leq (0.16 \sim 0.2) f_c W_t \tag{6-5}$$

在设计过程中，如果不满足式（6-5）的要求，说明矩形截面纯扭构件截面尺寸偏小或混凝土强度等级偏低，应先增大构件截面尺寸或提高混凝土强度等级，直到满足式（6-5）后方可进行构件的强度计算。

3. 计算步骤

已知截面扭矩设计值、构件截面尺寸、混凝土和钢筋等级，欲求箍筋和纵筋用量，可按下列步骤进行计算：

（1）按式（6-5）验算截面尺寸，按式 $T \leq 0.7 f_t W_t$ 验算是否按计算配筋。

（2）假定 $\zeta = 1.2$，由式（6-2）计算箍筋，选定箍筋直径，计算箍筋间距 s。

（3）由式（6-1）计算纵向钢筋截面面积 A_{stl}。

（4）按式（6-3）和式（6-4）验算最小箍筋和纵筋配筋率。

【例题 6-1】 矩形截面纯扭构件，$b \times h = 250\text{mm} \times 500\text{mm}$，扭矩设计值 $T = 15\text{kN} \cdot \text{m}$，采用 C20 混凝土（$f_c = 9.6\text{N/mm}^2$，$f_t = 1.1\text{N/mm}^2$），纵筋采用 HRB335 级钢（$f_y = 300\text{N/mm}^2$），箍筋采用 HPB300 钢（$f_{yv} = 210\text{N/mm}^2$），求所需纵筋与箍筋。

【解】 （1）验算截面尺寸

$$W_t = \frac{b^2}{6}(3h - b) = \frac{250^2}{6}(3 \times 500 - 250) = 13 \times 10^6 \text{mm}^2$$

$$\frac{T}{W_t} = \frac{15 \times 10^6}{13 \times 10^6} = 1.154 \text{N/mm}^2$$

$$0.7 f_t = 0.7 \times 1.1 = 0.77 \text{N/mm}^2 < 1.154 \text{N/mm}^2 < 0.25 f_t = 2.4 \text{N/mm}^2$$

说明截面尺寸符合要求，但需按计算配筋。

（2）计算箍筋

$$A_{cor} = b_{cor} \times h_{cor} = 200 \times 450 = 9 \times 10^4 \text{mm}^2 \qquad 取 \zeta = 1.2$$

$$\frac{A_{stl}}{s} = \frac{T - 0.35 f_t W_t}{1.2 \sqrt{\zeta} f_{yv} A_{cor}} = \frac{1.5 \times 10^6 - 0.35 \times 1.1 \times 13 \times 10^6}{1.2 \times \sqrt{1.0} \times 210 \times 9 \times 10^4} = 0.4407 \text{mm}^2/\text{mm}$$

选用 $\phi 8@100$ 箍筋，其 $A_{stl} = 50.3\text{mm}^2$，则 $s = \frac{50.3}{0.4407} = 114\text{mm}$，取 $= 100\text{mm}$

验算配箍率为：$\rho_{sv} = \frac{2 A_{stl}}{bs} = \frac{2 \times 50.3}{250 \times 100} = 0.4\%$

$$\rho_{sv,min} = 0.28 f_t/f_{yv} = 0.28 \times 1.1/210 = 0.15\% < \rho_{sv} = 0.4\%$$

满足最小配箍率要求。

（3）计算纵筋。

$$u_{cor} = 2(b_{cor} + h_{cor}) = 2 \times (200 + 450) = 1300mm$$

$$A_{stl} = \frac{\zeta f_{yv} A_{stl} u_{cor}}{f_y \cdot s}$$

$$= \frac{1 \times 210 \times 50.3 \times 1300}{300 \times 100} = 458mm^2$$

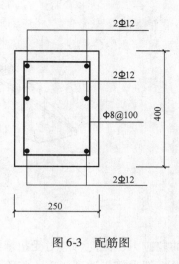

要求纵筋间距不大于300mm，或梁宽250mm，故需6根钢筋，选6 Φ 12，$A_s = 678mm^2$ 即可。

显然 $\rho_{tl,min} = 0.6\sqrt{\dfrac{T}{Vb}}\dfrac{f_t}{f_y} = 0.6 \times 1.414 \times \dfrac{1.1}{300} = 0.31\% < \dfrac{A_{stl}}{bh} =$

图6-3　配筋图

$\dfrac{678}{250 \times 500} = 0.542\%$，满足要求，配筋图如图6-3所示。

6.3　钢筋混凝土矩形截面剪扭和弯扭构件承载力计算

在实际工程中，纯扭构件很少，大多数情况下是构件在同时承受扭矩 T、弯矩 M 和剪力 V 的共同作用，即构件处于弯、剪、扭共同作用的复合应力状态下，其受力状态是十分复杂的。由于构件的抗扭、抗剪、抗弯强度间的相互影响，我们把弯剪扭构件的抗扭、抗剪、抗弯强度间的相互影响的性质称为相关性。为了简化计算，《规范》对弯剪扭构件的计算采用了部分相关的方法，即对单独由混凝土贡献的抗力部分考虑其相关性，对钢筋贡献的抗力部分不考虑相关性，而采用叠加的方法来计算。

6.3.1　试验研究分析

1. 钢筋混凝土矩形截面构件在弯、剪、扭共同作用下的破坏形态

扭矩使纵筋产生拉应力，该拉应力与受弯时钢筋所受的拉应力叠加，使钢筋的总拉应力增大，从而会使受弯承载力降低。而扭矩和剪力产生的剪应力总会在构件的一个侧面上叠加，因此承载力总是小于剪力和扭矩单独作用的承载力。弯剪扭构件的破坏形态与三个外力之间的比例关系和配筋情况有关，主要有三种破坏形式：即弯型破坏、扭型破坏和扭剪型破坏，如图6-4所示。

（1）弯型破坏。破坏特征如图6-4a所示，当弯矩较大、扭矩和剪力均较小时，弯矩起主导作用，裂缝首先在弯曲受拉底面出现，然后发展到两个侧面。底部纵筋同时受弯矩和扭矩产生拉应力的叠加，如底部纵筋不是很多时，则破坏始于底部纵筋屈服，承载力受底部纵筋控制。此时，受弯承载力因扭矩的存在而降低。

（2）扭型破坏。破坏特征如图6-4b所示，在扭矩较大、弯矩和剪力较小，且顶部纵筋小于底部纵筋时发生。扭矩引起顶部纵筋的拉应力很大，而弯矩引起的压应力很小，所以导致顶部纵筋拉应力大于底部纵筋，构件破坏是由于顶部纵筋先达到屈服，然后底部混凝土压碎，承载力由顶部纵筋拉应力所控制。由于弯矩对顶部产生压应力，抵消了一部分扭矩产生

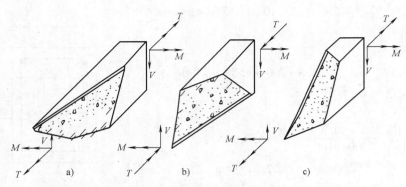

图 6-4　弯剪扭构件的破坏形态及其破坏类型

a）弯型破坏　b）扭型破坏　c）扭剪型破坏

的拉应力，因此弯矩对受扭承载力有一定的提高。但对于顶部和底部纵筋对称布置情况，总是底部纵筋先达到屈服，将不可能出现扭型破坏。

（3）扭剪型破坏。破坏特征如图 6-4c 所示，当弯矩较小，对构件的承载力不起控制作用时，构件主要在扭矩和剪力共同作用下产生剪扭型或扭剪型的受剪破坏。裂缝从一个长边（剪力方向一致的一侧）中点开始出现，并向顶面和底面延伸，最后在另一侧长边混凝土压碎而达到破坏。如配筋合适，破坏时与斜裂缝相交的纵筋和箍筋达到屈服。当扭矩较大时，以受扭破坏为主；当剪力较大时，以受剪破坏为主。

由于扭矩和剪力产生的剪应力总会在构件的一个侧面上叠加，因此承载力总是小于剪力和扭矩单独作用的承载力，其相关作用关系曲线接近 1/4 圆。

2. 剪扭构件的相关性

试验研究结果表明，剪力和扭矩共同作用下构件的承载力比其分别单独作用下要低，即剪扭构件抗剪承载力 V_u 和抗扭承载力 T_u 将随剪力和扭矩的比值（称为剪扭比）的变化而变化。试验表明，受扭承载力随剪力的增加而降低；反之，剪扭构件的受剪承载力随扭矩的增加而降低。这说明，剪扭构件的抗剪承载力与抗扭承载力之间存在着同时受作用的剪力和扭矩影响的性质，即剪扭构件存在着剪扭相关性。两者之间的相关关系如图 6-5 所示。

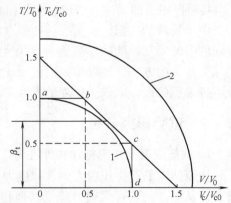

图 6-5　剪、扭承载力相关图

1—无腹筋　2—有腹筋

由图 6-5 可知，如果考虑剪扭构件抗剪承载力和抗扭承载力受扭矩、剪力的影响，即剪扭相关性，完全按剪扭相关曲线来建立统一的承载力相关表达式是很困难的。为了计算方便，并与纯扭构件和扭矩为零时受剪构件的承载力计算公式相协调，《规范》规定用折减系数 β_t 来考虑剪扭共同作用的影响。β_t 的计算参见下列相应计算中的公式。

6.3.2　钢筋混凝土矩形截面剪扭构件的承载力

（1）对于一般剪扭构件混凝土受扭承载力降低系数 β_t，应按下式计算

$$\beta_t = \frac{1.5}{1 + 0.5 \dfrac{VW_t}{Tbh_0}} \tag{6-6}$$

对集中荷载作用下的矩形截面钢筋混凝土剪扭构件（包括作用有多种荷载，且其中集中荷载对支座截面或节点边缘所产生的剪力值占总剪力值的75%以上的情况），其β_t改用下式计算

$$\beta_t = \frac{1.5}{1 + 0.2(\lambda + 1)\dfrac{VW_t}{Tbh_0}} \tag{6-7}$$

式中　λ——计算剪跨，$1.4 \leqslant \lambda \leqslant 3$；当$\lambda < 1.4$时，取$\lambda = 1.4$；当$\lambda > 3$时，取$\lambda = 3$；

　　β_t——剪、扭构件混凝土受扭承载力降低系数。β_t计算值应符合$0.5 \leqslant \beta_t \leqslant 1.0$的要求，当$\beta_t < 0.5$时，取$\beta_t = 0.5$；当$\beta_t > 1.0$时，取$\beta_t = 1.0$。

（2）对于矩形截面构件在剪、扭作用下的受剪承载力和受扭承载力分别按下式计算

$$V \leqslant V_u = 0.7(1.5 - \beta_t)f_t bh_0 + 1.25 f_{yv}\frac{A_{sv}}{s}h_0 \tag{6-8}$$

$$T \leqslant T_u = 0.35\beta_t\, f_t W_t + 1.2\sqrt{\zeta}\,\frac{f_{yv}A_{stl}A_{cor}}{s} \tag{6-9}$$

当构件承受集中荷载或以集中荷载为主（包括作用有多种荷载，且其中集中荷载对支座截面或节点边缘所产生的剪力值占总剪力值的75%以上的情况）时，式(6-8)应改为式(6-10)。

$$V \leqslant V_u = \frac{1.75}{\lambda + 1}(1.5 - \beta_t)f_t bh_0 + f_{yv}\frac{A_{sv}}{s}h_0 \tag{6-10}$$

（3）剪扭构件的箍筋用量。计算出的箍筋用量A_{sv}/s及A_{stl}/s进行叠加，就得出满足剪扭承载力所需的总箍筋用量，即：

$$\frac{A_{stl}}{s} = \frac{A_{sv}}{ns_v} + \frac{A_{stl}}{S_t} \tag{6-11}$$

箍筋的配筋率ρ_{sv}应当满足

$$\rho_{sv} = \frac{A_{sv}}{bs} \geqslant \frac{0.28f_t}{f_{yv}} \tag{6-12}$$

6.3.3　钢筋混凝土矩形截面弯扭构件承载力计算

同时承受弯矩和扭矩的构件，叫弯扭构件。

《规范》采用"叠加法"进行设计，分别按受弯构件的正截面承载力计算自身纵筋量和按纯扭构件计算自身受扭钢筋（纵筋和箍筋）量，并按如下方式配置（图6-6）：

（1）按构件受扭承载力得出的纵向钢筋截面面积A_{stl}应沿构件截面周边均匀布置，其间距不应大于200mm和梁的短边尺寸，且截面的四角必须有纵向受扭钢筋（图6-6b）。

（2）受扭纵向钢筋的配筋率不应小于其最小配筋率。$\rho_{tl} \leqslant 0.6\sqrt{\dfrac{T}{Vb}}\dfrac{f_t}{f_y}$

（3）按构件受弯承载力得出的纵向受力钢筋截面面积A_s按受弯构件要求配置，并应满足最小配筋率要求（图6-6a）。

（4）箍筋按受扭计算确定，并应满足受弯构件中的最小直径和最大间距规定。

（5）将（1）、（2）两部分钢筋的重叠部分合并在一起。

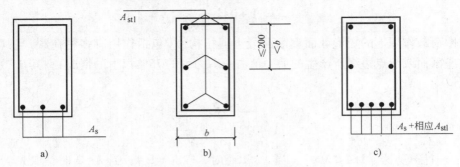

图 6-6　弯扭构件纵向钢筋叠加
a）受弯纵筋　b）受扭纵筋　c）叠加

6.4　钢筋混凝土矩形截面弯剪扭构件的承载力计算

6.4.1　"叠加法"设计方法

目前实用的承载力计算是按照叠加的原则来计算总的钢筋需要量的，即纵向钢筋通过正截面受弯承载力计算和剪、扭作用下的受扭承载力计算求得，重叠处的纵筋面积叠加后配筋。箍筋按剪扭构件受剪承载力计算和受扭承载力计算求得，相同部位处的箍筋面积也进行叠加配置。

1.　弯剪扭构件的承载力计算

对于矩形截面的弯剪扭构件，当其中一项内力（剪力或扭矩）很小时，为简化计算，该项内力的影响可忽略不计。《规范》规定：在下列情况下时，可不考虑剪力和扭矩的作用。

（1）不进行抗剪计算的条件，即仅按受弯构件的正截面抗弯承载力和纯扭构件的受扭承载力分别进行计算。

1）一般构件

$$V \leqslant 0.35 f_t b h_0 \tag{6-13}$$

2）受集中荷载作用（或以集中荷载为主）的矩形截面独立构件

$$V \leqslant \frac{0.875}{\lambda + 1} f_t b h_0 \tag{6-14}$$

（2）不进行抗扭计算的条件，即仅按受弯构件的正截面抗弯承载力和斜截面抗剪承载力分别进行计算

$$T \leqslant 0.175 f_t W_t \tag{6-15}$$

（3）当满足下列条件时：

$$\frac{V}{b h_0} + \frac{T}{W_t} \leqslant 0.7 f_t \tag{6-16}$$

或

$$\frac{V}{b h_0} + \frac{T}{W_t} \leqslant 0.7 f_t + 0.07 N/b h_0$$

均可不进行承载力计算，仅需按构造要求配置纵向钢筋和箍筋。

式中　N——与剪力、扭矩设计值 V、T 相应的轴向压力设计值，当 $N > 0.3f_c A$ 时，取 $N = 0.3f_c A$，此处 A 为构件的截面面积。

2. 截面尺寸限制及最小配筋率

（1）截面尺寸限制条件。为了避免超筋破坏，构件截面尺寸应满足下式要求

$$\frac{V}{bh_0} + \frac{T}{W_t} \leqslant 0.25\beta_c f_c \qquad (6\text{-}17)$$

（2）构造配筋问题

1）构造配筋的界限：当满足下式要求时，箍筋和抗扭纵筋可采用构造配筋。

$$\frac{V}{bh_0} + \frac{T}{W_t} \leqslant 0.7f_t \qquad (6\text{-}18)$$

2）最小配筋率：配箍率必须满足以下最小配箍率要求

$$\rho_{sv} = \frac{A_{sv}}{bs} \geqslant \rho_{sv,min} = 0.28\frac{f_t}{f_{yv}} \qquad (6\text{-}19)$$

抗扭纵筋最小配筋率为

$$\rho_{stl,min} = \frac{A_{stl,min}}{bh} = 0.6\sqrt{\frac{T}{Vb}}\frac{f_t}{f_y} \qquad (6\text{-}20)$$

6.4.2　钢筋混凝土矩形截面弯剪扭组合构件的计算方法与步骤

（1）确定内力计算简图，并据此确定各内力 M、V、T 的数值。

（2）初步确定构件的截面尺寸和材料的强度等级。

（3）根据式(6-17)及相关规定验算构件的截面尺寸。

（4）确定计算方法，即是否可简化计算。

1）当符合式(6-16)规定时，按构造要求确定所配的纵筋和箍筋。

2）需要计算钢筋用量时，选用计算方法。

① 当满足式(6-13)或式(6-14)时，可仅按受弯构件的正截面抗弯承载力和纯扭构件的受扭承载力分别进行计算：按抗弯承载力计算抗弯纵筋，按纯扭构件计算所需抗扭纵筋和抗扭箍筋，叠加抗弯纵筋和抗扭纵筋，即为总的纵向钢筋冉量，并配置在相应的位置。

② 当满足式(6-15)时，可仅按受弯构件的正截面抗弯承载力和斜截面抗剪承载力分别进行计算。

③ 弯剪扭构件、纵向钢筋截面面积应分别按受弯构件的正截面抗弯承载力和剪扭构件的抗扭承载力计算确定，并应配置在相应的位置；箍筋截面面积应分别按剪扭构件的抗剪承载力和抗扭承载力计算确定，并应配置在相应的位置。

（5）配筋计算。根据选用的计算方法，按照相应的计算公式分别计算纵向钢筋的总用量、箍筋的总用量，并验算是否满足配筋率的要求。

（6）钢筋的选用。

1）箍筋。根据箍筋的计算用量，按照有关的构造要求，先选择箍筋的直径，再确定箍筋的间距。

2）纵筋。对抗扭纵筋沿构件截面周边均匀对称布置，矩形截面的四角必须设置抗扭纵筋；对抗弯纵筋应集中配置在构件的受拉侧，并与该区域内的抗扭纵筋合并，统一选配该区

域内的钢筋直径和根数。

（7）绘制施工图。根据上述计算结果和相关的构造要求绘制施工图。

6.4.3 受扭构件的构造要求

1. 抗扭箍筋的构造要求

（1）抗扭箍筋必须做成封闭式。在受扭构件中，受扭所需的箍筋应做成封闭式，且沿截面周边布置。箍筋在整个周长上均受力，封闭式箍筋可保证构件受力后不被拉开，可以很好地约束纵向钢筋，使其充分发挥作用，并得到充分利用。

（2）当采用绑扎骨架时，箍筋的末端应做成135°弯钩，弯钩端头平直段长度不应小于 $10d$（d 为箍筋直径）。

（3）抗扭箍筋的间距和直径均应满足第4章中最大箍筋间距和最小直径的要求。

（4）当采用复合箍筋时，位于截面内部的箍筋不应计入抗扭所需的箍筋面积。

2. 抗扭纵筋的构造要求

弯剪扭构件中，配置在截面弯曲受拉一侧的纵向受力钢筋，其截面面积不应小于受弯构件受拉钢筋最小配筋率计算出的钢筋截面面积与按抗扭纵向钢筋配筋率计算并分配到弯曲受拉边的钢筋截面面积之和。抗弯钢筋应满足第4章中受拉钢筋的构造要求。

（1）矩形截面构件的截面四角必须布置抗扭纵筋。抗扭纵筋应均匀对称，并沿构件截面周边布置。

（2）抗扭纵筋的间距不应大于 200mm 和梁截面短边长度。

（3）抗扭纵向钢筋应按受拉钢筋的要求锚固在支座内。

【**例题 6-2**】 钢筋混凝土连续梁受均布荷载作用，截面尺寸为 $b \times h = 300\text{mm} \times 600\text{mm}$，$a_s = a_s' = 35\text{mm}$，混凝土保护层厚度为 25mm；在支座处承受的内力：$M = 90\text{kN} \cdot \text{m}$，$V = 103.8\text{kN}$，$T = 28.3\text{kN} \cdot \text{m}$。采用的混凝土强度等级为 C25，纵向钢筋为 HRB335 级，箍筋为 HPB300 级热轧钢筋，试确定该截面配筋。

【**解**】 （1）验算截面尺寸

$$W_t = \frac{b^2}{6}(3h - b) = \frac{1}{6} \times 300^2 \times (3 \times 600 - 300) = 22500000\text{mm}^3$$

$$\frac{V}{bh_0} + \frac{T}{W} = \frac{103800}{300 \times 565} + \frac{28300000}{22500000} = 1.87\text{MPa}$$

$$< 0.25\beta_c f_c = 0.25 \times 1.0 \times 11.9 = 2.98\text{MPa}$$

$$> 0.7f_t = 0.7 \times 1.27 = 0.89\text{MPa}$$

因此，截面尺寸满足要求，但需要按计算确定抗剪和抗扭钢筋。

（2）验算是否能进行简化计算

$$0.35f_t bh_0 = 0.35 \times 1.27 \times 300 \times 565 = 75342.75\text{N} \cdot \text{mm} < V = 103800\text{N} \cdot \text{mm}$$

$$0.175f_t w_t = 0.175 \times 1.27 \times 22500000 = 5000625\text{N} \cdot \text{mm} < T = 28300000\text{N} \cdot \text{mm}$$

故剪力和扭矩都不能忽略，不能进行简化计算。

（3）计算箍筋（取 $\zeta = 1.2$）

1）计算抗剪箍筋

$$\beta_t = \cfrac{1.5}{1 + 0.5 \cfrac{V}{T} \cdot \cfrac{W_t}{bh_0}}$$

$$= \cfrac{1.5}{1 + 0.5 \times \cfrac{103800}{28300000} \times \cfrac{22500000}{300 \times 565}} = 1.27 > 1.0$$

因此，取 $\beta_t = 1.0$

由 $V = 0.7(1.5 - \beta_t)f_t bh_0 + 1.25 f_{yv} \dfrac{A_{sv}}{s} h_0$ 可得：

$$103800 = 0.7 \times (1.5 - 1.0) \times 1.27 \times 300 \times 565$$

$$+ 1.25 \times 210 \times \frac{2A_{svl}}{s_v} \times 565$$

由上式解得：$\dfrac{A_{svl}}{s_v} = 0.096$

2）计算抗扭箍筋

取 $A_{cor} = b_{cor} \times h_{cor} = 250 \times 550 = 137500 \text{mm}^2$

由 $T = 0.35 \beta_t f_t W_t + 1.2 \sqrt{\zeta} f_{yv} \dfrac{A_{stl}}{s} A_{cor}$ 可得：

$$28300000 = 0.35 \times 1 \times 1.27 \times 22500000$$

$$+ 1.2 \times \sqrt{1.2} \times \frac{210 \times A_{stl}}{s_t} \times 137500$$

由上式解得：$\dfrac{A_{stl}}{s_t} = 0.482$

箍筋为抗剪与抗扭箍筋得叠加，即

$$\frac{A_{svt}}{s} = \frac{A_{svl}}{s_v} + \frac{A_{stl}}{s_t} = 0.096 + 0.482 = 0.578$$

若选用 $\phi 10@130$，则

$$\frac{A_{svt}}{s} = \frac{78.5}{130} = 0.604 > 0.578 \text{ 满足。}$$

配箍率

$$\rho_{sv} = \frac{nA_{svl}}{bs} = \frac{2 \times 78.5}{300 \times 130} = 0.402\%$$

最小配箍率 $\rho_{sv,min} = 0.28 \dfrac{f_t}{f_{yv}} = 0.28 \times \dfrac{1.27}{210} = 0.169\% < \rho_{sv} = 0.402\%$

满足要求。

（4）计算抗扭纵筋

$$A_{stl} = \frac{\zeta \cdot f_{yv} \cdot A_{stl} \cdot u_{cor}}{f_y \cdot s} = \frac{1.2 \times 210 \times 0.482 \times 2 \times (250 + 550)}{300}$$

$$= 648 \text{mm}^2$$

$$\rho_{stl,min} = \frac{A_{stl,min}}{bh} = 0.6 \sqrt{\frac{T}{Vb}} \frac{f_t}{f_y} = 0.00242$$

$$\rho_{\text{stl}} = \frac{A_{\text{stl}}}{bh} = \frac{648}{300 \times 600} = 0.0036 > \rho_{\text{stl,min}} = 0.00242$$

满足最小配筋率要求。

（5）计算抗弯纵筋

根据计算得 $A_s = 630\text{mm}^2$（具体过程略）。

假定抗扭纵筋对称布置，每侧三根钢筋，顶面应有两根钢筋与抗弯钢筋叠加，顶部纵筋截面面积为：

$$A_s = \frac{648}{3} + 630 = 846\text{mm}^2$$

选取 3 根直径为 20mm 的钢筋，实配 $A_s = 941\text{mm}^2$。

底面配筋截面面积为：$A_s = \frac{648}{3} = 216\text{mm}^2$

选取 2 根直径为 14mm 的钢筋，实配 $A_s = 308\text{mm}^2$。

梁侧面中部各配一根直径为 14mm 的钢筋，配筋图如图 6-7 所示。

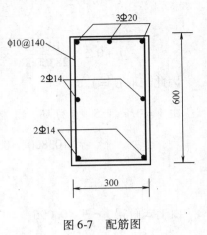

图 6-7　配筋图

本 章 小 结

1. 纯扭在建筑工程结构中很少，大多数情况的结构都是受弯矩、剪力和扭矩的复合作用。

2. 受扭构件采用承受主拉应力的螺旋式配筋或采用纵筋及箍筋的配筋形式。

3. 受扭构件按配筋数量可分为适筋、超筋（或部分超筋）及少筋构件。前者为延性破坏，后二者是脆性破坏；设计时应将构件设计成适筋构件，避免设计成超筋和少筋构件。

4. 矩形截面结构在弯矩、剪力和扭矩共同作用下，其受力状态及破坏形态十分复杂，它与结构的截面形状、尺寸、配筋形式、数量及材料强度有关，还与结构的扭弯比和剪扭比有关。

对于矩形截面弯、扭构件承载力计算，分别按受弯、受扭构件承载力计算，纵筋数量采用叠加方法，箍筋为受扭计算决定。

对于矩形截面弯剪扭构件承载力计算，分别按受弯、受剪和受扭构件承载力计算，纵筋数量采用叠加方法计算。按受剪和受扭承载力计算时应考虑混凝土受扭承载力的降低系数 β_t，分别确定箍筋数量，总的箍筋数量采用叠加方法计算。

5. 钢筋混凝土纯扭、剪扭构件承载力计算时，应注意基本公式的适用条件及最小配筋率的要求。

思考题与习题

1. 试列举若干受扭构件的工程实例，指出它们承受哪一类扭矩的作用，各有什么特点？

2. 对于纯扭构件，为什么配置螺旋形钢筋或配置垂直箍筋和纵筋？

3. 扭转斜裂缝与受剪斜裂缝有何异同？受扭构件与受弯构件的配筋要求有何异同？

4. 纯扭适筋、少筋、超筋构件的破坏特征有何不同？在设计中如何处理？

5. 我国《规范》是怎样处理在弯剪扭结构构件设计的？

6. 简述弯剪扭构件设计的箍筋和纵筋用量是怎样分别确定的。

7. 简述《规范》中弯剪扭构件的承载力计算方法。

8. 受扭构件的配筋有哪些构造要求?

9. 试说明公式 $T \leqslant 0.7 f_t W_t$ 对钢筋混凝土纯扭构件的意义?

10. 钢筋混凝土矩形截面受扭构件,截面尺寸为 $b \times h = 300\text{mm} \times 500\text{mm}$,配有 4 根直径为 14mm 的 HRB335 级纵向钢筋。箍筋为 HPB300 级,间距为 150mm。混凝土为 C30,试求该截面所能承受的扭矩设计值。

11. 雨篷板上承受均布荷载(已包括板的自重) $q = 3.6\text{kN/m}^2$(设计值),在雨篷自由墙沿板宽方向每米承受活荷载 $P = 1.4\text{kN/m}$(设计值)。雨篷梁截面尺寸为 240mm × 240mm,计算跨度为 2.5m。采用混凝土强度等级 C25,箍筋为 HPB300 级,纵筋采用为 HRB335 级,环境类别为二类。经计算得知:雨篷梁弯矩设计值 $M = 1.4\text{kN} \cdot \text{m}$,剪力设计值 $V = 23\text{kN}$。试确定雨篷梁的配筋数量(雨篷梁不做倾覆验算)。

12. 已知一均布荷载作用下的矩形截面构件,$b \times h = 250\text{mm} \times 600\text{mm}$,承受弯矩设计值 $M = 37.5\text{kN} \cdot \text{m}$,剪力设计值 $V = 35\text{kN}$,扭矩设计值 $T = 15\text{kN} \cdot \text{m}$,采用 C25 级混凝土,HPB300 级箍筋。试选配钢筋并绘制配筋图。

第7章 钢筋混凝土构件的裂缝和变形验算

本 章 提 要

本章主要讲述了钢筋混凝土构件正常使用极限状态的验算，即验算裂缝宽度和变形。本章以受弯构件纯弯段为例，分析说明了垂直裂缝的发生和分布特点，根据平均裂缝间距内钢筋与混凝土的平均伸长量的差值导出平均裂缝宽度的计算公式，再考虑到混凝土的收缩、徐变及应力松弛等因素，得出最大裂缝宽度的计算公式。通过对力学挠度公式的分析，得出挠度计算问题，即截面抗弯刚度的取值问题，重点推导了短期刚度和长期刚度的计算公式，然后用长期刚度 B 取代力学挠度公式中的 EI 计算构件的变形。

本 章 要 点

1. 理解钢筋混凝土结构构件裂缝形成的原因
2. 理解裂缝宽度计算公式和挠度计算公式的推导过程
3. 掌握钢筋混凝土构件裂缝宽度和挠度的验算方法

7.1 概述

为保证钢筋混凝土构件能安全使用，必须对其进行承载力计算，这在第 3～6 章中已进行了讨论；除此以外，还应根据结构构件的工作环境和使用条件，对其进行正常使用极限状态的验算，即验算裂缝宽度和变形。因为构件裂缝过宽会影响观瞻并引起人们不安；在有侵蚀介质的环境下使钢筋锈蚀而影响其耐久性，而构件变形过大，将影响正常使用，故应通过验算使裂缝宽度和变形不超过规定限值。

《规范》规定：

（1）受弯构件的挠度应满足下列条件：

$$f_{max} \leqslant [f] \tag{7-1}$$

式中　f_{max}——受弯构件的最大挠度，应按荷载效应的标准组合并考虑长期作用影响进行计算；

　　　$[f]$——受弯构件的挠度限值，按表 7-1 采用。

（2）钢筋混凝土构件的裂缝宽度，应满足下列条件：

$$w_{max} \leqslant w_{lim} \tag{7-2}$$

式中　w_{max}——按荷载效应的标准组合并考虑长期作用影响的最大裂缝宽度；

　　　w_{lim}——裂缝宽度限值，按表 7-2 采用。

表 7-1　受弯构件的挠度限值

构件类型		挠度限值
吊车梁	手动吊车	$l_0/500$
	电动吊车	$l_0/600$
屋盖、楼盖及楼梯构件	当 $l_0 < 7$m 时	$l_0/200$（$l_0/250$）
	当 7m$\leqslant l_0 \leqslant 9$m 时	$l_0/250$（$l_0/300$）
	当 $l_0 > 9$m 时	$l_0/300$（$l_0/400$）

注：1. 表中 l_0 为构件的计算跨度；计算悬臂构件的挠度限值时，其计算跨度 l_0 按实际悬臂长度的 2 倍取用。
    2. 表中括号内的数值适用于使用上对挠度有较高要求的构件。
    3. 如果构件制作时预先起拱，且使用上也允许，则在验算挠度时，可将计算所得的挠度值减去起拱值；对预应力混凝土构件，尚可减去预加力所产生的反拱值。
    4. 构件制作时的起拱值和预加力所产生的反拱值，不宜超过构件在相应荷载组合作用下的计算挠度值。

表 7-2　结构构件的裂缝控制等级及最大裂缝宽度限值　　　（单位：mm）

环境类别	钢筋混凝土结构		预应力混凝土结构	
	裂缝控制等级	$w_{\lim}$	裂缝控制等级	$w_{\lim}$
一	三级	0.3（0.4）	三级	0.20
二 a				0.10
二 b		0.20	二级	—
三 a、三 b			一级	—

注：1. 对处于年平均相对湿度小于 60% 地区一类环境下的受弯构件，其最大裂缝宽度限值可采用括号内的数值。
    2. 在一类环境下，对钢筋混凝土屋架、托架及需作疲劳验算的吊车梁，其最大裂缝宽度限值应取 0.20mm；对钢筋混凝土屋面梁和托梁，其最大裂缝宽度限值应取 0.30mm。
    3. 在一类环境下，对预应力混凝土屋架、托架及双向板体系，应按二级裂缝控制等级进行验算；在一类环境下的预应力混凝土屋面梁、托梁、单向板，应按表中二 a 级环境的要求进行验算；在一类和二 a 类环境下需作疲劳验算的预应力混凝土吊车梁，应按裂缝控制等级不低于二级的构件进行验算。
    4. 表中规定的预应力混凝土构件的裂缝控制等级和最大裂缝宽度限值仅适用于正截面的验算；预应力混凝土构件的斜截面裂缝控制验算应符合本规范第 7 章的有关规定。
    5. 对于烟囱、筒仓和处于液体压力下的结构，其裂缝控制要求应符合专门标准的有关规定。
    6. 对于处于四、五类环境下的结构构件，其裂缝控制要求应符合专门标准的有关规定。
    7. 表中的最大裂缝宽度限值为用于验算荷载作用引起的最大裂缝宽度。

7.2　钢筋混凝土构件裂缝宽度验算

    钢筋混凝土构件产生裂缝的原因主要有两方面：一是直接作用引起的裂缝，如受弯、受拉等构件的垂直裂缝；二是间接作用引起的裂缝，如基础不均匀沉降、构件混凝土收缩、温度变化等引起的裂缝。对于后者主要是通过采用合理的结构方案和构造措施来控制。对于前者《规范》给出了计算方法，下面着重介绍这种裂缝宽度的验算。

7.2.1　裂缝的出现、分布和开展

    现以受弯构件纯弯段为例，说明垂直裂缝的发生和分布特点：

未出现裂缝时，在纯弯段内，各截面受拉混凝土的拉应力、拉应变大致相同；由于这时钢筋和混凝土间的粘结没有被破坏，因而钢筋拉应力、拉应变沿纯弯区段长度亦大致相同。

当受拉区边缘的混凝土达到其抗拉强度 f_t 时，由于混凝土的塑性变形，还不会马上开裂，但当受拉区边缘混凝土在最薄弱的截面处达到其极限拉应变值后，就出现了第一批裂缝(图7-1a)。

裂缝出现后，裂缝处的受拉混凝土退出工作，应力降至零，于是钢筋承担的拉力突然增加，混凝土一开裂，张紧的混凝土就像剪断了的橡皮筋那样向裂缝两侧回缩，但由于混凝土与钢筋的粘结作用，这种回缩受到钢筋的约束。因此，钢筋应力随着离裂缝截面距离的增大而减小，混凝土应力由裂缝处的零随着离裂缝截面距离的增大而增大，当达到某一距离 $l_{cr,min}$ 后，混凝土和钢筋又具有相同的拉伸应变，各自的应力又趋于均匀分布。

如图7-1b所示，若 A、D 两点均为薄弱处，且同时出现裂缝，则 AD 段混凝土的拉应力将从 A、D 两截面处分别向中间回升，显然，在这两条裂缝之间，混凝土拉应力将小于实际混凝土抗拉强度，不足以产生新的裂缝。因此，从理论上讲，平均裂缝间距应在 $l_{cr,min} \sim 2l_{cr,min}$ 范围内。

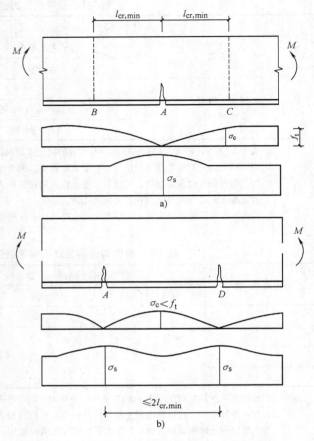

图 7-1　纯弯段裂缝开展、分布及应力变化情况

7.2.2　平均裂缝间距 l_{cr}

由以上分析可知，平均裂缝间距 l_{cr} 的大小主要取决于钢筋和混凝土之间的粘结应力。它与钢筋表面积大小、钢筋表面形状、受拉区配筋率及混凝土保护层厚度等因素有关。钢筋面积相同时小直径钢筋的表面积大些，l_{cr} 就小些，钢筋表面粗糙，粘结力大，则 l_{cr} 就小些；低配筋率时 l_{cr} 较大，裂缝分布稀疏，混凝土保护层厚度越厚，l_{cr} 也越大。

《规范》根据试验结果并参照经验，考虑不同的受力情况，采用下式计算构件的平均裂缝间距：

$$l_{cr} = \beta \left(1.9c + 0.08 \frac{d_{eq}}{\rho_{te}} \right) \nu \qquad (7-3)$$

式中　c——最外层纵向受拉钢筋外边缘至受拉区底边的距离，mm；当 $c < 20$ 时，取 $c = 20$；当 $c > 65$ 时，取 $c = 65$；

ρ_{te}——按有效受拉混凝土截面面积计算的纵向受拉钢筋配筋率；当 $\rho_{te} < 0.01$ 时，取 $\rho_{te} = 0.01$；

$$\rho_{te} = \frac{A_s}{A_{te}} \qquad (7-4)$$

A_s——受拉区纵向钢筋截面面积；

A_{te}——有效受拉混凝土截面面积；对受弯构件，取 $A_{te} = 0.5bh + (b_f - b)h_f$，此处，$b_f$ 和 h_f 为受拉翼缘的宽度及高度；

d_{eq}——纵向受拉钢筋的等效直径，mm；

$$d_{eq} = \frac{\sum n_i d_i^2}{\sum n_i \nu_i d_i} \qquad (7-5)$$

d_i——第 i 种纵向受拉钢筋的直径，mm；

n_i——第 i 种纵向受拉钢筋的根数；

ν_i——第 i 种纵向受拉钢筋的相对粘结特征系数，光面钢筋 $\nu_i = 0.7$；带肋钢筋 $\nu_i = 1.0$；

β——与构件受力状态有关的经验系数，对受弯构件，$\beta = 1.0$；对轴心受拉构件，$\beta = 1.1$；

ν——混凝土的弹性系数。

7.2.3 平均裂缝宽度 w

平均裂缝宽度是指混凝土在裂缝截面处的回缩量，是在一个平均间距内钢筋与混凝土的平均伸长量的差值，如图 7-2 所示，即

$$w_m = \overline{\varepsilon}_s l_{cr} - \overline{\varepsilon}_c l_{cr} = \overline{\varepsilon}_s l_{cr}(1 - \frac{\overline{\varepsilon}_c}{\overline{\varepsilon}_s}) \qquad (7-6)$$

式中 $\overline{\varepsilon}_s$——纵向受拉钢筋的平均拉应变，考虑裂缝间纵向受拉钢筋应变的不均匀性，则 $\overline{\varepsilon}_s = \psi \frac{\sigma_{sk}}{E_s}$；

$\overline{\varepsilon}_c$——与纵向受拉钢筋相同高度处侧表面混凝土的平均拉应变；

ψ——裂缝间纵向受拉钢筋应变的不均匀系数：当 $\psi < 0.2$ 时，取 $\psi = 0.2$；当 $\psi > 1$ 时，取 $\psi = 1$；对直接承受重复荷载的构件，取 $\psi = 1$。

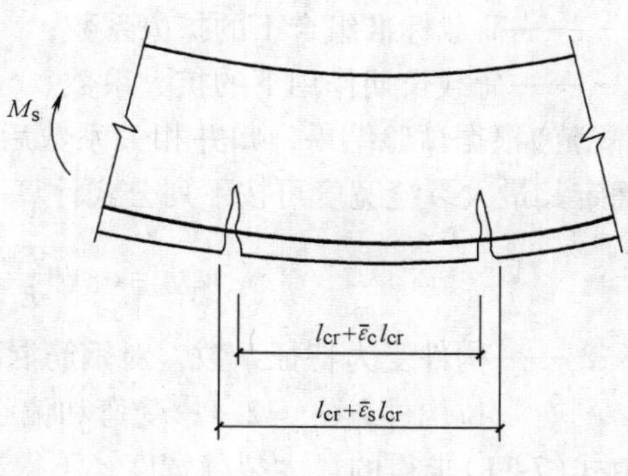

图 7-2 平均裂缝宽度

受弯和轴心受拉构件按式(7-7)计算，即

$$\psi = 1.1 - \frac{0.65 f_{tk}}{\rho_{te} \sigma_{sk}} \qquad (7-7)$$

《规范》规定，当 $\rho_{te} < 0.01$ 时，取 $\rho_{te} = 0.01$；

σ_{sk}——开裂截面钢筋应力：对轴心受拉构件，$\sigma_{sk} = \frac{N_k}{A_s}$；对受弯构件按式(7-8)计算

$$\sigma_{sk} = \frac{M_k}{0.87 A_s h_0} \qquad (7-8)$$

N_k——按荷载效应的标准组合计算的轴向拉应力值；

M_k——按荷载效应的标准组合计算的弯矩，取计算区段内的最大弯矩；

A_s——受拉钢筋总截面面积。

令 $\alpha_c = 1 - \dfrac{\overline{\varepsilon_c}}{\overline{\varepsilon_s}}$，$\alpha_c$ 为考虑裂缝间混凝土伸长对裂缝宽度的影响，系数 α_c 虽然与配筋率、截面形状和混凝土保护层厚度等因素有关，但在一般情况下，α_c 变化不大，且对裂缝开展宽度的影响也不大，为简化计算，对受弯、轴心受拉构件，均可近似取 $\alpha_c = 0.85$。则

$$w = \alpha_c \psi \frac{\sigma_{sk}}{E_s} l_{cr} = 0.85 \psi \frac{\sigma_{sk}}{E_s} l_{cr} \tag{7-9}$$

7.2.4 最大裂缝宽度 w_{max} 及其验算

最大裂缝宽度由平均裂缝宽度乘以"扩大系数"得到。"扩大系数"由试验结果的统计分析并参照使用经验确定。对"扩大系数"，主要考虑这样两种情况：一是荷载标准组合下裂缝宽度的不均匀性；二是在荷载长期作用的影响下，混凝土进一步收缩以及受拉混凝土的应力松弛和滑移徐变等导致裂缝间受拉混凝土不断退出工作，使平均裂缝宽度增大较多。

因此最大裂缝宽度 w_{max} 的计算公式为

$$w_{max} = \tau_1 \tau_s w \tag{7-10}$$

式中 w——平均裂缝宽度；

τ_s——荷载标准组合下的扩大系数；

τ_1——荷载长期作用下的扩大系数。

《规范》根据试验结果，归并相关系数后，按荷载效应的标准组合并考虑长期作用的影响，确定其最大裂缝宽度可按下列公式计算

$$w_{max} = \alpha_{cr} \psi \frac{\sigma_{sk}}{E_s} \left(1.9c + 0.08 \frac{d_{eq}}{\rho_{te}} \right) \tag{7-11}$$

式中 α_{cr}——构件受力特征系数，对钢筋混凝土构件有：轴心受拉构件，$\alpha_{cr} = 2.7$；偏心受拉构件，$\alpha_{cr} = 2.4$；受弯和偏心受压构件，$\alpha_{cr} = 1.9$。

由式(7-11)求得的最大裂缝宽度，不得超过裂缝限值(表7-2)。

【例题 7-1】 处于室内正常环境下的钢筋混凝土矩形截面简支梁，截面尺寸 $b = 200\text{mm}$，$h = 500\text{mm}$，配置 HRB335 级钢筋 4 Φ16，混凝土强度等级为 C20，保护层厚度 $c = 25\text{mm}$。跨中截面弯矩 $M_k = 79.97\text{kN} \cdot \text{m}$，试验算梁的最大裂缝宽度。

【解】 $h_0 = 500 - 35 = 465\text{mm}$

查表得 $f_{tk} = 1.54\text{N/mm}^2$，$E_s = 2.0 \times 10^5 \text{N/mm}^2$

由于该梁处于室内正常环境，查表 7-2，构件的使用环境类别为一类，其最大裂缝宽度限值 $w_{lim} = 0.3\text{mm}$，$A_s = 804\text{mm}^2$，$A_{te} = 0.5bh = 50000\text{mm}^2$

$$\rho_{te} = \frac{A_s}{A_{te}} = \frac{804}{50000} = 0.016 > 0.01$$

$$\sigma_{sk} = \frac{M_k}{0.87 A_s h_0} = \frac{79.97 \times 10^6}{0.87 \times 804 \times 465} = 245.9\text{N/mm}^2$$

按式(7-7)计算

$$\psi = 1.1 - \frac{0.65 f_{tk}}{\rho_{te} \sigma_{sk}} = 1.1 - \frac{0.65 \times 1.54}{0.016 \times 245.9} = 0.846 > 0.2, \quad 取 \psi = 0.846$$

由于梁内只配置一种变形钢筋，钢筋的相对粘结特性系数 $\nu = 1.0$，所以 $d_{eq} = d = 16mm$。

$$w_{max} = \alpha_{cr} \psi \frac{\sigma_{sk}}{E_s} \left(1.9c + 0.08 \frac{d_{eq}}{\rho_{te}} \right)$$

$$= 2.1 \times 0.846 \times \frac{244.8}{2 \times 10^5} (1.9 \times 25 + 0.08 \times 16/0.016) = 0.28 < w_{lim} = 0.3mm$$

说明该梁在正常使用阶段的最大裂缝宽度满足规范要求。

7.3 钢筋混凝土受弯构件的挠度验算

7.3.1 截面弯曲刚度

由力学知，匀质弹性材料受弯构件的跨中挠度

$$f = S \frac{M}{EI} l_0^2 \quad 或 \quad f = S\phi l_0^2 \tag{7-12}$$

式中 f——梁中最大挠度；

S——与荷载形式、支承条件有关的挠度系数，如均布荷载时，$S = \frac{5}{48}$；集中荷载时，$S = \frac{1}{12}$；

l_0——梁的计算跨度；

EI——梁的截面抗弯刚度；

ϕ——截面曲率，即单位长度上的转角，$\phi = \frac{M}{EI}$。

由 $EI = M/\phi$ 知，截面抗弯刚度的物理意义就是使截面产生单位曲率需要施加的弯矩值，它体现了截面抵抗弯曲变形能力。

对于理想的均质弹性材料，当梁的截面形状、尺寸和材料确定时，梁的截面弯曲刚度 EI 是一个常数。因此，弯矩与挠度或者弯矩与曲率之间都是始终不变的正比例关系，如图 7-3 中虚线所示。

但由于钢筋混凝土不是匀质弹性材料，且钢筋混凝土受弯构件正常使用时是带裂缝工作的，在裂缝出现后弯矩与挠度的关系如图 7-3 中实线所示，截面抗弯刚度是随弯矩的增大而减小，所以截面抗弯刚度是一个变量。

试验结果表明，钢筋混凝土受弯构件在长期荷载的作用下，由于混凝土徐变等因素，构件的刚度还将随着时间的增长而降低。

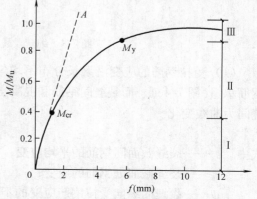

图 7-3 梁的 M-f 关系

因此，钢筋混凝土受弯构件的挠度计算问题，关键在于截面抗弯刚度的取值。为了与匀质弹性材料的截面抗弯刚度 EI 相区别，《规范》用 B 表示钢筋混凝土受弯构件的截面抗弯刚度，并用 B_s 表示在荷载效应标准组合短期作用下的抗弯刚度，简称"短期刚度"，用 B 表示考虑在荷载长期作用影响后的抗弯刚度，简称"长期刚度"。

7.3.2 短期刚度 B_s

截面弯曲刚度不仅随荷载的增大而减小，而且还将随荷载作用时间的增长而减小。首先讨论荷载短期作用下的截面弯曲刚度 B_s（简称短期刚度）。

1. 平均曲率 ϕ

图 7-4a 所示为一承受两个对称集中荷载的简支梁的纯弯段，它在荷载短期效应组合作用下，受拉区产生裂缝，处于第 II 工作阶段——带裂缝工作阶段，此时的钢筋和混凝土的应力应变情况如下：

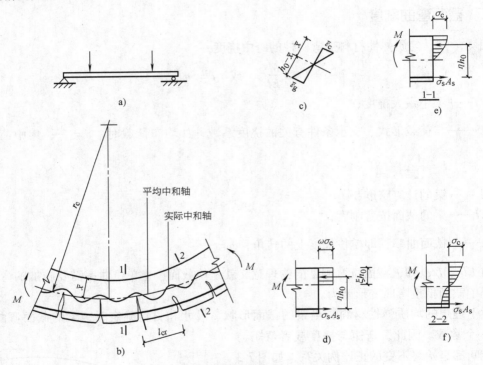

图 7-4 纯弯段裂缝出现后应力应变分布

（1）受拉钢筋的应变沿梁长分布不均匀，因为裂缝截面处混凝土退出工作，拉力全由钢筋承担（图 7-4e），而裂缝间钢筋和混凝土一起工作（图 7-4f），所以裂缝截面处最大，裂缝间为曲线变化。

$$\overline{\varepsilon}_s = \psi \varepsilon_s \tag{7-13}$$

式中　$\overline{\varepsilon}_s$——裂缝截面间钢筋的平均应变；

　　　ε_s——裂缝截面处钢筋的应变；

　　　ψ——裂缝间纵向受拉钢筋应变的不均匀系数，反映受拉区混凝土参加工作的程度，$\psi \leqslant 1$。

（2）受压区边缘混凝土的压应变沿梁长也不均匀分布。与受拉区相对应，裂缝截面处偏大，裂缝间略小，为曲线变化，但波动幅度比受拉区钢筋应变波动幅度小得多，在计算只可取混凝土平均应变$\overline{\varepsilon}_c = \varepsilon_c$。

（3）沿梁长受压区高度 x 值是变化的，中和轴高度呈波浪形变化，裂缝截面处中和轴高度最小；为简便起见，计算时取受压区高度 x 的平均值 $\overline{x}$ 和平均中和轴。根据平均中和轴得到的截面称为"平均截面"。平均截面的应变即为 $\overline{\varepsilon}_s$ 和 $\overline{\varepsilon}_c$。

（4）平均应变沿梁截面高度的变化符合平截面假定，如图7-4c所示。

由于平均应变符合平截面的假定，由图7-4b、c可得平均曲率

$$\phi = \frac{1}{r} = \frac{\overline{\varepsilon}_s}{h_0 - \overline{x}} = \frac{\overline{\varepsilon}_s + \overline{\varepsilon}_c}{h_0} \tag{7-14}$$

式中　r——与平均中和轴相应的平均曲率半径；

　　　h_0——截面的有效高度。

因此，短期刚度

$$B_s = \frac{M_k}{\phi} = \frac{M_k h_0}{\overline{\varepsilon}_s + \overline{\varepsilon}_c} \tag{7-15}$$

式中　M_k——按荷载效应标准组合计算的弯矩值。

2. 平均截面的应变 $\overline{\varepsilon}_s$ 和 $\overline{\varepsilon}_c$

在荷载效应的标准组合作用下，平均截面的纵向受拉钢筋重心处的拉应变 $\overline{\varepsilon}_s$ 和受压区边缘混凝土的压应变 $\overline{\varepsilon}_c$ 按下式计算

$$\overline{\varepsilon}_s = \psi \varepsilon_s = \psi \frac{\sigma_s}{E_s} \tag{7-16}$$

$$\overline{\varepsilon}_c = \varepsilon_c = \frac{\sigma_c}{E'_c} = \frac{\sigma_c}{\nu E_c} \tag{7-17}$$

式中　σ_s，σ_c——按荷载效应的标准组合作用计算的裂缝截面处纵向受拉钢筋重心处的拉应力和受压区边缘混凝土的压应力；

　　　E'_c、E_c——混凝土的变形模量和弹性模量；

　　　ν——混凝土的弹性特征值。

3. 平均截面的弯矩和应力的关系

为简化计算，把图7-4e等效于图7-4d，等效混凝土的应力为 $\omega\sigma_c$，受压区高度为 ξh_0，内力臂为 ηh_0。

对受拉区合力点取矩，得　　　$$\sigma_c = \frac{M_k}{\xi\omega\eta b h_0^2} \tag{7-18}$$

对受压区合力点取矩，得　　　$$\sigma_s = \frac{M_k}{A_s \eta h_0} \tag{7-19}$$

式中　ω——压应力图形丰满程度系数；

　　　η——裂缝截面处内力臂长度系数，取 $\eta = 0.87$。

4. 短期刚度 B_s 的一般表达式

将式（7-16）、式（7-17）、式（7-18）及式（7-19）代入式（7-15），得

$$B_s = \cfrac{1}{\cfrac{\psi}{A_s \eta h_0^2 E_s} + \cfrac{1}{\xi \omega \nu b h_0^3 E_c}}$$

令 $\zeta = \xi \omega \eta \nu$，称为混凝土受压区边缘平均应变综合系数，又引入 $\alpha_E = \dfrac{E_s}{E_c}$，$\rho = \dfrac{A_s}{bh_0}$

并对分子分母同乘以 $E_s A_s h_0^2$，整理得

$$B_s = \frac{E_s A_s h_0^2}{\dfrac{\psi}{\eta} + \dfrac{\alpha_E \rho}{\zeta}} \qquad (7\text{-}20)$$

根据试验分析表明，$\dfrac{\alpha_E \rho}{\zeta}$ 按下式计算：

$$\frac{\alpha_E \rho}{\zeta} = 0.2 + \frac{6\alpha_E \rho}{1 + 3.5\gamma_f'} \qquad (7\text{-}21)$$

式中 γ_f'——受压区翼缘与腹板有效面积的比值，$\gamma_f' = \dfrac{(b_f' - b) h_f'}{bh_0}$，其中，$b_f'$、$h_f'$ 分别为受压区翼缘的宽度、高度。当 $h_f' > 0.2h_0$ 时，取 $h_f' = 0.2h_0$。

将式(7-21)及 $\eta = 0.87$ 代入式(7-20)，则得钢筋混凝土受弯构件短期刚度 B_s 的计算公式

$$B_s = \frac{E_s A_s h_0^2}{1.15\psi + 0.2 + \dfrac{6\alpha_E \rho}{1 + 3.5\gamma_f'}} \qquad (7\text{-}22)$$

7.3.3 长期刚度 B

在实际工程中，总是有部分荷载长期作用在构件上，在荷载长期作用下，构件截面抗弯刚度将会降低，致使构件的挠度增大。因此计算挠度时必须采用按荷载效应的标准组合并考虑长期作用影响的刚度 B。

在荷载长期作用下，受压混凝土将产生徐变，即荷载不增加而变形却随时间增长。此外，混凝土的收缩和粘结滑移徐变也会使曲率增大。因此，随着时间的推移，构件的刚度将会降低，而挠度将会增大。

《规范》采用挠度增大系数 θ 来考虑荷载长期作用对构件挠度增大的影响，对钢筋混凝土构件，其值按式(7-23)计算

$$\theta = 2.0 - 0.4\frac{\rho'}{\rho} \qquad (7\text{-}23)$$

式中 θ——荷载长期作用对挠度增大的影响系数；

ρ——纵向受拉钢筋的配筋率 $A_s/(bh_0)$；

ρ'——纵向受压钢筋的配筋率 $A_s'/(bh_0)$。

当 $\rho' = 0$ 时，$\theta = 2.0$，当 $\rho' = \rho$ 时，$\theta = 1.6$；当 ρ' 为中间数值时，θ 按直线内插取用；对翼缘为于受拉区的倒 T 形截面，θ 应增加 20%。

设梁在 M_q（按荷载效应的准永久组合计算的弯矩）作用下的短期挠度为 f_1，则在 M_q 的长期作用下梁的挠度增为 θf_1，当施加全部可变荷载后，在弯矩增量 $(M_k - M_q)$ 作用下的短期

刚度为 f_2，则梁在 M_k 作用下总的挠度为 $\theta f_1 + f_2$。根据式(7-12)，则有

$$f = \theta f_1 + f_2 = \theta s \frac{M_q l_0^2}{B_s} + s \frac{(M_k - M_q) l_0^2}{B_s} = s \frac{[M_k + (\theta - 1)M_q] l_0^2}{B_s}$$

如果上式仅用刚度 B 表达时，有

$$f = s \frac{M_k l_0^2}{B}$$

则刚度 B 的计算公式为

$$B = \frac{M_k}{M_q (\theta - 1) + M_k} B_s \tag{7-24}$$

式中　M_k——按荷载效应的标准组合计算的弯矩，取计算区段内的最大弯矩值；

　　　M_q——按荷载效应的准永久组合计算的弯矩，取计算区段内的最大弯矩值。

7.3.4　受弯构件的挠度验算

计算刚度的目的是为了计算变形，由于构件沿长度方向的配筋量和弯矩均为变值，因此沿长度方向的刚度也是变化的。为简化计算，采用"最小刚度原则"：即在同号区段内，按最大弯矩截面确定的刚度最小，并认为弯矩同号区段内的刚度相等。

如图 7-5 所示的外伸梁，AE 段为正弯矩，EF 段为负弯矩，计算变形时，AE 段应采用 D 截面的刚度 B_1，EF 段应采用 C 截面的刚度 B_2。

钢筋混凝土受弯构件的挠度计算可按一般的力学公式计算，但抗弯刚度用 B 来代替 EI，则有

$$f = s \frac{M_k l_0^2}{B} \leqslant [f]$$

式中　f——根据最小刚度原则采用的刚度 B 进行计算的挠度；

　　　$[f]$——允许挠度值，按表 7-1 取用。

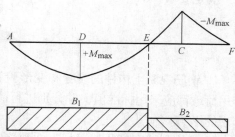

图 7-5　梁的弯矩及刚度取值

【例题 7-2】　某钢筋混凝土简支梁计算跨度 $l_0 = 6m$，截面尺寸 $b = 200mm$，$h = 400mm$，采用 C25 混凝土，承受均布荷载，恒荷载标准值 $g_k = 8kN/m$（含自重），活载标准值 $q_k = 8kN/m$，准永久值系数 $\psi = 0.4$，经承载力计算选用 HRB335 级受拉钢筋 4 Φ 18，$A_s = 1017mm^2$，$h_0 = 365mm$。规范挠度限值为 $[f] = l_0/200$。试验算梁的挠度。

【解】　查表得 $f_{tk} = 1.78N/mm^2$，$E_c = 2.8 \times 10^4 N/mm^2$，$E_s = 2.0 \times 10^5 N/mm^2$

（1）荷载效应组合

荷载效应标准组合

$$M_k = \frac{1}{8}(g_k + q_k) l_0^2 = \frac{1}{8}(8 + 8) \times 6^2 = 72kN \cdot m$$

荷载效应准永久组合

$$M_q = \frac{1}{8}(g_k + \psi_q q_k) l_0^2 = \frac{1}{8}(8 + 0.4 \times 8) \times 6^2 = 50.4kN \cdot m$$

（2）参数计算

$$\rho_{te} = \frac{A_s}{A_{te}} = \frac{1017}{0.5 \times 200 \times 400} = 0.0254$$

$$\sigma_{sk} = \frac{M_k}{0.87 A_s h_0} = \frac{72 \times 10^6}{0.87 \times 1017 \times 365} = 222.9 \text{N/mm}^2$$

按式(7-7)计算

$$\psi = 1.1 - \frac{0.65 f_{tk}}{\rho_{te} \sigma_{sk}} = 1.1 - \frac{0.65 \times 1.78}{0.0254 \times 222.9} = 0.204$$

$$\alpha_E = \frac{E_s}{E_c} = \frac{2 \times 10^5}{2.8 \times 10^4} = 7.14, \quad \rho = \frac{A_s}{b h_0} = \frac{1017}{200 \times 365} = 0.014$$

（3）短期刚度 B_s、长期刚度 B 的计算

$$B_s = \frac{E_s A_s h_0^2}{1.15\psi + 0.2 + \dfrac{6\alpha_E \rho}{1 + 3.5\gamma'_f}} = \frac{2 \times 10^5 \times 1017 \times 365^2}{1.15 \times 0.204 + 0.2 + 6 \times 7.14 \times 0.014}$$

$$= 2.62 \times 10^{13} \text{N} \cdot \text{mm}^2$$

由于截面没有受压钢筋，即 $\rho' = 0$，因此 $\theta = 2.0$，

$$B = \frac{M_k}{M_q(\theta - 1) + M_k} B_s = \frac{72}{50.4 \times (2-1) + 72} \times 2.62 \times 10^{13} = 1.54 \times 10^{13} \text{N} \cdot \text{mm}^2$$

（4）挠度验算

$$f = s \frac{M_k l_0^2}{B} = \frac{5}{48} \times \frac{72 \times 10^6 \times 6000^2}{1.54 \times 10^{13}} = 17.5 \text{mm} \leqslant [f] = \frac{l_0}{200} = 30 \text{mm}$$

满足要求。

本 章 小 结

1. 钢筋混凝土构件的裂缝和变形验算属于正常使用极限状态验算，所有的材料强度和作用荷载都应采用标准值，并分别进行荷载效应的标准组合和准永久组合，且考虑荷载长期作用的影响。

2. 平均裂缝宽度是指混凝土在裂缝截面处的回缩量，是在一个平均间距内钢筋与混凝土的平均伸长量的差值，最大裂缝宽度由平均裂缝宽度乘以"扩大系数"得到。

3. 计算钢筋混凝土受弯构件的变形时所采用的抗弯刚度，应考虑荷载长期作用的影响，即应用长期刚度 B 来取代力学挠度公式中的 EI 计算变形。

4. 最小刚度原则是指在同号区段内，按最大弯矩截面确定的刚度最小，并认为弯矩同号区段内的刚度相等。

5. 无论裂缝宽度还是变形验算，其值均不应超过规定限值，否则应采取必要的措施。

思考题与习题

1. 受弯构件裂缝宽度及变形验算属于何种极限状态验算？为什么要进行这些验算？

2. 平均裂缝间距大小的影响因素有哪些？

3. 最大裂缝宽度计算公式是怎样建立起来的？

4. 影响裂缝宽度的主要因素是什么？减小裂缝宽度有哪些主要措施？

5. 何谓构件截面的弯曲刚度？它与力学中的刚度相比有何区别和特点？

6. 何谓"最小刚度原则"？

7. 简述裂缝的出现、分布和开展过程。

8. 简述配筋率对受弯构件正截面承载力、挠度和裂缝宽度的影响。

9. 处于室内正常环境下的钢筋混凝土矩形截面简支梁，截面尺寸 $b = 200mm$，$h = 450mm$，配置 HRB335 钢筋 3 Φ 18，混凝土强度等级为 C20，保护层厚度 $c = 25mm$。跨中截面弯矩 $M_k = 72kN \cdot m$，试验算梁的最大裂缝宽度。

10. 已知：某钢筋混凝土屋架下弦，$b \times h = 200mm \times 200mm$，轴向拉力标准值 $N_k = 130kN$，配有 4 根 HRB335 级、直径 14mm 的受拉钢筋，采用 C25 等级混凝土，保护层厚度 $c = 25mm$，$w_{lim} = 0.2mm$。试验算裂缝宽度是否满足？当不满足时如何处理？

11. 图 7-6 所示为一承受均布荷载的钢筋混凝土简支梁，计算跨度 $l_0 = 5m$，截面尺寸 $b = 200mm$，$h = 500mm$，采用 C25 混凝土和 HRB335 级纵向受力钢筋。在梁上作用恒荷载标准值 $g_k = 25kN/m$（含自重），活载标准值 $q_k = 14kN/m$，准永久值系数 $\psi = 0.4$，经承载力计算选用受拉钢筋 6 Φ 18，（$A_s = 1526mm^2$）。规范挠度限值为 $[f] = l_0/200$。试验算梁的挠度。

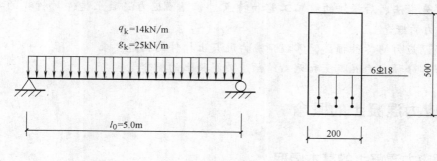

图 7-6

第 8 章　预应力混凝土构件

本章提要

本章主要讲述预应力混凝土的概念、预应力混凝土的材料、预应力施加方法、预应力损失、预应力混凝土的构造要求，对部分预应力混凝土和无粘结预应力混凝土进行了简要介绍。

本章要点

1. 掌握预应力混凝土构件的基本原理及优缺点
2. 了解先张法、后张法的施工工艺和特点，掌握预应力混凝土构件对材料的要求以及张拉控制应力的概念
3. 掌握预应力的各种损失，掌握预应力混凝土构件的构造要求
4. 了解部分预应力混凝土和无粘结预应力混凝土的概念

8.1　预应力混凝土的概念

8.1.1　预应力混凝土的基本原理

对大多数构件来说，提高材料强度可以减小截面尺寸，从而节约材料和减轻构件自重，这是降低工程造价的主要途径。但是，在普通钢筋混凝土构件中，提高钢筋的强度却达不到预期的效果。在普通钢筋混凝土中高强度钢筋是不能充分发挥作用的，因而是不经济的。另一方面，提高混凝土强度等级对增加其极限拉应变的作用也是极其有限的。因此，在普通钢筋混凝土受弯和受拉构件中，采用高强度混凝土也是不合理的。

为了充分发挥高强度钢筋的作用，可以在构件承受荷载以前，预先对受拉区的混凝土施加压力，使其产生预压应力。当构件承受使用荷载而产生拉应力时，首先要抵消混凝土的预压应力，然后，随着荷载的不断增加，受拉区混凝土才开始受拉进而出现裂缝。设一简支梁（图 8-1）在荷载 q 的作用下，截面的下边缘产生拉应力 σ，若在加载前预先在梁端施加偏心压力 N，使截面下边缘产生预压应力 $\sigma_c > \sigma$，则梁在预压力 N 和荷载 q 共同作用下，截面将不产生拉应力，梁不致出现裂缝。

因此，采用这种人为的预压应力方法可控制构件裂缝的出现和开展，以满足使用要求。这种在受荷载以前预先对受拉区混凝土施加预压应力的构件，称为预应力混凝土构件。

8.1.2　预应力混凝土结构的特点

1. 优点

与钢筋混凝土结构相比，预应力混凝土结构的主要优点归纳起来有以下几个方面：

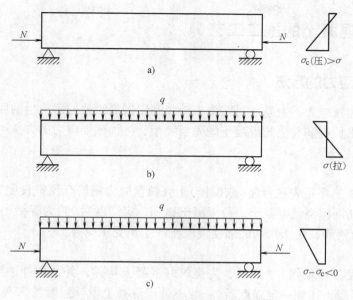

图 8-1　预应力混凝土简支梁原理
a）预应力作用下　b）荷载作用下　c）预应力与荷载共同作用下

（1）能够充分利用高强度钢筋、高强度混凝土，减少钢筋用量；构件截面小，减轻了结构自重。

（2）预应力能使构件受拉区推迟或避免开裂，提高构件的抗裂性能。由于抗裂度的提高，在正常使用条件下，预应力混凝土一般不产生裂缝或裂缝极小，从而使构件的抗掺能力、抗侵蚀能力和耐久性大大提高。

（3）由于预应力使构件产生反拱，从而减小了外荷载作用下构件的挠度。

（4）由于预应力提高了构件的抗裂性能和刚度，减小了构件的截面尺寸和自重，从而扩大了钢筋混凝土结构的应用范围，使之适用于较大荷载和较大跨度的结构和构件。

（5）预应力技术的采用，对装配式钢筋混凝土结构的发展起到了重要的作用，通过施加预应力，可提高装配式结构的整体性；某些大型构件可以分段分块制造，然后用预应力的方法加以拼装，使施工制造及运输安装工作更加方便。

2. 缺点

预应力混凝土结构也存在着一些缺点：

（1）工艺较复杂，对质量要求高，因而需要配备一支技术较熟练的专业队伍。

（2）需要有一定的专门设备，如张拉机具、灌浆设备等。

（3）预应力混凝土结构的工期较长，施工费用较大，对构件数量少的工程成本较高。

8.1.3　预应力混凝土结构的应用

目前，我国预应力技术已在建筑结构中得到广泛应用，大型屋面板、屋架、托架、吊车架等构件均已有定型标准设计，并已被普遍采用，特别是对于在裂缝控制上要求较高的结构应用更多，如水池、油罐等及建造大跨度或承受重型荷载的结构构件。预应力混凝土结构由于其具有轻质高强、刚度及抗裂度好的特点，更易于满足使用要求并取得较好的经济效果。

8.2 预应力混凝土的施工工艺

8.2.1 施加预应力的方法

对混凝土施加预应力一般是通过张拉钢筋，利用钢筋被拉伸后产生的回弹力挤压混凝土来实现的。根据张拉钢筋与浇筑混凝土的先后关系，施加预加应力的方法可分为先张法与后张法两大类。

1. 先张法

先张法的主要工序是先在台座（或模板）上张拉预应力钢筋至预定长度后将钢筋固定（图8-2），然后在钢筋周围浇筑混凝土，待混凝土达到一定强度后（约为混凝土设计强度的75%以上）切断预应力钢筋，由于钢筋回缩使混凝土产生预受压应力。

2. 后张法

后张法的主要工序如图8-3所示，先浇筑好混凝土构件，并在构件中预留孔道（直线形或曲线形），待混凝土达到一定强度后（一般不低于混凝土设计强度的75%）穿筋（也可在浇筑混凝土之前放置无粘结钢筋），利用构件本身作为台座进行张拉，在孔道内张拉钢筋同时使混凝土受压。然后用锚具在构件两端固定钢筋，最后在孔道内灌浆使钢筋和混凝土形成一个整体，也可不灌浆，形成无粘结预应力结构。后张法构件的预应力主要是通过锚具来传递的。

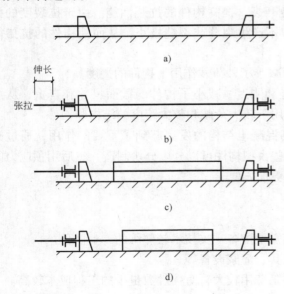

图 8-2　先张法工艺示意图
a）钢筋就位　b）张拉钢筋
c）浇注混凝土　d）放松预应力筋，混凝土预压

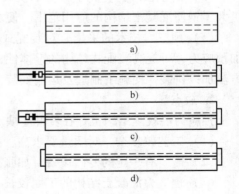

图 8-3　后张法工艺示意图
a）制作构件，预留孔道
b）穿筋，养护安装拉伸机（千斤顶）
c）预拉钢筋　d）锚固钢筋，孔道灌浆

此外，还有机械法、电热法等施加预应力的方法。

3. 先张法与后张法特点比较

（1）先张法的特点：

优点是张拉工序简单；不需在构件上放置永久性锚具；能成批生产，特别适宜于量大面广的中小型构件，如楼板、屋面板等。

缺点是需要较大的台座或成批的钢模、养护池等固定设备，一次性投资较大；预应力筋布置呈直线型，曲线布置较困难。

（2）后张法的特点：

优点是张拉预应力筋可以直接在构件上或整个结构上进行，因而可根据不同荷载性质合理布置各种形状的预应力筋；适用于运输不便，只能在现场施工的大型构件、特殊结构或可由块体拼接而成的特大构件。

缺点是用于永久性的工作锚具耗钢量很大；张拉工序比先张法要复杂，施工周期长。

8.2.2 锚具

锚具是在制造预应力构件时锚固预应力钢筋的附件。

1. 螺丝端杆锚具

在单根粗钢筋的两端各焊上一根螺丝端杆，并套以螺母及垫板。预应力是通过拧紧螺母来施加的。在钢筋端部焊上帮条代替螺母即形成帮条锚具。螺丝端杆锚具和帮条锚具用于锚固单根粗钢筋，钢筋直径一般为 18～36mm。

2. JM 系列锚具

JM 系列锚具是由锚环和夹片组成的，夹片呈楔形。JM 锚具可用来锚固钢筋束和多根钢筋，如图 8-4 所示。

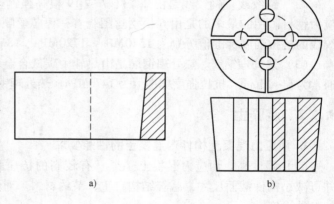

图 8-4　JM 锚具
a）锚环　b）夹片

3. 锥形锚具

锥形锚具也称弗来西奈（Freyssinet）锚具，是由锚环及锚塞组成的，这种锚具用于锚固平行钢筋束。

此外还有镦头锚具、QM 锚具、XM 型锚具等。

8.3 预应力混凝土的材料

8.3.1 预应力钢材

1. 预应力混凝土构件对钢筋的要求

与普通混凝土构件不同，钢筋在预应力构件中，始终处于高应力状态，故对钢筋有较高的质量要求。

（1）高强度。为使混凝土构件在发生弹性回缩、收缩及徐变后内部仍能建立较高的预压应力，就需要较高的初始张拉力，故要求预应力筋有较高的抗拉强度。

（2）与混凝土间有足够的粘结强度。在受力传递长度内，钢筋与混凝土间的粘结力是先张法构件建立预压应力的前提，因此必须保证两者之间有足够的粘结强度。

（3）良好的加工性能。要求钢筋具有良好的可焊性，镦头加工后不影响原来的物理力学性能。

（4）具有一定的塑性。为了避免构件发生脆性破坏，要求预应力筋在拉断时具有一定的延伸率。尤其当构件处于低温环境或冲击荷载作用下，更应注意到钢筋的塑性和冲击韧性。

2. 常用的预应力钢筋

预应力混凝土结构所用的钢材主要有：钢丝、钢绞线和热处理钢筋等。预应力钢材的发展趋势是高强度、大直径、低松弛和耐腐蚀。

（1）钢丝。钢丝是由优质的高碳钢经过回火处理、冷拔而成，有光面钢丝、螺旋肋钢丝、刻痕钢丝等，直径通常为 4 ~ 9mm，抗拉强度标准值分别为 1570MPa、1670MPa、1770MPa 几个等级。

（2）钢绞线。钢绞线是由 2、3、7 或 19 根高强钢丝用绞盘绞在一起而成的一种高强预应力钢材。用的最多的是由 6 根钢丝围绕着一根芯丝顺一个方向扭结而成的 7 股钢绞线。钢绞线的抗拉强度标准值分别为 1570MPa、1720MPa、1860MPa 几个等级。

（3）热处理钢筋。热处理钢筋是由热轧中碳低合金钢筋经淬火和回火处理而成的，直径通常为 6 ~ 10mm，抗拉强度标准值为 1470MPa。热处理钢筋多用于先张法预应力混凝土构件。

8.3.2 混凝土

1. 预应力混凝土构件对混凝土的性能要求

（1）强度高。预应力混凝土必须具有较高的抗压强度，才能建立起较高的预压应力，并可减小构件截面尺寸，减轻结构自重，节约材料。对于先张法构件，高强混凝土具有较高的粘结强度。

（2）收缩、徐变小。这样可减少收缩、徐变引起的预应力损失。

（3）快硬、早强。这样可以尽早施加预应力，以提高台座、锚具、夹具的周转率，加快施工进度，降低间接费用。

（4）弹性模量高。这样可使构件的刚度大、变形小，以减小因变形而引起的预应力损失。

2. 混凝土强度等级的选用

在选择混凝土强度等级时应综合考虑各种因素，如施工方法、构件跨度、钢筋种类等。与普通钢筋混凝土结构相比，预应力混凝土结构要求采用强度更高的混凝土。《规范》规定，预应力混凝土结构的混凝土强度等级不应低于 C30；当采用钢绞线、钢丝、热处理钢筋作预应力钢筋时，混凝土强度等级不宜低于 C40。

8.3.3 孔道灌浆材料

后张法在粘结预应力混凝土结构中，目前普遍采用波纹管留孔。孔道灌浆材料为纯水泥浆，有时也加细砂，宜采用强度等级不低于42.5的普通硅酸盐水泥或矿渣硅酸盐水泥。

8.4　张拉控制应力与预应力损失

8.4.1　张拉控制应力

张拉控制应力是指预应力筋张拉时需要达到的应力，即张拉钢筋时，张拉设备所指示出的总张拉力除以预应力钢筋截面面积得出的应力值，以 σ_{con} 表示。为充分利用预应力钢筋，σ_{con} 应定的高一些，这样可对混凝土产生较大的预压应力，以达到节约材料的目的。但如果 σ_{con} 过高会使构件产生脆性破坏，预应力筋也可能拉断或产生塑性变形，所以应合理确定预应力张拉控制应力值。张拉控制应力与钢材种类和张拉方法有关。热处理钢筋的强度低于预应力钢丝、钢绞线，因此热处理钢筋的 σ_{con} 定的低些。对热处理钢筋来说，先张法的 σ_{con} 高于后张法。

《规范》规定，预应力钢筋的张拉控制应力值不宜超过表8-1的数值。符合下列情况之一时，表8-1中的张拉控制应力限值可提高 $0.05f_{ptk}$。

（1）要求提高构件在施工阶段的抗裂性能，而在使用阶段受压区内设置的预应力钢筋。

（2）要求部分抵消由于应力松弛、摩擦、钢筋分批张拉以及预应力钢筋与张拉台座之间的温差因素产生的预应力损失。

表8-1　张拉控制应力限值

钢 筋 种 类	张 拉 方 法	
	先 张 法	后 张 法
消除预应力钢丝、钢绞线	$0.75f_{ptk}$	$0.75f_{ptk}$
热处理钢筋	$0.70f_{ptk}$	$0.65f_{ptk}$

注：1. 预应力钢筋强度标准值 f_{ptk} 按规范取值。
　　2. 预应力钢丝、钢绞线、热处理钢筋的张拉控制应力不应小于 $0.40f_{ptk}$。

8.4.2　预应力损失

预应力混凝土构件在制作、运输、安装、使用的各个过程中，由于张拉工艺和材料特性等原因，使钢筋中的张拉应力逐渐降低的现象称为预应力损失。预应力损失导致混凝土的预压应力降低，对构件的受力性能将产生影响，因此正确认识和计算预应力损失十分重要。引发预应力损失的因素很多，下面分项讨论引起预应力损失的原因、损失值的计算及减小预应力损失的措施。

1. 锚具变形和钢筋内缩引起的预应力损失 σ_{l1}

（1）预应力直线钢筋。由于锚具垫板与构件之间的所有缝隙被挤紧，钢筋和楔块在锚具中的滑移，使已拉紧的钢筋内缩了 a，造成预应力 σ_{l1}（N/mm²），其预应力损失值可按下式计算

$$\sigma_{l1} = \frac{a}{l}E_s \tag{8-1}$$

式中 a——张拉端锚具变形和钢筋内缩值，按表 8-2 取用；

   l——张拉端至锚具之间的距离（mm）；

   E_s——预应力钢筋的弹性模量（MPa）。

表 8-2 锚具变形和钢筋内缩值 a　　　　　　　　　（单位:mm）

锚 具 类 别		a
支承式锚具（钢丝束镦头锚具等）	螺帽缝隙	1
	每块后加垫板的缝隙	1
锥塞式锚具（钢丝束的钢质锥形锚具）		5
夹片式锚具	有顶压时	5
	无顶压时	6~8

对于块体拼成的结构，其预应力损失尚应考虑块体间填缝的预压变形。当采用混凝土或砂浆为填缝材料时，每条填缝的预压变形值可取 1mm。

（2）预应力曲线钢筋。后张拉法构件预应力曲线钢筋或折线钢筋，由于锚具变形和钢筋内缩引起的预应力损失值 σ_{l1}，应根据预应力曲线钢筋或折线钢筋与孔道壁之间反向摩擦影响长度 l_f 范围内的预应力钢筋变形值等于锚具变形和钢筋内缩值的条件确定（图 8-5）。其预应力损失值 σ_{l1} 可按下式计算

$$\sigma_{l1} = 2\sigma_{con}l_f\left(\frac{\mu}{r_c} + k\right)\left(1 + \frac{x}{l_f}\right) \qquad (8\text{-}2)$$

反向摩擦影响长度（m）按下式计算

$$l_f = \sqrt{\frac{aE_s}{1000\sigma_{con}\left(\dfrac{\mu}{r_c} + k\right)}} \qquad (8\text{-}3)$$

式中 r_c——圆弧形曲线预应力钢筋的曲率半径（m）；

   x——从张拉端至计算截面的孔道长度，亦可近似取该段孔道在纵轴上的投影长度（m）；

   k——考虑孔道每米长度局部偏差的影响系数，按表 8-3 取值；

   μ——预应力钢筋与孔道壁之间的摩擦系数，按表 8-3 取值。

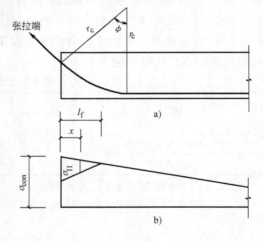

图 8-5　预应力钢筋端部曲线段因锚具变形和钢筋内缩引起的预应力损失

a）预应力钢筋端部曲线段示意图　b）σ_{l1} 分布图

表 8-3 影响系数与摩擦系数

孔道成型方式	k	μ
预埋金属波纹管	0.0015	0.25
预埋钢管	0.0010	0.30
橡胶管或钢管抽芯成型	0.0014	0.55

注：1. 表中系数可根据实测数据确定。

　　2. 当采用钢丝束的钢质锥型锚具及类似形式锚具时，尚应考虑锚环口处的附加摩擦损失，其值可根据实测数据确定。

为了减少锚具变形所造成的预应力损失，选择变形小或预应力筋滑动小的锚具，尽量减少垫板的块数；对于先张法张拉工艺，宜采用长线台座生产（当台座长度为 100m 以上时，σ_{l1} 可忽略不计）。

2. 预应力钢筋与孔道壁之间摩擦引起的预应力损失 σ_{l2}

后张法张拉直线预应力筋时，由于孔道施工偏差、孔壁粗糙、钢筋不直、钢筋表面粗糙等原因，使钢筋在张拉时与孔壁接触而产生摩擦阻力，这种摩擦阻力距预应力钢筋张拉端越远影响越大，因而使构件每一截面上的实际预应力逐渐减小（图 8-6），这种应力差额称为摩擦引起的预应力损失 σ_{l2}，其值按下式计算

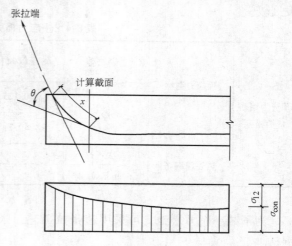

图 8-6 摩擦引起的预应力损失

$$\sigma_{l2} = \sigma_{con}\left(1 - \frac{1}{e^{kx+\mu\theta}}\right) \qquad (8-4)$$

式中 x——从张拉端至计算截面的孔道长度，亦可近似取该段孔道在纵轴上的投影长度（m）；

θ——从张拉端至计算截面曲线孔道部分切线的夹角（rad）；

k——考虑孔道每米长度局部偏差的影响系数，按表 8-3 取值；

μ——预应力钢筋与孔道壁之间的摩擦系数，按表 8-3 取值。

当 $kx+\mu\theta \le 0.2$ 时，σ_{l2} 可近似地按下式计算

$$\sigma_{l2} = \sigma_{con}(kx + \mu\theta) \qquad (8-5)$$

为了减少摩擦损失，可采用超张拉工艺，其张拉程序为 $0 \to 1.1\sigma_{con}$（持荷 2min）$\to 0.85\sigma_{con} \to \sigma_{con}$；对于较长的构件可在两端进行张拉，摩擦损失可减少一半。

3. 温差引起的预应力损失 σ_{l3}

先张法中受张拉的钢筋与承受拉力的台座支墩之间，因蒸汽养护产生的温差所引起的预应力损失称为温差引起的预应力损失 σ_{l3}。为缩短先张法构件的生产周期，混凝土常采用蒸汽养护的办法。升温时，新浇混凝土尚未结硬，钢筋受热自由膨胀，但两端台座是固定不动的，亦即距离保持不变，这样，张紧的预应力筋就会放松，致使预应力筋产生预应力损失。降温时，钢筋与混凝土结成整体一起回缩，因两者的温度线膨胀系数相近，此时将产生基本相同的收缩，其应力不再变化，使预应力损失无法恢复。

若预应力钢筋与承受拉力的设备之间的温差为 Δt（℃），钢筋的线膨胀系数为 $\alpha = 1 \times 10^{-5}/℃$，则 σ_{l3} 可按下式计算

$$\sigma_{l3} = \varepsilon_s E_s = \frac{\Delta l}{l}E_s = \frac{\alpha l \Delta t}{l}E_s = \alpha \Delta t E_s = 1 \times 10^{-5} \times 2 \times 10^5 \times \Delta t = 2\Delta t \ (\text{N/mm}^2)$$

为了减小温差引起的预应力损失，可采用两次升温养护。先在常温下养护，待混凝土强度达到一定值时，再逐渐升温，此时可认为钢筋与混凝土已结成整体，能一起胀缩而无应力损失；还可在钢模上张拉预应力构件，使 $\Delta t = 0$。

4. 预应力钢筋的应力松弛引起的预应力损失 σ_{l4}

钢筋在高应力作用下具有随时间而增长的塑性变形性质。在钢筋长度保持不变的条件下，其应力随时间的增长而逐渐降低的现象称为钢筋的应力松弛。钢筋松弛引起预应力钢筋的应力损失 σ_{l4}，按表 8-4 计算。

应力松弛在开始阶段发展较快，刚开始几分钟大约完成 50%，24h 约完成 80%，以后发展较慢。

表 8-4 预应力损失 σ_{l4} 的计算

预应力钢筋应力松弛	预应力钢丝钢绞线	普通松弛	$\sigma_{l4} = 0.4\phi\left(\dfrac{\sigma_{con}}{f_{ptk}} - 0.5\right)\sigma_{con}$	一次张拉时，$\phi = 1$
				超张拉时，$\phi = 0.9$
		低松弛	$\sigma_{l4} = 0.125\left(\dfrac{\sigma_{con}}{f_{ptk}} - 0.5\right)\sigma_{con}$	$\sigma_{con} \leq 0.7f_{ptk}$ 时
			$\sigma_{l4} = 0.2\left(\dfrac{\sigma_{con}}{f_{ptk}} - 0.5\right)\sigma_{con}$	$0.7f_{ptk} < \sigma_{con} \leq 0.8f_{ptk}$ 时
	热处理钢筋	一次张拉	$\sigma_{l4} = 0.05\sigma_{con}$	
		超张拉	$\sigma_{l4} = 0.035\sigma_{con}$	

为了减小应力松弛，可采用超张拉工艺，张拉程序如前所述；还可采用低松弛的高强钢材。

5. 混凝土收缩和徐变引起的预应力损失 σ_{l5}

一般温度条件下，混凝土在空气中结硬时会发生体积收缩，在预应力作用下沿压力方向发生徐变，它们均使构件的长度缩短，造成预应力钢筋的应力损失 σ_{l5}。当构件中配置有非预应力钢筋时，非预应力钢筋将产生应力增量 σ_{l5}。

由于收缩和徐变是伴随产生的，可将两者合并在一起予以考虑。由混凝土收缩及徐变引起的受拉区和受压区预应力钢筋的预应力损失 σ_{l5}、σ_{l5}' 可分别按下式计算：

（1）先张法

$$\sigma_{l5} = \frac{45 + 280\dfrac{\sigma_{pc}}{f_{cu}'}}{1 + 15\rho} \tag{8-6}$$

$$\sigma_{l5}' = \frac{45 + 280\dfrac{\sigma_{pc}'}{f_{cu}'}}{1 + 15\rho'} \tag{8-7}$$

（2）后张法

$$\sigma_{l5} = \frac{35 + 280\dfrac{\sigma_{pc}}{f_{cu}'}}{1 + 15\rho} \tag{8-8}$$

$$\sigma_{l5}' = \frac{35 + 280\dfrac{\sigma_{pc}'}{f_{cu}'}}{1 + 15\rho'} \tag{8-9}$$

式中　σ_{pc}、σ_{pc}'——受拉区、受压区预应力钢筋在各自合力点处混凝土法向压应力；

　　　f_{cu}'——施加预应力时的混凝土立方体抗压强度；

ρ、ρ'——受拉区、受压区预应力钢筋和非预应力钢筋的配筋率。

先张法：
$$\rho = \frac{A_p + A_s}{A_0}; \ \rho' = \frac{A_p' + A_s'}{A_0}$$

后张法：
$$\rho = \frac{A_p + A_s}{A_n}; \ \rho' = \frac{A_p' + A_s'}{A_n}$$

对称配置预应力钢筋和非预应力钢筋构件，取 $\rho = \rho'$，此时，配筋率按钢筋截面面积的一半进行计算；A_p、A_s 为受拉区预应力钢筋和非预应力钢筋截面面积；A_p'、A_s' 为受压区预应力钢筋和非预应力钢筋截面面积；A_0 为换算截面面积；A_n 为净截面面积。

6. 环形截面构件螺旋式预应力筋挤压混凝土引起的预应力损失 σ_{l6}

采用螺旋式预应力钢筋作配筋的环形构件，由于预应力钢筋对混凝土的挤压，使环形构件的直径有所减小，预应力钢筋中的预拉应力就会降低，从而引起预应力的应力损失 σ_{l6}。

σ_{l6} 的大小与环形构件的直径 d 成正比，直径越小，损失越大。为此《规范》规定，当 $d \leqslant 3\mathrm{m}$ 时，$\sigma_{l6} = 30\mathrm{N/mm^2}$；当 $d > 3\mathrm{m}$ 时，$\sigma_{l6} = 0$。

8.4.3 预应力损失的组合

对预应力混凝土构件，上述各项应力损失是分批出现的，不同受力阶段应考虑不同的预应力损失组合。混凝土施加预压完成以前出现的损失 σ_{lI} 称为第一批损失；混凝土预压完成之后出现的损失 σ_{lII} 称为第二批损失。预应力的总损失 $\sigma_l = \sigma_{lI} + \sigma_{lII}$，预应力构件在各阶段预应力损失值宜按表8-5的规定进行组合。

表8-5 各阶段预应力损失值的组合

预应力损失值的组合	先张法构件	后张法构件
混凝土预压前(第一批)的损失	$\sigma_{l1} + \sigma_{l2} + \sigma_{l3} + \sigma_{l4}$	$\sigma_{l1} + \sigma_{l2}$
混凝土预压后(第二批)的损失	σ_{l5}	$\sigma_{l4} + \sigma_{l5} + \sigma_{l6}$

注：先张法构件由于预应力松弛引起的应力损失值 σ_{l4} 在第一批和第二批损失中所占的比例，如需区分，可根据实际情况确定。

当计算求得的预应力总损失值 σ_l 小于下列数值时，则应按下列数值取用：
先张法构件：100MPa。
后张法构件：80MPa。

8.5 预应力混凝土构件主要构造要求

预应力混凝土构件，除需满足承载力、变形和抗裂要求外，还需符合构造要求，这是保证构件设计付诸实现的重要措施。

8.5.1 先张法构件

1. 钢筋净间距

预应力钢筋之间的净间距应根据浇灌混凝土、施加预应力及钢筋锚固等要求确定，且应符合下列规定。

预应力钢筋净间距不应小于其公称直径或等效直径的 1.5 倍，且应符合下列规定：对热处理钢筋及钢丝不应小于 15mm；三股钢绞线不应小于 20mm；七股钢绞线不应小于 25mm。

当先张法预应力钢丝按单根方式布置困难时，可采用相同直径钢丝并筋的配筋方式。并筋的等效直径，对双并筋应取为单筋直径的 1.4 倍；对三并筋取为单筋直径的 1.7 倍。

2. 钢筋保护层

为保证钢筋与外围的粘结锚固，防止放松预应力筋时沿钢筋的纵向劈裂裂缝，要求具有足够厚的保护层。其保护层厚度不应小于钢筋的公称直径，且应符合下列规定：一类环境下，对于强度大于 C25 的混凝土，其保护层厚度可取为板 15mm、梁 25mm。

3. 端部加强措施

为防止放松钢筋时外围混凝土的劈裂裂缝，端部应设附加钢筋。

（1）单根预应力钢筋端部宜设置长度不小于 150mm，且不少于 4 圈的螺旋筋。当有经验时，亦可利用支座垫板上的插筋代替螺旋筋，但插筋数量不应少于 4 根，其长度不应小于 20mm。

（2）对分散布置的多根预应力钢筋，在构件端部 $10d$（d 为预应力钢筋的公称直径或等效直径）范围内，应设置 3~5 片与预应力筋垂直的钢筋网。

（3）对采用预应力钢丝或配筋的薄板，在板端 100mm 范围内应适当加密横向钢筋。

（4）对槽形板类构件，为防止板面端部产生纵向裂缝，宜在构件端部 100mm 范围内沿构件板面设置足够的附加横向钢筋，其数量不应少于 2 根。对预制肋形板，宜设置加强其整体性和横向刚度的横肋。

（5）对预应力钢筋在构件端部全部弯起的受弯构件或直线配筋的先张法构件，当构件端部与下部支承结构焊接时，应考虑混凝土收缩、徐变及温度变化所产生的不利影响，宜在构件端部可能产生裂缝的部位设置足够的非预应力纵向构造钢筋。

8.5.2 后张法构件

1. 选用可靠的锚具

其形式及质量要求应符合现行有关标准。

2. 预留孔道布置

后张法预应力钢丝束（包括钢绞线束）的预留孔道宜符合下列规定。

（1）预制构件，孔道之间的横向净间距不宜小于 50mm；孔道至构件边缘的净距不宜小于 30mm，且不宜小于孔道直径的一半。

（2）在框架梁中，曲线预留孔道在竖直方向的净距不应小于孔道外径；水平方向的净距不应小于 1.5 倍孔道外径；从孔壁算起的混凝土保护层厚度，梁底不宜小于 50mm，梁侧不宜小于 40mm。

（3）预留孔道的内径应比预应力钢丝束或钢绞线束外径及需穿过孔道的连接器外径大 10~15mm。

（4）在构件两端及跨中应设置灌浆孔或排气孔，其孔距不宜大于 12m。

（5）凡制做时需预先起拱的构件，预留孔道宜随构件同时起拱。

3. 预应力筋的曲率半径

后张法预应力混凝土构件的曲线预应力钢丝束、钢绞线束的曲率半径，不宜小于 4m。

对折线配筋的构件，在折线预应力钢筋弯折处的曲率半径可适当减小。

4. 端部构造要求

（1）构件端部尺寸应考虑锚具的布置、张拉设备的尺寸和局部受压的要求，必要时适当加大。

（2）为防止施加预应力时在构件端部产生沿截面中部的纵向水平裂缝，宜将一部分预应力钢筋靠近支座区段弯起，并使预应力钢筋尽可能沿构件端部均匀布置。如预应力钢筋在构件端部不能均匀布置而需集中布置在端部截面的下部或集中布置在上部和下部时，应在构件端部 $1.2h$（h 为构件端部截面高度）范围内设置附加竖向焊接钢筋网、封闭式箍筋或其他形式的构造钢筋。附加竖向钢筋宜采用带肋钢筋，其中，附加竖向钢筋的截面面积应符合下列规定：

当 $e \leqslant 0.1h$ 时，

$$A_{sv} \geqslant \frac{0.3N_p}{f_{yv}} \tag{8-10}$$

当 $0.1h < e \leqslant 0.2h$ 时，

$$A_{sv} \geqslant \frac{0.15N_p}{f_{yv}} \tag{8-11}$$

当 $e > 0.2h$ 时，可根据实际情况适当配置构造钢筋。

式中　N_p——作用在构件端部截面重心线上部或下部预应力筋的合力，此时，仅考虑混凝土预压前的预应力损失值；

e——截面重心线上部或下部预应力钢筋的合力点至邻近边缘的距离；

f_{yv}——竖向附加钢筋的抗拉强度设计值。

当端部截面上部和下部均有预应力钢筋时，竖向附加钢筋的总截面面积按上部和下部的 N_p 分别计算的数值叠加采用。

（3）当构件在端部有局部凹进时，为防止在施加预应力过程中端部转折处产生裂缝，应增设折线构造钢筋（图 8-7）或其他有效的构造钢筋。

（4）为防止沿孔道产生劈裂，在构件端部不小于 $3e$ 且不大于 $1.2h$ 的长度范围内与间接钢筋配置区以外，应在高度 $2e$ 范围内均匀布置附加箍筋或网片，其体积配筋率不应小于 0.5%（图 8-8），e 为截面重心线上部或下部预应力钢筋的合力点至邻近边缘的距离。

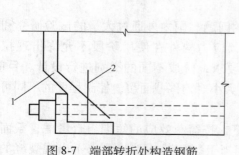

图 8-7　端部转折处构造钢筋

1—折线构造钢筋　2—竖向构造钢筋

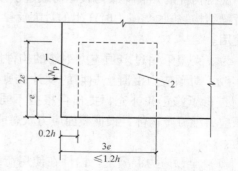

图 8-8　端部的间接钢筋

1—间接钢筋配置区　2—端部锚固区

（5）在预应力钢筋锚具下及张拉设备的支承处，应采用预埋钢垫板并附加横向钢筋网片。

5. 灌浆要求

孔道灌浆要求密实，水泥浆强度不应低于 M20，其水灰比宜为 0.4～0.45，为减少收缩，宜掺入 0.01% 水泥用量的铝粉。

6. 非预应力构造筋

在后张法构件的预拉区和预压区中，应适当设置纵向非预应力构造钢筋。在预应力筋弯折处，应加密箍筋或沿弯折处内侧设置钢筋网片。

7. 块体拼装要求

采用块体拼装的构件，其接缝平面应垂直于构件的纵向轴线。当接头承受内力时，缝隙间应灌筑不低于块体强度等级的细石混凝土（缝宽大于 20mm）或水泥砂浆（缝宽不大于20mm）；并根据需要在接头处及其附近区段内用加大截面或增设焊接网方式进行局部加强，必要时可设置钢板焊接接头；当接头不承受内力时，缝隙间应灌筑不低于 C15 的细石混凝土或 M15 的水泥砂浆。

8.6　部分预应力混凝土和无粘结预应力混凝土概述

随着预应力混凝土结构的应用和发展，预应力混凝土设计理论及施工方法也得到了不断的完善和发展，并不断涌现出一些新型的预应力混凝土，如部分预应力混凝土和无粘结预应力混凝土等，通过这些新型预应力混凝土的应用，进一步扩大了预应力混凝土的应用领域及适用范围。

8.6.1　部分预应力混凝土

1. 部分预应力混凝土的概念

预应力混凝土的许多优点，使得预应力混凝土在工程中得到广泛的应用。但在应用过程中，也发现采用预应力混凝土也有缺陷或需要加以解决的问题：如施工工序多，技术要求高，锚具和张拉设备以及预应力筋等材料较贵；完全采用预应力筋的构件，由于预加应力过大而使得构件的开裂荷载与破坏荷载过于接近，破坏前无明显预兆。某些结构构件（如大跨度桥梁结构）施加预压力时产生的过大反拱，在预压力的长期作用下还会增大，以致影响正常使用。

为了克服采用过多预应力钢筋的构件所带来的问题，国内外通过大量的试验研究和工程实践，对预应力混凝土早期的设计准则——"预应力构件在使用阶段不允许出现拉应力"进行了修正和补充，提出可根据不同功能的要求，分成不同的类别进行设计。目前，对预应力混凝土构件，根据截面应力状态或预应力大小对构件截面裂缝控制程度的不同可划分为：

（1）全预应力混凝土。构件在使用荷载作用下，按荷载效应的短期组合考虑，截面上混凝土不出现拉应力，即构件全截面受压。大致相当于《规范》中严格要求不出现裂缝的一级（裂缝控制等级）构件。

（2）有限预应力混凝土。构件在使用荷载作用下，按荷载效应的短期组合考虑时，截面拉应力不超过混凝土规定的抗拉强度；按荷载效应的长期组合考虑时，构件受拉边缘混凝土不产生拉应力。大致相当于《规范》中一般要求不出现裂缝的二级构件。

（3）部分预应力混凝土。构件在使用荷载作用下允许出现裂缝，但最大裂缝宽度不超过《规范》规定的允许值。大致相当于《规范》中允许出现裂缝的三级构件。

（4）钢筋混凝土。预压应力为零的混凝土构件。

由以上分析可知，部分预应力混凝土是介于全预应力混凝土和钢筋混凝土之间的一种新型的预应力混凝土，它克服了全预应力混凝土的一些缺点和不足，从而改善了构件的受力性能，降低了造价，扩大了其应用范围。

2. 全预应力混凝土与部分预应力混凝土的比较

（1）全预应力混凝土的特点

1）抗裂性能好。由于全预应力混凝土结构构件所施加的预应力大，混凝土不开裂，因而其抗裂性能好、构件的刚度大，常用于对抗裂或抗腐蚀性能要求较高的结构，如吊车梁、核电站安全壳及贮液罐等。

2）抗疲劳性能好。预应力筋从张拉就绪至使用阶段的整个过程中，其应力值的变化幅度小，因而在重复荷载作用下抗疲劳性能好。

3）反拱值常常很大。由于预应力过高，引起结构的反拱过大，会使混凝土在垂直于张拉方向产生裂缝，并且由于混凝土的徐变会使反拱值随时间的增长而发展，影响上部结构构件的正常使用。

4）延性较差。由于全预应力混凝土结构构件的开裂荷载与极限荷载较为接近，致使构件延性较差，对结构抗震不利。

（2）部分预应力混凝土的特点

1）可合理控制裂缝，节约钢材。由于可根据结构构件的不同使用要求、可变荷载的作用情况及环境条件等对裂缝进行控制，降低了预加应力值，从而节约预应力筋及锚具用量，适量减少费用。

2）控制反拱值不致过大。由于预加应力值相对较小，构件的初始反拱值小，徐变变形亦减小。

3）延性较好。部分预应力混凝土构件由于配置了非预应力钢筋，可提高构件延性，有利于结构抗震，并可改善裂缝分布，减小裂缝宽度。

4）与全预应力混凝土相比，可简化张拉、锚固等工艺，其综合经济效果好。对于抗裂要求不高的结构构件，部分预应力混凝土是有应用发展前途的。

5）计算较为复杂。计算过程中，除计算由外荷载引起的内力外，需考虑预应力作用的影响及结构在预应力作用下的轴向压缩变形引起的内力。此外，在超静定结构中还需考虑预应力次弯矩与次剪力的影响，并需计算配置非预应力筋。

（3）部分预应力混凝土在工程中的应用。由上述分析可知，部分预应力混凝土可节约钢材、降低造价；可减少构件的反拱值，且可提高构件的抗震性能，因此近几年来受到普遍重视，在工程中也得到广泛应用。

8.6.2 无粘结预应力混凝土

1. 无粘结预应力混凝土的概念

对后张法施工的预应力混凝土构件，通常作法是在构件中预留孔道，待预应力钢筋的应力张拉至控制应力后，用压力灌浆，将预留孔道孔隙填实。这种沿预应力钢筋全长均与混凝土接触表面之间存在粘结作用的预应力混凝土叫有粘结预应力混凝土。如果预应力钢筋沿其全长与混凝土接触表面之间不存在粘结作用，两者产生相对滑移，这种预应力混凝土叫无粘结预应力混凝土，其中的预应力筋叫无粘结预应力筋。

无粘结预应力筋的作法：将预应力筋的外表面涂以沥青、油脂或其他润滑防锈材料，以减小摩擦力、防止锈蚀，然后用纸带或塑料袋全裹或套以塑料管，以防止在施工过程中碰坏涂料层，并使预应力筋与混凝土隔离，最后将预应力筋按配置的位置放入构件模板中并浇捣混凝土，待混凝土达到规定强度后即可进行张拉。但应注意，预应力筋外面的涂料应具有防腐蚀性能，并要求在预期使用温度范围内不致开裂发脆，也不致液化流淌，并具有化学稳定性。

2. 无粘结预应力混凝土的受力性能及特点

（1）无粘结预应力混凝土的受力性能

1）无粘结预应力筋与混凝土之间能发生纵向的相对滑动，而有粘结预应力筋则不能。

2）无粘结预应力筋中的应力沿构件长度在忽略摩擦力的情况下，可认为是相等的。而有粘结预应力筋的应力沿构件长度则是变化的。

3）无粘结预应力筋的应变增量等于沿无粘结预应力筋全长与周围混凝土应变变化的平均值。

试验表明，结构设计时，为了综合考虑对其结构性能的要求，必须配置一定数量的有粘结的非预应力钢筋。即无粘结预应力钢筋更适合于采用混合配筋的部分预应力混凝土。

（2）无粘结预应力混凝土的特点

1）无粘结预应力混凝土施工时，采用的无粘结预应力筋不需留孔、穿筋和灌浆，只要将它同普通钢筋一样放入模板内即可浇筑混凝土，可大大地简化施工工艺。

2）无粘结预应力筋可在工厂制作，可大大地减少现场施工工序，且张拉时，张拉工序简单，施工非常方便，从而使后张预应力混凝土易于推广应用。

3）无粘结预应力混凝土构件的开裂荷载相对较低，裂缝疏而宽，挠度较大，需设置一定数量的非预应力筋以改善构件的受力性能。

4）无粘结预应力筋对锚具的质量及防腐蚀要求较高，在工程中主要用于预应力筋分散配置、锚具区易于封口处理（用混凝土或环氧树脂水泥浆封口，防止潮气入侵）的结构构件。

3. 无粘结预应力混凝土的应用

无粘结预应力混凝土现浇平板结构是近年来迅速发展起来的一种新型楼盖体系，该体系整体性能好，可降低层高。预应力混凝土结构是当今世界上很有发展前途的结构之一，随着我国建设事业的蓬勃发展，必将推动和促进预应力混凝土材料、工艺设备及新结构体系等方面获得更大发展。

本 章 小 结

1. 预应力混凝土结构，是在结构构件受外荷载作用前，先人为地对它施加压力，由此产生的预压应力状态用于减小或抵消外荷载所产生的拉应力，达到推迟受拉区混凝土开裂的目的。

2. 混凝土的预应力是通过张拉构件内钢筋实现的，根据混凝土浇注前、后张拉钢筋，将预应力分为先张法和后张法。先张法适用于小型构件，后张法适用于大型构件。

3. 由于预应力是通过张拉钢筋实现的，欲使混凝土得到较大的预应力，预应力钢筋要经受较大的拉力，混凝土必须承受较大的压力，因而钢筋和混凝土应当采用高强材料。

4. 张拉应力不得超过钢筋的屈服强度，即不超过《规范》规定的控制应力。钢筋被张拉到控制应力后，由于材料物理性质和机械原因，其控制的张拉应力将会减少，这就是应力损失，六个方面的应力损失均有各自的公式计算，然后在两个方面组合，应力总损失应控制在一定范围之内。

5. 预应力混凝土构件的截面形式和尺寸、预应力纵向钢筋和非预应力纵向钢筋的布置和接头、混凝土保护层及构件端部加强又要满足一定的构造要求。

6. 随着预应力混凝土结构的应用和发展，涌现出如部分预应力混凝土和无粘结预应力混凝土等一些新型的预应力混凝土，进一步扩大了预应力混凝土的应用领域及适用范围。

思考题与习题

1. 预应力混凝土的基本原理是什么？在日常生活中有哪些利用预应力原理的例子？

2. 与钢筋混凝土相比，预应力混凝土有哪些优缺点？

3. 为什么预应力混凝土构件能以较小的截面尺寸而获得较大的承载力、抗裂性能和刚度？

4. 什么是先张法和后张法？各有哪些优缺点？适用范围各是什么？

5. 预应力混凝土中的混凝土和预应力钢筋分别应满足哪些要求？规范对混凝土强度等级有何规定？常用的预应力钢筋有哪几种？

6. 预应力钢筋的布置形式有哪几种？各有哪些优缺点？适用范围各是什么？

7. 什么叫张拉控制应力？为什么张拉控制应力既不能太低，也不能过高？

8. 什么叫预应力损失？预应力损失有哪些？第一批、第二批预应力损失如何划分？先张法构件和后张法构件的预应力总损失值分别不得小于多少？

9. 预应力混凝土构件的主要构造要求有哪些？

10. 什么叫部分预应力混凝土和无粘结预应力混凝土？各有何特点？

11. 某预应力混凝土轴心受拉构件，截面尺寸 $250mm \times 160mm$（图 8-9），构件长 24m，采用先张法在 50m 台座上张拉（超张拉 5%），端头采用镦头锚具固定预应力筋。蒸汽养护时构件与台座之间的温差 $\Delta t = 20℃$，混凝土强度等级为 C50，预应力钢筋为 $10\Phi H9$ 螺旋肋钢丝，混凝土强度达到 75% 时放松预应力钢筋，试计算各项预应力损失。

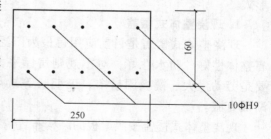

图 8-9

第9章 钢筋混凝土楼盖、楼梯、雨篷

本 章 提 要

本章主要讲述现浇单向板、双向板肋梁楼盖的内力计算、截面设计及构造要求；并讲述了现浇楼梯、悬臂板式雨篷的内力计算、截面设计及构造要求。

本 章 要 点

1. 掌握单向板、双向板的概念，二者各自受力情况与配筋的特点
2. 掌握现浇单向板肋梁楼盖按弹性理论和按塑性理论的设计方法
3. 掌握现浇双向板肋梁楼盖按塑性理论的设计方法
4. 掌握现浇楼梯的设计方法
5. 掌握悬臂板式雨篷的设计方法

9.1 概述

钢筋混凝土梁板结构是建筑工程中应用最广泛的一种结构。例如房屋中的楼盖、筏板基础、楼梯、阳台、雨篷等。

钢筋混凝土楼盖是建筑结构中最重要的组成部分，在建筑总造价中占有较大的比例，正确地选择钢筋混凝土楼盖结构类型和合理地进行结构设计，对保证建筑的安全耐久以及降低造价具有十分重要的意义。

钢筋混凝土楼盖，按其施工工艺的不同，又分为现浇整体式、装配式、装配整体式三种形式。

1. 现浇整体式楼盖

现浇整体式楼盖是目前应用得最为广泛的钢筋混凝土楼盖形式。现浇式混凝土楼盖具有整体性好、防水性好，对不规则房屋平面适应性强等优点。现浇整体式楼盖的缺点主要是劳动量大、模板用量多、工期长等缺点。随着施工技术不断的革新，以上缺点也逐渐被克服。

现浇整体式楼盖按照梁板的结构布置情况，又分为肋梁楼盖、井式楼盖、无梁楼盖等三种形式（图 9-1 ~ 图 9-4）。

现浇楼盖中较常见的为肋梁楼盖，本章中将作重点介绍。肋梁楼盖是由板与主、次梁组成。楼板，主梁和次梁将板分割成若干个区格，设每个区格的长边 l_2，短边 l_1，则：当 l_2/l_1 比较大时，称为单向板，相应的楼盖称之为单向板肋梁楼盖，如图 9-1 所示。单向板楼盖的特点是，板上的荷载主要是沿短边方向将荷载传给次梁，次梁再将荷载传给主梁或柱。沿长边方向直接传给主梁的荷载很小，为了简化计算，可以忽略该方向上的传递，如图 9-5 所示。所以，板的受力筋沿短边方向布置，沿长方向上的受力通过构造配筋满足。

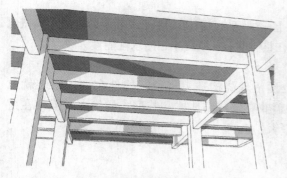

图9-1 肋梁楼盖(单向板)

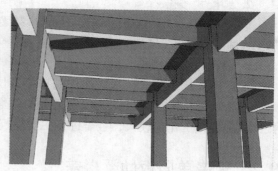

图9-2 肋梁楼盖(双向板)

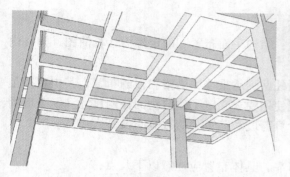

图9-3 井式楼盖

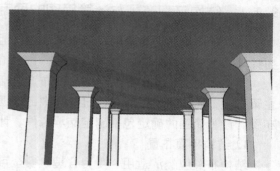

图9-4 无梁楼盖

当 l_2/l_1 比较小时,称为双向板,相应的楼盖称为双向板肋梁楼盖,如图9-2所示。双向板楼盖,板上的荷载分别沿短边和长边方向传给次梁和主梁,沿长边方向传给主梁的荷载不可以忽略,如图9-6所示。所以,在两个方向上均应布置受力钢筋。

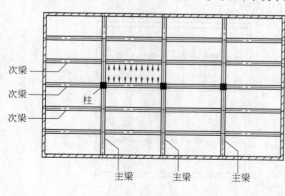

图9-5 单向板

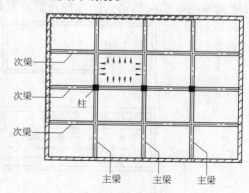

图9-6 双向板

实际工程中,将 $l_2/l_1 \geqslant 3$ 的板按单向板计算;将 $l_2/l_1 \leqslant 2$ 的板按双向板计算;而当 $2 < l_2/l_1 < 3$ 时宜按双向板计算,若按单向板计算时应沿长边方向布置足够数量的构造钢筋。应当注意的是,单边嵌固的悬臂板和两边支承的板均属于单向板,因为不论其长短边尺寸的关系如何,都只在一个方向受弯。对于三边支承板或相邻两边支承的板,则将沿两个方向受弯,均属于双向板。

2. 装配式楼盖

装配式楼盖采用预制板，在现浇梁或预制梁上，吊装结合而成。装配式楼盖具有便于机械化施工、施工工期短、模板消耗量少等优点，但存在整体性差、刚度小、防水性能差等缺点。

3. 装配整体式楼盖

装配整体式楼盖是在预制构件的搭接部位预留现浇构造，将预制构件在现场吊装就位后，对搭接部位进行现场浇筑。装配整体式楼盖兼有现浇整体式和装配式的优点，但存在搭接部位的焊接工作量较大，且需进行二次浇筑等缺点。

9.2 现浇单向板肋梁楼盖

9.2.1 结构平面布置与计算简图的确定

现浇单向板肋梁楼盖的设计步骤一般包括：结构平面布置、确定静力计算简图、构件内力计算、截面配筋计算、绘制施工图。

现浇单向板肋梁楼盖的结构平面布置包括柱网、承重墙、梁格和板的布置，其中主要是主梁与次梁的布置，一般在建筑设计中已根据使用要求确定了建筑物的柱网尺寸和承重墙的布置。计算简图的确定包括确定支承条件、计算跨度和跨数、荷载分布及其大小。

1. 结构平面布置

结构布置应经济适用、受力合理、安全可靠，具体布置应注意以下几点：

（1）柱网决定主梁与次梁的跨度，所以间距在满足使用要求的前提下不宜过大，主梁跨度一般为 5~8m，次梁跨度一般为 4~6m。

（2）主梁一般宜布置在整个结构刚度较弱的方向（横向），以加强结构承受水平力的侧向刚度。但当柱的横向间距大于纵向间距时，主梁沿纵向布置可以减小主梁的截面高度，增大室内净高。单向板楼盖的几种布置方案如图 9-7 所示。

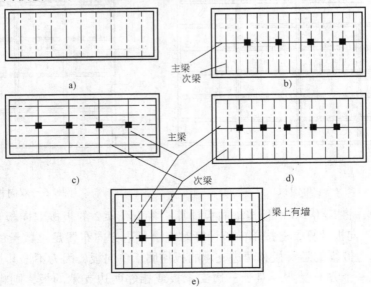

图 9-7 单向板楼盖的布置示意图

（3）梁格布置力求规整，梁系尽可能连续贯通，板厚和梁的截面尺寸尽可能统一。

（4）应避免楼板直接承重集中荷载，在较大洞口的四周、非轻质隔墙下和较重的设备下应设置梁。

（5）单向板的跨度通常取 $1.7 \sim 2.5\mathrm{m}$，不宜超过 $3\mathrm{m}$。

（6）在满足承载力和刚度条件下，应使板厚尽可能接近构造要求的最小板厚（见第 3 章），因为板的混凝土用量占整个楼盖的 $50\% \sim 70\%$。减小板厚可减轻楼盖自重，节约混凝土用量。

2. 支承简化与修正

梁、板支承在砖墙或砖柱上时，砖墙或砖柱可视为梁板的铰支座；当梁、板与柱整体浇注时，为简化计算，板可简化为支承在次梁上的多跨连续板；主梁则简化为以柱或墙为支座的多跨连续梁。需注意的是，主梁支承在柱子上时，当节点两侧梁的线刚度之和与节点上下柱的线刚度之和的比值大于 3 时，才可将柱作为主梁的不动铰支座。否则，应按框架进行内力分析。

上述支座的简化忽略了整体现浇支座对梁（板）的约束作用。这种简化对于等跨连续梁（板），当沿各跨满布活荷载时是可行的，按简支计算与实际相差很小。但是，当活荷载隔跨布置时则相差较大，由于支承构件的抗扭刚度使被支承构件跨中弯矩相对于按铰支计算有所减少，且使支座负弯矩有所增加，但不会超过满布活荷载时的负弯矩值。为考虑这种差别，在设计中一般是采用增大恒荷载和减小活荷载的办法来考虑，即用调整后的折算恒荷载 g' 和折算活荷载 q' 代替实际的恒荷载 g 和实际活荷载 q。

对于板：
$$g' = g + \frac{q}{2} \qquad q' = \frac{q}{2}$$

对于次梁：
$$g' = g + \frac{q}{4} \qquad q' = \frac{3q}{4}$$

3. 计算跨度与跨数

连续梁（板）各跨的计算跨度与支座的构造形式，构件的截面尺寸以及内力计算方法有关，一般可按表 9-1 确定。需注意，计算跨度用于计算弯矩，计算剪力时应用净跨。若连续梁（板）的各跨跨度不等，当计算各跨跨中弯矩时，应按各自的跨度计算；当计算支座截面负弯矩时，则应按相邻两跨计算跨度的平均值计算。

表 9-1　板和梁的计算跨度 l_0

跨数	支座情况		计算跨度	
			板	梁
单跨	两端简支		$l_0 = l_n + h$	$l_0 = l_n + a \leqslant 1.05l_n$
	一端简支、一端与梁整体连接		$l_0 = l_n + 0.5h$	
	两端与梁整体连接		$l_0 = l_n$	
多跨	两端简支		当 $a \leqslant 0.1l_c$ 时，$l_0 = l_c$	当 $a \leqslant 0.05l_c$ 时，$l_0 = l_c$
			当 $a > 0.1l_c$ 时，$l_0 = 1.1l_n$	当 $a > 0.05l_c$ 时，$l_0 = 1.05l_n$
	一端入墙内，另一端与梁整体连接	按塑性计算	$l_0 = l_n + 0.5h$	$l_0 = l_n + 0.5a \leqslant 1.025l_n$
		按弹性计算	$l_0 = l_n + 0.5(h + b)$	$l_0 = l_c \leqslant 1.025l_n + 0.5b$
	两端均与梁整体连接	按塑性计算	$l_0 = l_n$	$l_0 = l_n$
		按弹性计算	$l_0 = l_c$	$l_0 = l_c$
说明	l_n 支座间净跨；l_c 为支座中心间的距离 h 为板的厚度；a 为边支座宽度；b 为中间支座宽度			

对于跨度相等或相差不超过 10% 的多跨连续梁、板，若跨数超过 5 跨时，可按 5 跨来计算：除两边的第一、第二跨外，其余的中间各跨跨中和中间支座的内力值均按五跨连续梁、板的中间跨跨中和中间支座采用。当然，如果跨数不超过 5 跨时，就按实际跨数来考虑。

确定计算跨度时需要用到构件的截面尺寸，对于板尽可能接近构造要求的现浇钢筋混凝土板的最小厚度（见第 3 章）并满足刚度要求的最小板厚 $l_0/30 \sim l_0/35$，对于梁可根据荷载大小按下列方法初估（此处估算可取 $l_0 = l_c$）：

次梁：截面高度 $h = \dfrac{l_0}{18} \sim \dfrac{l_0}{12}$，截面宽度 $b = \dfrac{h}{2} \sim \dfrac{h}{3}$

主梁：截面高度 $h = \dfrac{l_0}{14} \sim \dfrac{l_0}{8}$，截面宽度 $b = \dfrac{h}{2} \sim \dfrac{h}{3}$

4. 荷载计算

作用于楼盖上的恒载和活荷载通常按均布荷载考虑。对于板，通常取宽度为 1m 的板带作为计算单元。作用于板上的恒载为板带自重、面层及粉刷等；其上的活荷载取值按《荷载规范》采用。此处应注意：对于标准值大于 $4kN/m^2$ 的工业房屋楼面结构的活荷载的分项系数应取 1.3 而不是 1.4。

次梁除自重（含粉刷等）外，还承受板传来的均布荷载。主梁除自重（含粉刷等）外，还承受次梁传给主梁的集中力。但由于主梁自重与次梁传来的荷载相比较小，因此为了简化计算，一般可将主梁均布自重转化为相应的集中荷载，与次梁传来的集中力合并计算。

当计算板传给次梁、次梁传给主梁以及主梁传给墙、柱的荷载时，一般可忽略结构的连续性，按简支计算。

荷载计算单元及计算简图如图 9-8 所示。

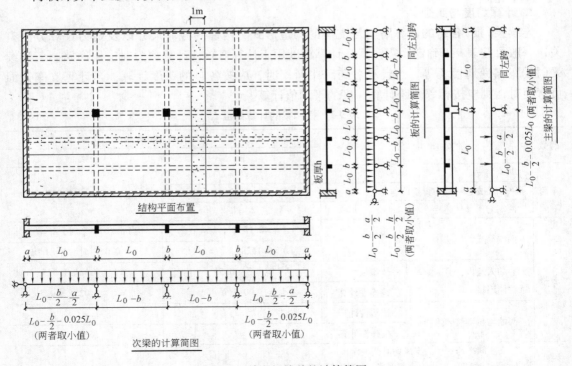

图 9-8　单向板楼盖的计算简图

9.2.2 钢筋混凝土连续梁按弹性理论计算

按弹性理论计算内力即按选取的计算图用结构力学的原理进行计算，常用力矩分配法来求解。为方便计算，对于常用荷载作用下的等跨度（含相差不超过 10%）、等截面的连续梁板均已制成计算表格供查用，参见附录附表 16。

1. 活荷载的最不利组合

恒载是保持不变的，而活荷载是随机的，对于连续梁，并不像简支梁那样恒、活载均为满载时内力最大。由于活荷载的可变性，需要求出各截面上的最不利内力，因此需要考虑活荷载的最不利组合。

通过分析，可得出确定截面最不利活荷载布置的原则有以下几点：

（1）求某跨跨中最大正弯矩时，应在该跨布置活荷载，然后向其左右每隔一跨布置活荷载（图9-9a、b）。

（2）求某跨跨中最大负弯矩（即最小弯矩）时，应在该跨不布置活荷载，而在两相邻跨布置活荷载，然后每隔一跨布置。

（3）求某支座最大负弯矩（绝对值最大）时，应在该支座左右两跨布置活荷载，然后每隔一跨布置（图9-9c）。

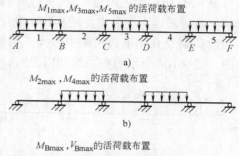

图 9-9　活荷载最不利布置图

（4）求某内支座截面最大剪力时，其活荷载布置与求该跨支座最大负弯矩的布置相同（图 9-9c）。求边支座截面最大剪力时，其活荷载布置与该跨跨中最大正弯矩的布置相同。

2. 应用查表法求内力

对于常用荷载作用下的等跨度（含相差不超过 10%）、等截面的连续梁板，可查附录附表 16，得到最不利荷载下的内力系数后按下式计算：

当均布荷载作用时

$$M = K_1 g l_0^2 + K_2 q l_0^2 \qquad V = K_3 g l_0 + K_4 q l_0$$

当集中荷载作用时

$$M = K_1 G l_0 + K_2 Q l_0 \qquad V = K_3 G + K_4 Q$$

式中：K_1、K_2、K_3、K_4 为内力系数，可查附录附表 16；g、q 分别为单位长度上的均布恒载与均布活荷载；G、Q 分别为集中恒载与集中活荷载；l_0 为计算跨度。

3. 支座截面计算内力的确定（支座宽度的影响）

按弹性理论计算连续梁内力时，通常取支承中心间的距离为计算跨度，由于支承有一定宽度、梁板与支承整体连结，危险截面由支座中心转移到边缘。因此，支座计算内力应按支座边缘处采用，按下列公式近似求得：

弯矩计算值　　$M_{cal} = M - V_0 \dfrac{b}{2}$

剪力计算值　　$V_{cal} = V - (g + q) \dfrac{b}{2}$　　（均布荷载时）

$$V_{cal} = V \qquad \text{（集中荷载时）}$$

式中　V_0——按简支梁计算的支座剪力；

　　　b——支座宽度；

　　　V——支座中心处的剪力。

4. 内力包络图

将所有可变荷载最不利布置时的各个同类内力图形（弯矩图或剪力图），按同一比例画在同一基线上，所得的图形称为内力叠合图，内力叠合图的外包线即为内力包络图。无论可变荷载处于何处，截面上的内力都不会超过内力包络图范围。弯矩包络图是计算连续梁纵向受力钢筋数量和确定纵筋截断位置的依据，剪力包络图是箍筋数量计算和配置的依据。

图 9-10 所示为三跨连续梁，计算跨度为 $l_0 = 4\text{m}$，恒载 $G = 10\text{kN}$，活荷载 $Q = 10\text{kN}$，均作用于各跨跨中 1/3 分点。图 9-10a 所示为恒载 G 作用下的弯矩图，图 9-10b、c、d 所示分别为活荷载 Q 作用下边跨跨中最大正弯矩、中跨跨内最大正弯矩及支座最大负弯矩时的内力图，图 9-10e 所示为叠加后的内力图，其外包线就是内力包络图。

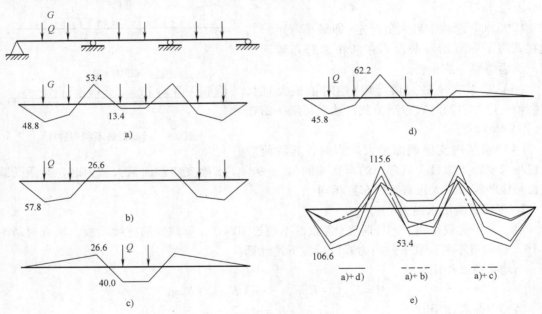

图 9-10　弯矩包络图

绘制包络图的工作量较大，在设计中通常根据若干控制截面的最不利内力进行截面配筋计算，然后根据构造要求和设计经验确定在负弯矩区间内纵向受力钢筋的截断位置，这样常常是偏于保守的。当然，在计算机普及的今天，做到按内力包络图配筋已不难。

9.2.3　钢筋混凝土连续梁按考虑塑性内力重分布的计算

1. 塑性铰与塑性内力重分布

塑性计算法是考虑塑性变形引起结构内力重分布的实际情况计算连续梁内力的方法。

对配筋适量的受弯构件，当受拉钢筋在某个弯矩较大的截面达到屈服后，再增加很小弯矩，形成塑性变形集中区域，截面相对转角剧增，整个截面绕着受压区转动，犹如一个能够转动的"铰",称之为"塑性铰"。对于超静定结构,由于存在多余的约束,构件某一截面出现塑性铰,并不能成为几何可变体系,仍能继续承受增加的荷载,直到不断增加的塑性铰使结构成为几何可变体系。

塑性铰与普通铰相比,有以下特点:①塑性铰能承受弯矩;②塑性铰是单向铰,只沿弯矩作用方向旋转;③塑性铰转动有限度:从钢筋屈服到混凝土压坏。

钢筋混凝土连续梁是超静定结构,在加载的全过程中,由于构件裂缝的出现、塑性变形的发展、构件刚度的不断降低,使各截面间的内力分布不断变化,这种情况称之为"内力重分布现象"。特别是塑性铰的出现使结构的传力性能得以改变,引起内力分布的显著改变,这时的内力重分布的过程称为"塑性内力重分布"。

塑性理论方法是以塑性铰为前提的,因此,通常在以下情况下并不适用:①直接承受动力和重复荷载的结构;②在使用阶段不允许出现裂缝或对裂缝开展有较严格限制的结构;③处于重要部位,要求有较大强度储备的结构,如肋形楼盖中的主梁。

2. 弯矩调幅法

在设计普通楼盖的连续板和次梁时,可考虑连续梁板具有的塑性内力重分布特性,采用弯矩调幅法将某些截面的弯矩调整(一般将支座弯矩调低)后配筋。

弯矩调幅法,是指在按弹性方法计算所得的弯矩包络图的基础上,对首先出现的塑性铰截面的弯矩值进行调幅;将调幅后的弯矩值加于相应的塑性铰截面,再用一般力学方法分析对结构其他部分内力的影响;经过综合分析研究选取连续梁中各截面的内力值,然后进行配筋计算。

根据理论和试验研究结果及工程实践,对弯矩进行调幅时应遵循以下原则:

(1)必须保证塑性铰有足够的转动能力。受力钢筋宜采用 HRB335 级、HRB440 级热轧钢筋;混凝土强度等级宜在 C20~C45 范围内;截面的相对受压高度 ξ 不应超过 0.35,也不宜小于 0.10。

(2)弯矩调低的幅度不能太大,目的是为了使结构满足正常使用条件。对热轧钢筋宜不大于20%,且应不大于25%。

(3)调幅后的弯矩应满足静力平衡条件,每跨两端支座负弯矩绝对值的平均值与跨中弯矩之和应不小于简支梁的跨中弯矩。

3. 简化的弯矩调幅法计算连续梁板

为计算方便,对工程中常见的承受均布荷载的等跨连续梁板的控制截面内力,可用简化的弯矩调幅法,即按下列公式计算:

$$M = \alpha_M(g+q)l_0^2 \qquad V = \beta_V(g+q)l_n$$

式中 α_M、β_V——考虑塑性内力重分布的弯矩系数和剪力系数,详见表9-2与表9-3。

表9-2 连续梁板的弯矩计算系数 α_M

端支承情况		截面位置				
		端支座	边跨跨中	离端第二支座	中间跨跨中	中间支座
梁、板搁在墙上		0	1/11	两跨连续:-1/10 三跨以上连续:-1/11	1/16	-1/14
板	与梁整浇连接	-1/16	1/14			
梁		-1/24	1/14			
梁与柱整浇连接		-1/16	1/14			

表 9-3　连续梁的剪力计算系数 β_V

端支承情况	截面位置				
	端支座内侧	离端第二支座		中间支座	
		外　侧	内　侧	外　侧	内　侧
搁在墙上	0.45	0.60	0.55	0.55	0.55
与梁或柱整体连接	0.50	0.55			

对于跨度相差不超过 10% 的不等跨连续梁板，也可近似按上式计算，在计算支座弯矩时可取支座左右跨度的较大值作为计算跨度。

应注意，上述的弯矩系数是根据调幅法有关规定，将支座弯矩调低约 25% 的结果，适用于 $\frac{q}{g} > 0.3$ 的结构。当 $\frac{q}{g} \leqslant 0.3$ 的结构，调幅应不超过 15%，支座弯矩系数需适当增大。

9.2.4　现浇单向板肋梁楼盖的计算与构造要求

1. 配筋计算

连续板在四周与梁整体连接时，支座截面负弯矩使板上部开裂，而跨中正弯矩使板下部开裂，这样便使板的实际轴线形成跨中比支座高的拱形，在竖向荷载作用下，周边梁将对板产生水平推力，对板的承载力有利，该推力可减少板中各计算截面的弯矩，其减少程度视板的边长比及边界条件而异。对四周与梁整体连接的单向板，其中间跨板带的跨中截面及中间支座截面的计算弯矩可折减 20%，边跨跨中及第一个内支座截面弯矩不折减。板一般能满足斜截面抗剪承载力要求，设计时可不进行抗剪承载力计算。

对于次梁，由于其与板是整体连接的，板作为梁的翼缘参加工作。因此，在次梁的正截面承载力计算中，对跨中按 T 形截面计算，而对支座因为翼缘位于受拉区而非受压区故按矩形截面计算。在斜截面承载力计算中，当荷载、跨度较小时，一般只利用箍筋抗剪，当荷载、跨度较大时，宜在支座附近设置弯起钢筋，以减少箍筋用量。

对于主梁，正截面承载力计算与次梁相同，对跨中正弯矩按 T 形截面计算，对支座负弯矩按矩形截面计算，如果跨中出现负弯矩也按矩形截面计算。主梁的截面有效高度在支座处比正常有所减少。当钢筋单排布置时，$h_0 = h - (50 \sim 60)\,\mathrm{mm}$；当双排布置时，$h_0 = h - (70 \sim 80)\,\mathrm{mm}$。这是由于支座处板、次梁、主梁的钢筋重叠交错，且主梁负筋位于次梁和板的负筋之下。

对于次梁和主梁，在满足前述各自的高跨比与宽高比要求，且最大裂缝宽度限值为 0.3mm 时，一般不需要作使用阶段挠度与裂缝宽度验算。

根据弯矩算出各控制截面的钢筋面积后，为使跨数较多的内跨钢筋与计算值尽可能一致，同时使支座截面尽可能利用跨中弯起的钢筋，应按先内跨后外跨，先跨中后支座的顺序选择钢筋。

2. 板的构造要求

板的一般构造要求可参见第 3 章。

板的支承长度应满足其受力钢筋在支座内锚固的要求，且一般不小于板厚，当搁置在砖墙上时，不小于 120mm。

连续板受力钢筋的布置形式有弯起式和分离式两种(图 9-11)。弯起式配筋在支座附近将跨中钢筋按需要弯起 1/2(隔一弯一)但最多隔一弯二。其整体性好，且可节约钢筋、锚固可靠，有利于承受振动荷载，但施工较复杂，目前工程上已较少采用。分离式配筋整体性稍差，用钢量稍高，但构造简单、施工方便，因此已成为建筑工程中主要采用的配筋方式。

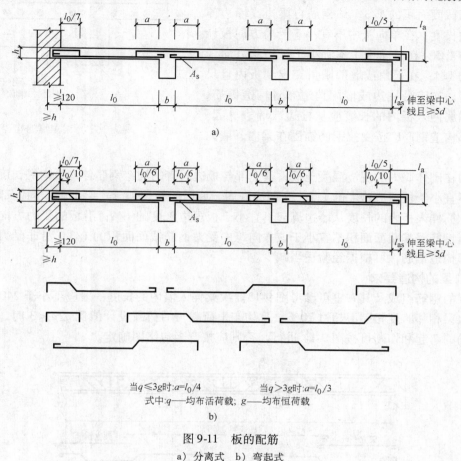

当 $q \leqslant 3g$ 时: $a=l_0/4$ 当 $q>3g$ 时: $a=l_0/3$

式中: q——均布活荷载; g——均布恒荷载

b)

图 9-11 板的配筋

a) 分离式 b) 弯起式

为了保证锚固，当采用 HPB300 级钢筋作为板下部受力钢筋时应采用半圆弯钩。简支板或连续板下部纵向受力钢筋伸入支座的锚固长度不应小于 $5d$，d 为下部纵向受力钢筋的直径。当连续板内温度、收缩应力较大时，伸入支座的锚固长度宜适当增加。支座负弯矩钢筋向跨内的延伸长度应覆盖负弯矩图并满足钢筋锚固的要求，并将末端做成直钩，以便施工时搁在模板上。等跨或相邻跨差不大于 20% 的多跨连续板可按图 9-11 所示方法确定切断位置。

在温度、收缩应力较大的现浇板区域内，钢筋间距宜取为 150~200mm，并应在板的未配筋表面布置温度收缩钢筋。板的上、下表面沿纵、横两个方向的配筋率均不宜小于0.1%。温度收缩钢筋可利用原有钢筋贯通布置，也可另行设置构造钢筋网，并与原有钢筋按受拉钢筋的要求搭接或在周边构件中锚固。

当现浇板的受力钢筋与梁平行时，应沿梁长度方向配置间距不大于 200mm 且与梁垂直的上部构造钢筋，其直径不宜小于 8mm，且单位长度内的总截面面积不宜小于板中单位宽度内受力钢筋截面面积的 1/3。该构造钢筋伸入板内的长度从梁边算起每边不宜小于板计算

跨度 l_0 的 $1/4$（图 9-12）。

现浇楼盖周边与混凝土梁或混凝土墙整体浇筑的单向板或双向板，应在板边上部设置垂直于板边的构造钢筋，其截面面积不宜小于板跨中相应方向纵向钢筋截面面积的 $1/3$；该钢筋自梁边或墙边伸入板内的长度，在单向板中不宜小于受力方向板计算跨度的 $1/5$，在双向板中不宜小于板短跨方向计算跨度的 $1/4$；在板角或墙的阳角突出到板内且尺寸较大时，亦应沿柱边或墙阳角边布置构造钢筋，该构造钢筋伸入板内的长度应从柱边或墙边算起。上述上部构造钢筋应按受拉钢筋锚固在梁内、墙内或柱内。

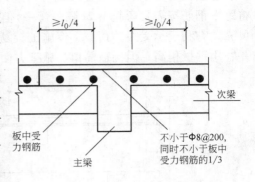

图 9-12　现浇板中与梁垂直的构造钢筋

嵌固在砌体墙内的现浇混凝土板，其上部与板边垂直的构造钢筋伸入板内的长度，从墙边算起不宜小于板短边跨度的 $1/7$；在两边嵌固于墙内的板角部分，应配置双向上部构造钢筋，该钢筋伸入板内的长度从墙边算起不宜小于板短边跨度的 $1/4$；沿板的受力方向配置的上部构造钢筋，其截面面积不宜小于该方向跨中受力钢筋截面面积的 $1/3$；沿非受力方向配置的上部构造钢筋，可根据经验适当减少。

3. 次梁的构造要求

次梁的钢筋组成及其布置可参考图 9-13。次梁伸入墙内的长度一般应不小于 240mm。当次梁相邻跨度相差不超过 20% ，且均布恒荷载与活荷载设计值比 $q/g < 3$ 时，其纵向受力钢筋的弯起和切断可图 9-14 进行。否则应按弯矩包络图确定。

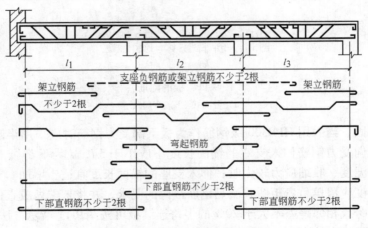

图 9-13　次梁的钢筋组成与布置

4. 主梁的构造要求

主梁的钢筋组成及其布置可参考图 9-15。主梁伸入墙内的长度一般应不小于 370mm。主梁纵向受力钢筋的弯起和截断应根据弯矩包络图进行布置。

主梁主要承受集中荷载，剪力图呈矩形。如果在斜截面抗剪计算中，要利用弯起钢筋抵抗剪力，则应考虑跨中有足够的钢筋可供弯起，以便使抗剪承载力图完全覆盖剪力包络图。

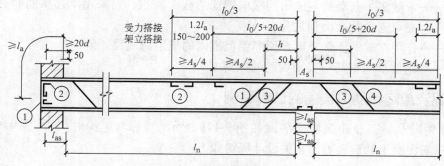

图 9-14　次梁的配筋构造

若跨中钢筋可供弯起根数不够，则应在支座设置专门抗剪的鸭筋。

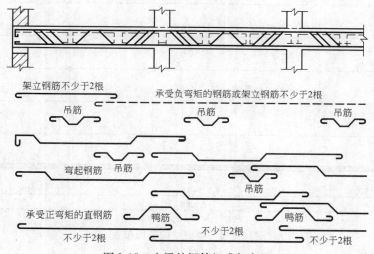

图 9-15　主梁的钢筋组成与布置

在次梁和主梁相交处，由于主梁承受由次梁传来的集中荷载，其腹部可能出现斜裂缝，并引起局部破坏，如图 9-16 所示。因此《规范》作了相关规定。位于梁下部或梁截面高度范围内的集中荷载，应全部由附加横向钢筋（箍筋、吊筋）承担，附加横向钢筋宜采用箍筋。箍筋应布置在长度为 $s = 2h_1 + 3b$（图 9-16）的范围内。当采用吊筋时，其弯起段伸至梁上边缘，且末端水平段长度不应小于相关规定。附加横向钢筋所需的总截面面积应符合下列规定：

$$A_{sv} \geq \frac{F}{f_{yv}\sin\alpha}$$

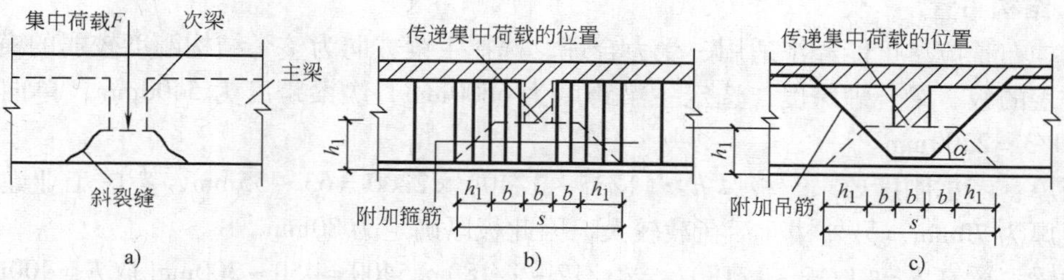

图 9-16　梁截面高度范围内有集中荷载作用时附加横向钢筋的布置

式中 A_{sv}——承受集中荷载所需的附加横向钢筋总截面面积，当采用附加吊筋时其应为左、右弯起段截面面积之和；

F——作用在梁的下部或梁截面高度范围内的集中荷载设计值；

α——附加横向钢筋与梁轴线间的夹角。

9.2.5 现浇单向板肋梁楼盖的计算示例

【例题 9-1】 某工业建筑楼盖平面如图 9-17a 所示（楼梯与电梯井另设，图中未画出），拟设计为钢筋混凝土肋形楼盖，相关设计资料如下：

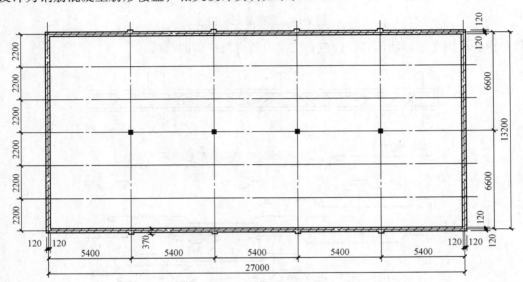

图 9-17a 楼盖结构平面布置

（1）楼面构造层做法：20mm 厚水泥砂浆面层，15mm 厚混合砂浆粉底。

（2）楼面使用活荷载标准值为 6.0kN/m²。

（3）永久荷载分项系数为 1.2，可变荷载分项系数为 1.3（因为楼面活载标准值≥4.0kN/m²）。

（4）板和次梁的混凝土采用 C20 级，主梁的混凝土采用 C25 级。

（5）梁中受力主筋采用 HRB335 级钢筋，其余采用 HPB300 级钢筋。

板、次梁内力按塑性重分布计算，主梁内力按弹性理论计算。试设计此楼盖并绘制施工图。

【解】

1. 结构布置

结构布置应尽可能经济适用、受力合理。选择主梁方向为整个结构刚度较弱的横向。按肋梁楼盖的板、梁合理跨度，选定主梁跨度为 6600mm，次梁跨度为 5400mm，单向板跨度取 6600/3 = 2200mm。

板厚：考虑刚度要求，板厚 $h \geq (1/35 \sim 1/40) \times 2200 = 63 \sim 55\text{mm}$，考虑工业建筑楼板最小板厚为 70mm，另外楼面活荷载较大，因此板厚确定为 80mm。

次梁：梁高 $h = (1/12 \sim 1/18)l_c = (1/12 \sim 1/18) \times 5400 = 450 \sim 300\text{mm}$ 取 $h = 400\text{mm}$；次梁宽取 $b = 200\text{mm}$。

主梁：梁高 $h = (1/8 \sim 1/14)l_c = (1/8 \sim 1/14) \times 6600 = 825 \sim 471\text{mm}$，考虑其为重要构件，取 $h = 600\text{mm}$，梁宽 $b = 250\text{mm}$。

柱截面尺寸拟定为 $300\text{mm} \times 300\text{mm}$。

楼盖的梁，板结构平面布置及构件尺寸如图 9-17c 所示。

2. 板的设计

本设计采用单向板整浇楼盖，按塑性内力重分布方法计算内力。对多跨连续板沿板的长边方向取 1m 宽的板带作为板的计算单元。

（1）板的荷载计算（表 9-4a）

表 9-4a　板的荷载计算

荷载种类		荷载标准值（kN/mm²）	荷载分项系数	荷载设计值（kN/mm²）
永久荷载	20mm 厚水泥砂浆面层	$0.02 \times 20 = 0.4$		
	80mm 厚现浇板自重	$0.08 \times 25 = 2.0$	—	
	15mm 厚混合砂浆粉底	$0.015 \times 17 = 0.255$		
恒载小计（g）		2.655	1.2	3.186
可变荷载（q）		6.0	1.3	7.8
总荷载（$g+q$）		—	—	10.986

（2）内力计算

计算跨度　边跨：$l_{01} = l_n + 0.5h = (2.2 - 0.2/2 - 0.24/2) + 0.5 \times 0.08 = 2.02\text{m}$

中间跨：$l_{02} = l_{03} = l_n = 2.2 - 0.2 = 2.0\text{m}$

跨度差 $\dfrac{2.02 - 2.0}{2.0} \times 100\%$

$= 1.0\% < 10\%$

边跨与中间跨计算跨度相差若不超过 10%，可按等跨连续板计算内力。本设计为六跨连续板，超过五跨按五跨计算内力。

计算简图如图 9-17b 所示。

板一般均能满足斜截面抗剪承载力要求，所以只进行正截面承载力计算。计算 B 支座负弯矩时，计算跨度取相邻两跨的较大值。各截面的弯矩计算见表 9-4b。

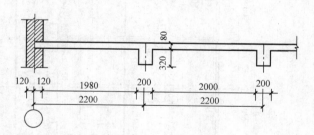

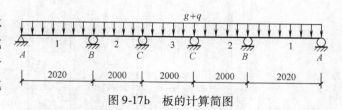

图 9-17b　板的计算简图

表 9-4b　连续板各截面弯矩的计算

截面	边跨中	支座 B	中间跨中	中间支座
弯矩系数 α_M	1/11	$-1/11$	1/16	$-1/14$
$M = \alpha_M(g+q)l_0^2$（kN·m）	$\dfrac{1}{11} \times 10.986 \times 2.02^2 = 4.08$	$-\dfrac{1}{11} \times 10.986 \times 2.02^2 = -4.08$	$\dfrac{1}{16} \times 10.986 \times 2.0^2 = 2.75$	$-\dfrac{1}{14} \times 10.986 \times 2.0^2 = -3.20$

（3）配筋计算（mm）

$b = 1000\text{mm}$，$h_0 = 80 - 25 = 55\text{mm}$。各截面配筋计算过程见表9-4c，中间板带内区格四周与梁整体连接，故 M_2、M_3 及 M_c 应降低20%。

表9-4c 板正截面承载力计算表

截　　　面	边跨跨中（1）	第一内支座（B）	中间跨中（2）（3）		中间支座（C）	
			边板带	中间板带	边板带	中间板带
$M(\times 10^6 \text{N} \cdot \text{mm})$	4.08	-4.08	2.75	0.8×2.75	-3.20	-0.8×3.20
$x = h_0 - \sqrt{h_0^2 - \dfrac{2M}{\alpha_1 f_c b}}\text{mm}$	8	8	6	4	6	5
$x \leqslant 0.35 h_0 (\text{m})$	满足	满足	满足	满足	满足	满足
$A_s = \dfrac{\alpha_1 f_c b x}{f_y}(\text{mm}^2)$	382	382	251	198	294	232
选配钢筋 $A_s(\text{mm}^2)$	$\phi 8@125$ 402	$\phi 8@125$ 402	$\phi 8@180$ 279	$\phi 6@125$ 226	$\phi 6/8@125$ 324	$\phi 8@180$ 279
验算配筋率	$\rho_{min} = \max\{0.20\%, 0.45 f_t/f_y\} = 0.20\%$　　均满足					

（4）绘制板的配筋图

板的配筋图如图9-17c所示，在板的配筋图中，除按计算配置受力钢筋外，还应设置下

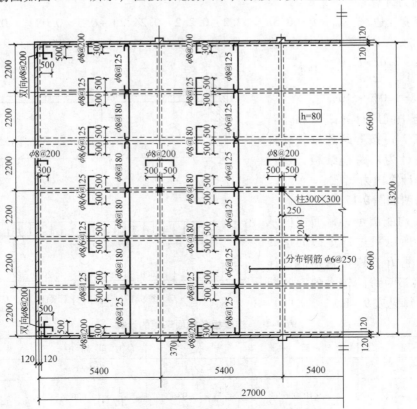

图9-17c　楼盖结构平面布置及板配筋图

列构造钢筋：①分布钢筋按规定选用φ6@250；②板边构造钢筋按规定选用φ8@200，设在板四周边的上部；③板角构造钢筋按规定选用φ8@200，双向配置在板四角的上部；④与主梁垂直的上部构造钢筋按规定选用φ8@200。

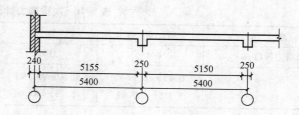

3. 次梁的设计

次梁按塑性内力重分布方法计算。次梁有关尺寸及支承情况如图 9-17d 所示。

（1）荷载计算（表 9-4d）

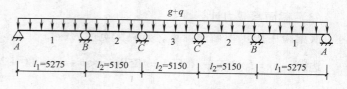

图 9-17d　次梁的计算简图

表 9-4d　次梁的荷载计算

荷 载 种 类		荷载设计值（kN/m）
永久荷载	由板传来	$3.186 \times 2.2 = 7.01$
	次梁自重	$1.2 \times 0.2 \times (0.4 - 0.08) \times 25 = 1.92$
	梁侧抹灰	$1.2 \times 0.015 \times (0.4 - 0.08) \times 2 \times 17 = 0.196$
小计（g）		9.126
可变荷载（q）		$1.3 \times 6.0 \times 2.2 = 17.16$
总荷载（$g + q$）		26.29

（2）内力计算

计算跨度　边跨：$l_{01} = l_n + 0.5a = (5.4 - 0.25/2 - 0.24/2) + 0.5 \times 0.24 = 5.275 \text{m}$

　　　　　　　　$l_{01} = 1.025 l_n = 1.025 \times 5.155 = 5.284 \text{m}$

　　　　　　取二者中小值。

　　　　中间跨：$l_{02} = l_{03} = l_n = 5.4 - 0.25 = 5.15 \text{m}$

跨度差 $\dfrac{5.275 - 5.15}{5.15} \times 100\% = 2.43\% < 10\%$，故允许采用等跨连续次梁的内力系数计算。计算简图如图 9-17d 所示。

次梁内力计算见表 9-4e 与表 9-4f。

表 9-4e　次梁弯矩计算

截　　面	边 跨 中	支 座 B	中 间 跨 中	中 间 支 座
弯矩系数 α_M	1/11	$-1/11$	1/16	$-1/14$
$M = \alpha_M (g+q) l_0^2$（kN·m）	$\dfrac{1}{11} \times 26.29 \times 5.275^2 = 66.50$	$-\dfrac{1}{11} \times 26.29 \times 5.275^2 = -66.50$	$\dfrac{1}{16} \times 26.29 \times 5.15^2 = 43.58$	$-\dfrac{1}{14} \times 26.29 \times 5.15^2 = -49.81$

表 9-4f　次梁剪力计算

截　　面	边 支 座	支 座 B 左	支 座 B 右	中 间 支 座
剪力系数 β_V	0.45	0.60	0.55	0.55
$V = \beta_V (g+q) l_n$ （kN）	$0.45 \times 26.29 \times$ $5.155^2 = 60.99$	$0.60 \times 26.29 \times$ $5.155 = 81.31$	$0.55 \times 26.29 \times$ $5.15 = 74.47$	$0.55 \times 26.29 \times$ $5.15 = 74.47$

（3）截面承载力计算

次梁跨中按 T 形截面计算，其翼缘宽度为：

边跨　$b'_f = l_0 /3 = \dfrac{1}{3} \times 5275 = 1758\text{mm} < b + s_n = 200 + 2000 = 2200\text{mm}$

取较小值 $b'_f = 1758\text{mm}$

中跨　$b'_f = l_0 /3 = \dfrac{1}{3} \times 5150 = 1717\text{mm}$

梁高　$h = 400\text{mm}$，$h_0 = 400 - 40 = 360\text{mm}$

翼缘厚　$h'_f = 80\text{mm}$

$$\alpha_1 f_c b'_f h'_f \left(h_0 - \frac{h'_f}{2} \right) = 1.0 \times 9.6 \times 1717 \times 80 \times \left(360 - \frac{80}{2} \right) = 422 \times 10^6 \text{N} \cdot \text{mm}$$

$$= 422\text{kN} \cdot \text{m} > 66.50\text{kN} \cdot \text{m}（\text{边跨中}）$$

$$> 43.58\text{kN} \cdot \text{m}（\text{中间跨中}）$$

故各跨中截面均属于第一类 T 形截面。

支座截面按矩形截面计算，第一支座和中间支座均按布置一排纵向钢筋考虑，取 $h_0 = 400 - 40 = 360\text{mm}$。

次梁正截面及斜截面计算分别见表 9-4g 及表 9-4h。

表 9-4g　次梁正截面承载力计算

截　　面	边跨跨中（1）	第一内支座（B）	中间跨跨中（2）	中间支座（C）
$M（\times 10^6 \text{N} \cdot \text{mm}）$	66.50	−66.50	43.58	−49.81
$\xi = 1 - \sqrt{1 - \dfrac{2M}{\alpha_1 f_c b h_0^2}}$	0.03056	0.3222	0.0194	0.2278
$\xi \leqslant \xi_b = 0.35$	满足	满足	满足	满足
$A_s = \dfrac{\alpha_1 f_c b h_0 \xi}{f_y}（\text{mm}^2）$	625	736	408	520
选配钢筋 $A_s（\text{mm}^2）$	2 Φ 16 + 1 Φ 18 657	4 Φ 16 804	3 Φ 14 462	3 Φ 16 603
验算配筋率	$\rho_{min} = \max \{ 0.20\%, 0.45 f_t / f_y \} = 0.20\%$　均满足			

表 9-4h　次梁斜截面承载力计算

截　　面	边 支 座	支 座 B 左	支座 B 右中间支座
$V（\text{kN}）$	60.99	81.31	74.47
$0.25 \beta_c f_c b h_0（\text{kN}）$	172.8 > V	172.8 > V	172.8 > V

（续）

截　　面	边　支　座	支座 B 左	支座 B 右中间支座
$0.7f_t bh_0$ (kN)	$55.4 < V$	$55.4 < V$	$55.4 < V$
选配箍筋肢数、直径	$2\phi 6$	$2\phi 6$	$2\phi 6$
$A_{sv} = n \cdot A_{sv1}$ (mm^2)	56.6	56.6	56.6
$s = \dfrac{f_{yv} A_{sv} h_0}{V - 0.7 f_t bh_0}$ (mm)	991	213	289
实配钢筋间距 S (mm)	200	200	200
$\rho_{sv} = \dfrac{nA_{sv1}}{bs} \geqslant \rho_{sv,min} = 0.24\dfrac{f_t}{f_{yv}}$	$\dfrac{56.6}{200 \times 200} = 0.00142 > 0.24\dfrac{f_t}{f_{yv}} = 0.24 \times \dfrac{1.1}{210} = 0.00126$		

（4）绘制次梁的配筋图

由于次梁的各跨跨度相差不超过 20%，且 $q/g \leqslant 3$，次梁纵筋的截断可直接按次梁配筋构造要求图布置钢筋。次梁配筋详图 9-17e。

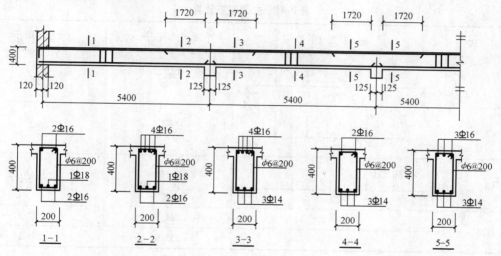

图 9-17e　次梁配筋图

4. 主梁设计

（1）荷载计算（表 9-4i）

表 9-4i　主梁的荷载计算

截　　面	跨　　中	支　　座
M ($\times 10^6$ N $\cdot$ mm)	255.9	$-(332.3 - 150.26 \times 0.3/2) = -309.76$
$\xi = 1 - \sqrt{1 - \dfrac{2M}{\alpha_1 f_c bh_0^2}}$	0.0393	0.5173
$\xi \leqslant \xi_b = 0.55$	满足	满足
$A_s = \dfrac{\alpha_1 f_c bh_0 \xi}{f_y}$ (mm^2)	1554	2679
选配钢筋	$2\,\Phi\,22 + 2\,\Phi\,25$	$4\,\Phi\,25 + 2\,\Phi\,22$
A_s (mm^2)	1742	2723
验算配筋率	$\rho_{min} = \max\{0.20\%, 0.45 f_t/f_y\} = 0.20\%$ 均满足	

（2）内力计算

计算跨度：$l_0 = l_c = 6.6 - 0.12 + 0.37/2 = 6.67\text{m}$

$l_0 = 1.025l_n + 0.5b = 1.025 \times (6.6 - 0.12 - 0.3/2) + 0.3/2 = 6.64\text{m}$

取二者中较小值 $l_0 = 6.64\text{m}$。上式中的 0.37m 为主梁搁置于墙上的支承长度。

主梁的计算简图如图 9-17f 所示。

在各种不同的分布荷载作用下的内力计算可采用等跨连续梁的内力系数进行，跨中和支座截面最大弯矩及剪力按下式计算

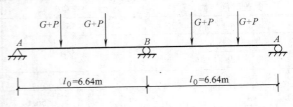

图 9-17f 主梁的计算简图

$$M = K_1 G l_0 + K_2 Q l_0 \qquad V = K_3 G + K_4 Q$$

式中，K_1、K_2、K_3、K_4 为内力系数，可查附录附表 16。具体计算结果以及最不利内力组合见表 9-4j 及表 9-4k。

表 9-4j 主梁弯矩计算

项　次	荷　载　简　图	跨中弯矩 $\dfrac{K}{M_1}$	支座弯矩 $\dfrac{K}{M_B}$
(1)	$G\ G\qquad G\ G$	$\dfrac{0.222}{84.9}$	$\dfrac{-0.333}{-127.4}$
(2)	$Q\ Q\qquad Q\ Q$	$\dfrac{0.222}{136.6}$	$\dfrac{-0.333}{-204.9}$
(3)	$Q\ Q$	$\dfrac{0.278}{171.0}$	$\dfrac{-0.167}{-102.7}$
组合项	(1) + (2)	221.5	-332.3
	(1) + (3)	255.9	-230.1

表 9-4k 主梁剪力计算

项　次	荷　载　简　图	边支座 $\dfrac{K}{V_A}$	中间支座 $\dfrac{K}{V_B}$
(1)	$G\ G\qquad G\ G$	$\dfrac{0.667}{38.42}$	$\dfrac{\mp 1.333}{\mp 76.78}$
(2)	$Q\ Q\qquad Q\ Q$	$\dfrac{0.667}{61.80}$	$\dfrac{\mp 1.333}{\mp 123.52}$
(3)	$Q\ Q$	$\dfrac{0.833}{77.19}$	$\dfrac{\mp 1.167}{\mp 108.13}$
组合项	(1) + (2)	100.22	∓ 200.30
	(1) + (3)	115.61	∓ 184.91

（3）截面承载力计算

主梁跨中按 T 形截面计算，其翼缘宽度为

$$b'_f = l_0/3 = \frac{1}{3} \times 6640 = 2213\,mm < b + s_n = 5400\,mm$$

取较小值 $b'_f = 2213\,mm$

梁高 $h = 600\,mm$，$h_0 = 600 - 40 = 560\,mm$

翼缘厚 $h'_f = 80\,mm$

$$\alpha_1 f_c b'_f h'_f \left(h_0 - \frac{h'_f}{2} \right) = 1.0 \times 11.9 \times 2213 \times 80 \times \left(560 - \frac{80}{2} \right) = 1095.5 \times 10^6\,N \cdot mm$$

$$= 1095.5\,kN \cdot m > M_1 = 255.9\,kN \cdot m$$

故跨中截面属于第一类 T 形截面。

支座截面按矩形截面计算，取 $h_0 = 600 - 80 = 520\,mm$，因支座弯矩较大，考虑布置两排纵向钢筋，并布置在次梁主筋下面。

主梁正截面及斜截面计算分别见表 9-4l 及表 9-4m。

表 9-4l 主梁正截面承载力计算

截　面	跨　中	支　座
$M(\times 10^6 N \cdot mm)$	255.9	$-(332.3 - 150.26 \times 0.3/2) = -309.76$
$x = h_0 - \sqrt{h_0^2 - \dfrac{2M}{\alpha_1 f_c b}}$	22	269
$x \leqslant 0.55 h_0\,(m)$	满足	满足
$A_s = \dfrac{\alpha_1 f_c b x}{f_y}\,(mm^2)$	1554	2679
选配钢筋 $A_s\,(mm^2)$	2 Φ 22 + 2 Φ 25　1742	4 Φ 25 + 2 Φ 22　2723
验算配筋率	$\rho_{min} = max\{0.20\%, 0.45 f_t/f_y\} = 0.20\%$　均满足	

表 9-4m 主梁斜截面承载力计算

截　面	边　支　座	中　间　支　座
$V(kN)$	115.61	200.30
$0.25 \beta_c f_c b h_0\,(kN)$	386.75 > V	386.75 > V
$0.7 f_t b h_0\,(kN)$	115.57 < V	115.57 < V
选配箍筋肢数、直径	2 Φ 6	2 Φ 8
$A_{sv} = n \cdot A_{sv1}\,(mm^2)$	100.5	100.5
$s = \dfrac{f_{yv} A_{sv} h_0}{V - 0.7 f_t b h_0}\,(mm)$	352755	167
实配钢筋间距 $S\,(mm)$	200	150
$\rho_{sv} = \dfrac{n A_{sv1}}{bs} \geqslant \rho_{sv,min} = 0.24 \dfrac{f_t}{f_{yv}}$	$\dfrac{100.5}{250 \times 200} = 0.00201 > 0.24 \dfrac{f_t}{f_{yv}} = 0.24 \times \dfrac{1.1}{210} = 0.00126$	

（4）附加钢筋配置

主梁承受由次梁传来的集中荷载：$G_{次梁传来} + Q = 47 + 92.66 = 139.66$kN，设次梁两侧各加 4Φ8 附加箍筋，则在 $s = 2h_1 + 3b = 2 \times (600 - 400) + 3 \times 200 = 1000$mm 范围内共设有 8 个 Φ8 双肢箍，其需要的长度范围为 $200 + 50 \times 2 + 50 \times 6 = 600 < 1000$mm，其截面面积 $A_{sv} = 8 \times 50.3 \times 2 = 804.8$mm²，附加箍筋可以承受的集中荷载为：

$$F = A_{sv}f_{yv} = 804.8 \times 210 = 169008\text{N} = 169.008\text{kN} > 139.66\text{kN} \quad 满足要求。$$

（5）绘制主梁配筋图

主梁配筋详图如图 9-17g 所示。

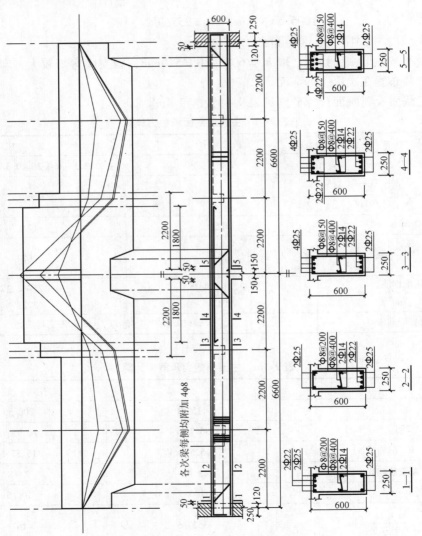

图 9-17g　主梁配筋图

纵向受力钢筋的弯起和切断位置，应根据弯矩包络图及材料图来确定，这些图的绘制方法前已述及，现直接绘于主梁配筋图上。

在主梁配筋图中，除按计算配置纵向受力钢筋与横向附加钢筋外，还应设置下列构造钢筋：①架立钢筋；②板与主梁连接的构造钢筋，详见板配筋图中；③梁侧面沿高度的构造钢筋。

9.3 双向板楼盖设计

9.3.1 双向板的弹性计算法

双向板的内力计算同样有两种计算方法：一是按弹性理论计算；另一是按塑性理论计算。本书仅介绍按弹性理论计算的实用计算方法。

1. 单区格双向板的计算

为计算方便，根据双向板两个跨度比值和支承条件制成计算用表，参见附录附表17，附录中列出了多种不同边界条件下的矩形板在均布荷载作用下的弯矩系数。单位宽度内的弯矩为

$$m = 表中系数 \times (g + q) l_0^2$$

式中 m——跨中或支座单位宽度内的弯矩；

g、q——楼面恒载与活载；

l_0——板的较小跨度方向的计算跨度。

需要注意的是，表中系数是根据材料的泊松比 $\nu = 0$ 编制的。对于其他泊松比不为 0 的材料如钢筋混凝土 $\nu = 1/6$，则可按下式计算：

$$m_x^{(\nu)} = m_x + \nu m_y \qquad m_y^{(\nu)} = m_y + \nu m_x$$

2. 多跨连续双向板的计算

对于多跨连续双向板最大弯矩的计算，需要考虑活荷载的不利位置。为了简化计算，当两个方向为等跨或在同一方向格的跨度相差不超过20%的不等跨时，可采用通过荷载分解将多跨连续双向板化为单跨板来计算的实用方法。

（1）求跨中最大弯矩。当求连续区格跨中最大弯矩时，其活荷载的最不利位置如图9-18所示，即在某区格及前后左右每隔一区格布置活荷载（棋盘式布置），则可使该区格跨中弯矩为最大。为了求此弯矩，可将活荷载 g 与恒荷载 q 分解为 $g + q/2$ 与 $\pm q/2$ 两部分，分别作用于相应的区格，其作用效果是相同的。

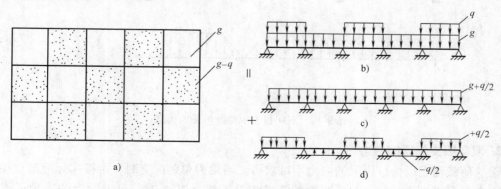

图9-18 双向板跨中弯矩最大处活载布置

当双向板各区格均作用有 $g+q/2$ 时，由于内区格板支座两边结构与荷载均对称或接近对称，则板的各内座上转动变形很小，可近似地认为转动角为零，故内支座可近似地看作嵌固边。因此内区格可看成四周固定的单区格双向板。如果边支座为简支，则边区格为三边固定、一边简支的支承情况；而角区格为双邻边固定、两邻边简支的情况。

当双向板各区格作用有 $\pm q/2$ 时，板在中间支座处转角方向一致，大小相等接近于简支板的转角，即内支座为板带的反弯点，弯矩为零。因而所有内区格均可按四边简支的单跨双向板来计算其跨中弯矩。

在上述两种荷载情况下的边区格板，其外边界的支座按实际情况考虑。最后，将以上两种结果叠加，即可得该区格的跨中最大正弯矩。

（2）求支座最大弯矩。求支座最大弯矩时，活荷载是不利位置布置与单向板相似，应在该支座两侧区格内布置活荷载，然后再隔跨布置。但考虑到隔跨活荷载的影响很小，为了简化计算，可近似地假定活荷载布满所有区格时所求得的支座弯矩，即为支座最大弯矩。这样，对各中间区格即可按四边固定的单跨双向板计算其支座弯矩，对于边区格按该板四周实际支承情况来计算支座弯矩。

9.3.2 双向板支承梁的计算

1. 双向板以承梁的荷载

当双向板承受均布荷载时，传给支承梁的荷载一般可按如下近似方法处理，即从每区格的四角分别作 45°线与平行于长边的中线相交，将整个板块分成四块面积，作用每块面积上的荷载即为分配给相邻梁上的荷载。因此，传给知跨梁上的荷载形式是三角形，传给长跨梁上的荷载形式是梯形，如图 9-19 所示。如果双向板为正方形，则两个方向支承梁上的荷载形式都为三角形。

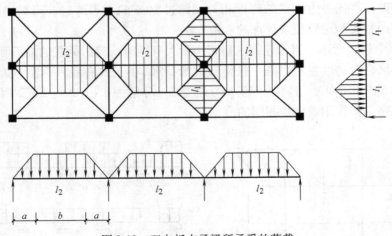

图 9-19　双向板支承梁所承受的荷载

2. 双向板支承梁的内力

梁的荷载确定以后，则梁的内力不难求得。当梁为单跨简支时，可按实际荷载直接计算梁的内力。当梁为连续的，并且跨度相等或相差不超过 10% 时，可将梁上的三角形或梯形荷载根据固端弯矩相等的条件折算成等效均布荷载 p_{eq}，然后利用附表查得支座系数求出支座弯矩。对于跨中弯矩，仍应按实际荷载(三角形或梯形)计算而得。

等效均布荷载 p_{eq} 按下列方法计算：当为三角形荷载时，$p_{eq} = \dfrac{5}{8}p$；当为梯形荷载时，

$p_{eq} = \left[1 - 2\left(\dfrac{a}{l_0}\right)^2 + \left(\dfrac{a}{l_0}\right)^3\right]p$。式中，$p$ 为三角形或梯形的最大荷载值，a 值如图 9-19 所示，l_0 为板长向计算跨度。

9.3.3 双向板截面配筋计算及构造要求

1. 双向板的配筋计算

由于双向板短向钢筋放在长向钢筋的下面，若短跨方向跨中截面的有效高度为 h_{01}，则长跨方向截面的有效高度为 $h_{02} = h_{01} - d$，d 为板中钢筋直径。

对于四边与梁整体连接的板，分析内力时应考虑周边支承的被动水平推力对板承载力的有利影响，折减办法如下：

（1）中间区格：中间跨的跨中截面及中间支座截面，计算弯矩可减少 20%。

（2）边区格：边跨的跨中截面及离板边缘的第二支座截面，当 $l_b/l < 1.5$ 时，计算弯矩可减少 20%；当 $1.5 \leqslant l_b/l \leqslant 2$ 时，计算弯矩可减少 10%。其中，l_b 为沿板边缘方向的计算跨度，l 为垂直于板边缘方向的计算跨度。

（3）角区格：计算弯矩不应减少。

2. 双向板的构造

双向板的厚度应满足板的最小厚度要求，并满足刚度要求，通常取 $80 \sim 160\text{mm}$。

按弹性理论分析时，由于板的跨中弯矩比板的周边弯矩大，因此，当 $l_1 \geqslant 2500\text{mm}$ 时，配筋采取分带布置的方法，即将板的两个方向都分为三带，边带宽度均为 $l_1/4$，其余则为中间带。在中间带各按计算配筋，而边带内的配筋各为相应中间带的一半，且每米宽度内不少于三根(图 9-20)。支座负钢筋按计算配置，边带中不减少。当 $l_1 < 2500\text{mm}$ 时，则不分板带，全部按计算配筋。

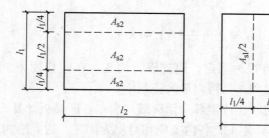

图 9-20　按弹性理论计算正弯矩配筋板带示意

配筋方式常用分离式。支座负筋一般伸出支座边 $l_n/4$，l_n 为短向净跨。

嵌固在承重墙内板上部的构造钢筋的要求同整体式单向板肋形楼盖。

9.3.4 双向板按弹性计算示例

【例题 9-2】　某建筑的楼盖平面布置如图 9-21a 所示。楼板厚度为 120mm，楼面恒载(含面层、粉刷)设计值为 6.0kN/m^2，楼面活载设计值为 2.8kN/m^2。混凝土强度等级为 C25，

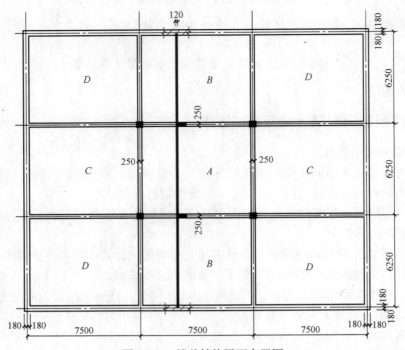

图 9-21a 楼盖结构平面布置图

钢筋采用 HPB300 级。要求采用弹性理论计算各区格的弯矩，进行截面设计，并绘出配筋图。

【解】（1）内力计算

将楼盖划分为 A、B、C、D 四种区格。在求各区格板跨内正弯矩时，按恒载满布及活荷载棋盘工布置计算，取荷载：

$$g' = g + \frac{q}{2} = 6.0 + \frac{2.8}{2} = 7.4 \text{kN/m}^2$$

$$q' = \frac{q}{2} = \frac{2.8}{2} = 1.4 \text{kN/m}^2$$

在 g' 作用下，各内支座均可视为固定，边支座为简支。在 q' 作用下，各区格四边可视为简支，计算时可近似取两者之和作为跨内最大正弯矩。

在求各中间支座最大负弯矩时，按恒载及活荷载均满布各区格板计算，取荷载：$p = g + q = 6.0 + 2.8 = 8.8 \text{kN/m}^2$，在其作用下，各内支座均可视为固定、边支座为简支。

关于计算跨度，中间区格取支座中心距离：$l_x = 6.25\text{m}$、$l_y = 7.5\text{m}$，区格 D 计算如下：

$$l_x = l_n + 0.5(b + h) = (6.25 - 0.25/2 - 0.18) + 0.5 \times (0.25 + 0.12) = 6.13 \text{m}$$

$$l_y = l_n + 0.5(b + h) = (7.5 - 0.25/2 - 0.18) + 0.5 \times (0.25 + 0.12) = 7.38 \text{m}$$

查附录附表 17 进行内力计算，计算结果见表 9-5a。由表 9-5a 可见板间支座弯矩是不平衡的，实际应用时可近似取相邻两区格板支座弯矩的平均值。

表 9-5a 弯矩计算

区 格	A（中间区格板）	B（边区格板）
l_x/l_y	$l_x/l_y = 6.25/7.5 = 0.833$	$l_x/l_y = 6.13/7.5 = 0.817$
跨中	$M_x = 0.028g'l_x^2 + 0.0584q'l_x^2$ $= (0.028 \times 7.4 + 0.0584 \times 1.4) \times 6.25^2 = 11.288$ $M_y = 0.0184g'l_x^2 + 0.043q'l_x^2$ $= (0.0184 \times 7.4 + 0.043 \times 1.4) \times 6.25^2 = 7.670$	$M_x = 0.0334g'l_x^2 + 0.0599q'l_x^2$ $= (0.0334 \times 7.4 + 0.0599 \times 1.4) \times 6.13^2 = 12.439$ $M_y = 0.0276g'l_x^2 + 0.0429q'l_x^2$ $= (0.0276 \times 7.4 + 0.0429 \times 1.4) \times 6.13^2 = 9.932$
支座	$M_x^0 = -0.0633pl_x^2$ $= -0.0633 \times 8.8 \times 6.25^2 = -21.759$ $M_y^0 = -0.0553pl_x^2$ $= -0.0553 \times 8.8 \times 6.25^2 = -19.009$	$M_x^0 = -0.0751pl_x^2$ $= -0.0751 \times 8.8 \times 6.13^2 = -24.834$ $M_y^0 = -0.0698pl_x^2$ $= -0.0698 \times 8.8 \times 6.13^2 = -23.081$
区 格	C（边区格板）	D（角区格板）
l_x/l_y	$l_x/l_y = 6.25/7.38 = 0.85$	$l_x/l_y = 6.13/7.38 = 0.83$
跨中	$M_x = 0.0319g'l_x^2 + 0.0564q'l_x^2$ $= (0.0319 \times 7.4 + 0.0564 \times 1.4) \times 6.25^2 = 12.305$ $M_y = 0.0204g'l_x^2 + 0.0432q'l_x^2$ $= (0.0204 \times 7.4 + 0.0432 \times 1.4) \times 6.25^2 = 8.259$	$M_x = 0.0378g'l_x^2 + 0.0585q'l_x^2$ $= (0.0378 \times 7.4 + 0.0585 \times 1.4) \times 6.13^2 = 13.589$ $M_y = 0.0286g'l_x^2 + 0.043q'l_x^2$ $= (0.0286 \times 7.4 + 0.043 \times 1.4) \times 6.13^2 = 10.215$
支座	$M_x^0 = -0.0693pl_x^2$ $= -0.0693 \times 8.8 \times 6.25^2 = -23.822$ $M_y^0 = -0.0567pl_x^2$ $= -0.0567 \times 8.8 \times 6.25^2 = -19.491$	$M_x^0 = -0.0829pl_x^2$ $= -0.0829 \times 8.8 \times 6.13^2 = -27.413$ $M_y^0 = -0.0733pl_x^2$ $= -0.0733 \times 8.8 \times 6.13^2 = -24.239$

（2）截面配筋计算

确定截面有效高度：短跨方向的跨中及支座截面，$h_{0x} = 120 - 20 = 100mm$，长跨方向的跨中及支座截面，$h_{0y} = 120 - 30 = 90mm$。

截面的弯矩设计值按前述的折减原则进行折减，然后近似按 $A_s = \dfrac{M}{0.9h_0f_y}$ 计算受拉钢筋，并验算最小配筋率均满足。计算结果见表 9-5b。

表 9-5b 截面配筋计算

		截面	h_0/mm	M/(kN·m)	A_s/mm²	配 筋	实配/mm²
跨中	A 区格	短向	100	$0.8 \times 11.288 = 9.030$	478	Φ10@160	491
		长向	90	$0.8 \times 7.670 = 6.136$	361	Φ8@120	419
	B 区格	短向	100	$0.8 \times 12.439 = 9.951$	527	Φ10@140	561
		长向	90	$0.8 \times 9.932 = 7.945$	467	Φ10@160	491
	C 区格	短向	100	$0.8 \times 12.305 = 9.844$	521	Φ10@140	561
		长向	90	$0.8 \times 8.259 = 6.608$	388	Φ8@120	419
	D 区格	短向	100	$1.0 \times 13.589 = 13.589$	719	Φ10@100	785

（续）

	截面	h_0/mm	M/(kN·m)	A_s/mm²	配　筋	实配/mm²
支座	长向	90	$1.0 \times 10.215 = 10.215$	601	Φ10@120	654
	A-B	100	$0.8 \times (21.759 + 24.834)/2 = 18.637$	986	Φ14@150	1026
	A-C	90	$0.8 \times (19.009 + 19.491)/2 = 15.400$	905	Φ14@160	962
	B-D	90	$1.0 \times (23.081 + 24.239)/2 = 23.660$	1391	Φ14@100	1539
	C-D	100	$1.0 \times (23.822 + 27.413)/2 = 25.618$	1355	Φ14@100	1539

（3）绘制配筋图

整个板的配筋如图 9-21b 所示。

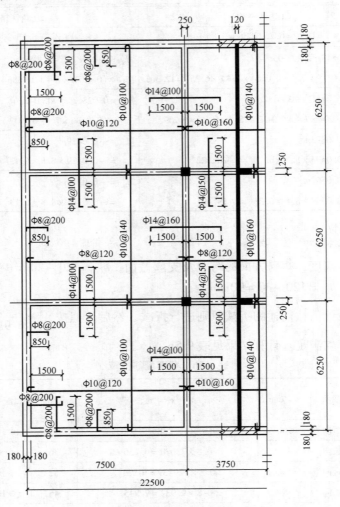

图 9-21b　板配筋图

9.4 楼梯、雨篷

楼梯是多高层房屋的重要垂直交通工具之一，也是房屋的重要组成部分。钢筋混凝土楼梯由于经济耐用、防火性能好，在一般的工业民用建筑中，得到了广泛的应用。

楼梯的平面布置、踏步尺寸和栏杆形式由建筑设计确定。目前在建筑物中采用的楼梯类型很多。钢筋混凝土楼梯按照施工方式的不同，可分为整体式和装配式；按照梯段结构形式的不同又可分为板式楼梯、梁式楼梯和螺旋式楼梯等。

选择楼梯结构形式，应根据楼梯的使用要求、材料的供应、施工条件等因素，本着安全、适用、经济、美观的原则确定。一般当楼梯使用荷载不大，且梯段的水平投影长度小于3m时，宜选用板式楼梯（图9-22a）；当使用荷载较大，且梯段的水平投影长度不小于3m时，则宜采用梁式楼梯（图9-22b）。有时为了满足平台梁下面的净空要求，板式及梁式楼梯均可做成折线形楼梯。

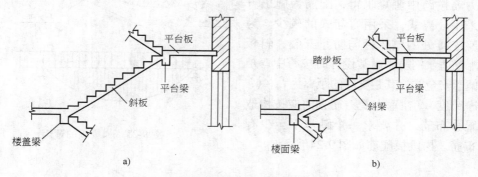

图 9-22　板式楼梯与梁式楼梯结构形式
a）板式楼梯　b）梁式楼梯

9.4.1 现浇板式楼梯

1. 梯段板

板式楼梯的梯段板是一块带有踏步的斜板，它可简化为两端支承在平台梁上的简支斜板来计算，计算简图如图9-23a所示。荷载设计值 p 包括斜板全部恒载 g 与活荷载 q，即 $p = g + q$，此处 p 为每单位水平长度内的垂直荷载。计算应注意，沿斜板斜向单位长度的恒载应化为沿单位水平长度的垂直荷载，再与活荷载相加，其单位为 kN/m。

竖向均布荷载 p 的合力为 pl_0，可分解为 $pl_0\sin\alpha$ 和 $pl_0\cos\alpha$。前者使斜板受弯；后者使斜板产生轴向力，但其对斜板影响较小，设计中不必考虑。

为求简支斜板最大内力，应将 $pl_0\cos\alpha$ 再均布在跨度 l_0' 上，即 $\dfrac{pl_0\cos\alpha}{l_0'}$，则斜板的最大弯矩和最大剪力为：

$$M_{\max} = \frac{1}{8}\left(\frac{pl_0\cos\alpha}{l_0'}\right)l_0'^2 = \frac{1}{8}pl_0 l_0'\cos\alpha = \frac{1}{8}pl_0^2$$

$$V_{max} = \frac{1}{2}\left(\frac{pl_0\cos\alpha}{l_0'}\right)l_0' = \frac{1}{2}pl_0\cos\alpha$$

应当注意：当用上述公式进行梯段板承载力计算时，截面高度仍以斜向高度计算。在实际工程计算中，考虑到平台梁与梯段板整体连接，平台梁对梯段板有一定的约束作用，故可以减少跨中弯矩，一般可取 $M_{max} = \frac{1}{10}pl_0^2$。设计时 l_0 应取支座中心距 $l_n + b$ 与 $1.05l_n$ 的较小值。

为了满足梯段板的刚度要求，其厚度应不小于 $\left(\frac{1}{25} \sim \frac{1}{30}\right)l_0$，常用 $80 \sim 120mm$。斜板中的受力筋按跨中弯矩求得，配筋为施工方便一般采用分离式，采用弯起式的较少。为考虑支座连接处的整体性与防止开裂，斜板上部应配置适量钢筋，通常设计时按跨中弯矩考虑是偏于安全的，其距支座的距离为 $l_n/4$（l_n 为水平净跨度）。在垂直受力筋方向应按构造要求配置分布筋，并要求每个踏步下至少有一根分布筋。梯段板配筋如图 9-24 所示。

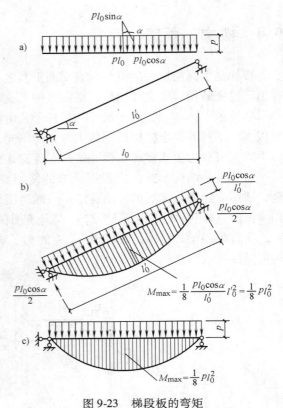

图 9-23　梯段板的弯矩

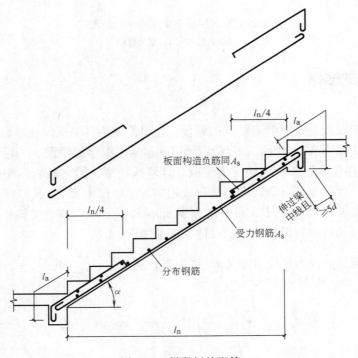

图 9-24　梯段板的配筋

梯段斜板同一般斜板计算一样，可不必进行斜截面抗剪承载力计算。

2. 平台板

平台板一般情况下为单向板。两边都与平台梁整体连接的平台板，跨中截面和支座截面的负弯矩设计值均可取 $M_{max} = \frac{1}{10}pl_0^2 = \frac{1}{10}(g+q)l_0^2$；若一边与平台梁整体连接，另一边搁置于墙上，跨中截面和整体连接支座截面的负弯矩均可取 $M_{max} = \frac{1}{8}(g+q)l_0^2$。其配筋方式及分布钢筋等构造要求与普通板相同。

另需注意，当平台板的跨度远小于斜板的跨度时，平台板跨中可能出现负弯矩，此时宜将平台板的支座负筋全跨贯通。

3. 平台梁

平台梁两端支承在楼梯间的承重墙上（框架结构时支承在柱上），承受梯段板、平台板传来的荷载和平台梁自重。板式楼梯平台梁可按简支梁计算，并应取倒 L 形截面，按 T 形截面计算。实际设计中，为计算简便，有较多设计人员仍按矩形截面计算平台梁。平台梁截面高度不宜小于 $l_0/12$，并应满足上、下梯段斜板的搁置要求。

【例题9-3】 某楼梯的平面布置如图9-25所示，试设计此板式楼梯。已知：活荷载标准值 $p_k = 2.5\text{kN/m}^2$，混凝土强度等级 C25，梯段板采用 HPB300 级钢筋，平台梁尺寸为 $b \times h = 200\text{mm} \times 300\text{mm}$，平台梁受力筋采用 HRB335 级钢筋。

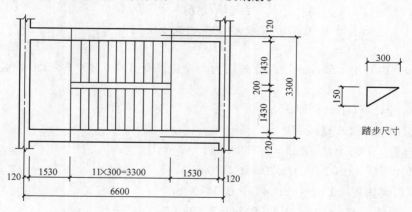

图 9-25　楼梯平面图

【解】　（1）梯段板的计算

1）确定斜板厚度 h

$l_n + b = 3300 + 200 = 3500\text{mm}$　　　$1.05l_n = 1.05 \times 3300 = 3465\text{mm}$

取较小值作为计算跨度，$l_0 = 3465\text{mm}$

$h = \frac{1}{30}l_0 = \frac{1}{30} \times 3465 = 115.5\text{mm}$，取 $h = 120\text{mm}$

2）荷载计算（取1m宽板带）

梯段板倾角 $\alpha = \tan^{-1}\frac{150}{300} = 26°34'$　　　$\cos\alpha = \cos 26°34' = 0.894$

踏步重　$\frac{1}{2} \times 0.3 \times 0.15 \times \frac{1.0}{0.30} \times 25 = 1.88\text{kN/m}$

斜板重　　$0.12 \times 1.0 \times \dfrac{1.0}{0.894} \times 25 = 3.36 \text{kN/m}$

20mm 厚找平层　　$\dfrac{0.3 + 0.15}{0.3} \times 0.02 \times 1.0 \times 20 = 0.6 \text{kN/m}$

20mm 厚板底抹灰　　$0.02 \times \dfrac{1.0}{0.894} \times 17 = 0.38 \text{kN/m}$

恒荷载标准值　　$g_k = 1.88 + 3.36 + 0.6 + 0.38 = 6.22 \text{kN/m}$

活荷载标准值　　$q_k = 2.5 \text{kN/m}$

$$1.2 g_k + 1.4 q_k = 1.2 \times 6.22 + 1.4 \times 2.5 = 10.96 \text{kN/m}$$

$$1.35 g_k + 0.7 \times 1.4 q_k = 1.35 \times 6.22 + 0.7 \times 1.4 \times 2.5 = 10.85 \text{kN/m}$$

荷载设计值取上述中的较大值，因此，$p = g + q = 10.96 \text{kN/m}$

3）内力计算

跨中弯矩　　　　$M = \dfrac{1}{10} p l_0^2 = \dfrac{1}{10} \times 10.96 \times 3.465^2 = 13.16 \text{kN} \cdot \text{m}$

4）配筋计算

$$h_0 = 120 - 20 = 100 \text{mm}$$

$$\xi = 1 - \sqrt{1 - \dfrac{2M}{\alpha_1 f_c b h_0^2}} = 1 - \sqrt{1 - \dfrac{2 \times 13.16 \times 10^6}{1.0 \times 11.9 \times 1000 \times 100^2}}$$

$$= 0.117 < \xi_b = 0.576$$

$$A_s = \dfrac{\alpha_1 f_c b h_0 \xi}{f_y} = \dfrac{1.0 \times 11.9 \times 1000 \times 100 \times 0.117}{270} = 516 \text{mm}^2 > A_{s,min}$$

选用 $\phi 10@140$（$A_s = 561 \text{mm}^2$）；分布筋为每个踏步下 $1\phi6$ 或 $\phi6@250$；支座配筋与跨中相同。

（2）平台板计算（平台板厚70mm）

1）荷载计算（取 1m 宽板带）

平台板自重　　$0.07 \times 1.0 \times 25 = 1.75 \text{kN/m}$

20mm 厚找平层　　$0.02 \times 1.0 \times 20 = 0.4 \text{kN/m}$

20mm 厚板底抹灰　　$0.02 \times 1.0 \times 17 = 0.34 \text{kN/m}$

恒荷载标准值　　$g_k = 1.75 + 0.4 + 0.34 = 2.49 \text{kN/m}$

活荷载标准值　　$q_k = 2.5 \text{kN/m}$

$$1.2 g_k + 1.4 q_k = 1.2 \times 2.49 + 1.4 \times 2.5 = 6.49 \text{kN/m}$$

$$1.35 g_k + 0.7 \times 1.4 q_k = 1.35 \times 2.49 + 0.7 \times 1.4 \times 2.5 = 5.81 \text{kN/m}$$

荷载设计值取上述中的较大值，因此，$p = g + q = 6.49 \text{kN/m}$

2）内力计算

计算跨度　　$l_0 = l_n + \dfrac{h}{2} = 1.53 - 0.2 + \dfrac{0.07}{2} = 1.46 \text{m}$

跨中弯矩　　$M = \dfrac{1}{8} p l_0^2 = \dfrac{1}{8} \times 6.49 \times 1.46^2 = 1.73 \text{kN} \cdot \text{m}$

3）配筋计算

$$h_0 = 70 - 20 = 50 \text{mm}$$

$$x = h_0 - \sqrt{h_0^2 - \frac{2M}{\alpha_1 f_c b}} = 50 - \sqrt{50^2 - \frac{2 \times 1.73 \times 10^6}{1.0 \times 11.9 \times 1000}}$$

$$= 3.0\text{mm} < \xi_b h_0 = 0.618 \times 50\text{mm}$$

$$A_s = \frac{\alpha_1 f_c bx}{f_y} = \frac{1.0 \times 11.9 \times 1000 \times 3.0}{210} = 170\text{mm}^2 > A_{s,\min}$$

选用 $\Phi 6@150(A_s = 189\text{mm}^2)$ ；分布筋为 $\Phi 6@250$ 。

（3）平台梁计算（ $b \times h = 200\text{mm} \times 300\text{mm}$ ）

1）荷载计算（线荷载设计值）

梯段板传来荷载 $10.96 \times \frac{3.3}{2} = 18.08\text{kN/m}$

平台板传来荷载 $6.49 \times \frac{1.53}{2} = 4.96\text{kN/m}$

平台梁自重 $1.2 \times 0.2 \times (0.3 - 0.07) \times 25 = 1.38\text{kN/m}$

荷载设计值取由可变荷载效应控制的组合，即取

$$p = 18.08 + 4.96 + 1.38 = 24.42\text{kN/m}$$

2）内力计算

$$l_n + b = 3.3 - 2 \times 0.12 + 0.24 = 3.3\text{m}$$

$$1.05 l_n = 1.05 \times (3.3 - 2 \times 0.12) = 3.21\text{m}$$

取小值作为计算跨度，$l_0 = 3.21\text{m}$

跨中弯矩 $M = \frac{1}{8} p l_0^2 = \frac{1}{8} \times 24.42 \times 3.21^2 = 31.45\text{kN} \cdot \text{m}$

支座剪力 $V = \frac{1}{2} p l_n = \frac{1}{8} \times 24.42 \times (3.3 - 2 \times 0.12) = 37.36\text{kN}$

3）纵筋计算（此处按矩形截面进行简化计算，也可按倒 L 形计算）

$$h_0 = 300 - 40 = 260\text{mm}$$

$$\xi = 1 - \sqrt{1 - \frac{2M}{\alpha_1 f_c b h_0^2}} = 1 - \sqrt{1 - \frac{2 \times 31.45 \times 10^6}{1.0 \times 11.9 \times 200 \times 260^2}}$$

$$= 0.2196 < \xi_b = 0.550$$

$$A_s = \frac{\alpha_1 f_c b h_0 \xi}{f_y} = \frac{1.0 \times 11.9 \times 200 \times 260 \times 0.2196}{300} = 453\text{mm}^2 > A_{s,\min}$$

选用 $3\Phi 14(A_s = 461\text{mm}^2)$ 。

4）箍筋计算

截面验算：$0.25\beta_c f_c b h_0 = 0.25 \times 1.0 \times 11.9 \times 200 \times 260$

$$= 154700\text{N} = 154.7\text{kN} > 37.36\text{kN} \quad 满足要求$$

验算是否按计算配箍筋：$0.7 f_t b h_0 = 0.7 \times 1.27 \times 200 \times 260$

$$= 46228\text{N} = 46.2\text{kN} > 37.36\text{kN}$$

所以，按构造配置箍筋即可。箍筋选用 $\Phi 6@150$ ，下面进行配箍率验算。

$$\rho_{sv,\min} = 0.24 \frac{f_t}{f_{yv}} = 0.24 \times \frac{1.27}{210} = 0.145\%$$

$$\rho_{sv} = \frac{nA_{sv1}}{bs} = \frac{2 \times 28.3}{200 \times 150} = 0.189\% > 0.145\% \quad 满足要求$$

楼梯配筋如图 9-26 所示。

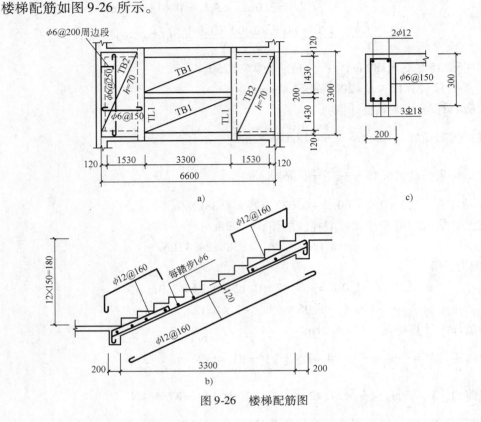

图 9-26 楼梯配筋图

9.4.2 现浇梁式楼梯

1. 踏步板

梁式楼梯的踏步板由三角形的踏步及斜板构成。斜板厚度 δ 一般为 30～50mm。踏步板可看作两端支承于斜梁上的简支单向板。

为方便计算，可取一个踏步为计算单元。踏步板上的荷载包括踏步板上、下面层，踏步板结构层，斜板自重以及踏步板上的活荷载。受弯截面是一梯形，可按截面面积相等的原则简化为同宽度的矩形截面，即矩形高为 $h = \dfrac{c}{2} + \dfrac{\delta}{\cos\alpha}$（图 9-27）。

通常踏步板中的受拉钢筋按简支板跨中弯矩值计算配置。若楼梯较宽，也可考虑踏步板与梯段斜梁整体连接的影响。构造要求每个踏步下不少于 2 Φ6 的受力钢筋，布置在踏步下面的斜板中；应在梯段斜板范围内布置间距不大于 250mm 的 Φ6 分布钢筋（图9-29）。

2. 斜梁

梁式楼梯的斜梁类似于板式楼梯的梯段板。斜梁简支在两侧的平台梁上，其上部荷载有踏步板传来的均布荷载和斜梁自重。

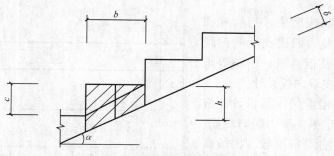

图 9-27　踏步板计算示意图

斜梁的内力可按相应的水平梁来计算（图 9-28），斜梁弯矩 $M_斜$、剪力 $V_斜$ 与对应的水平梁内力 $M_平$、$V_平$ 之间的关系为：

$$M_斜 = M_平 = \frac{1}{8}(g+q)l_0^2 \qquad V_斜 = V_平 \cos\alpha = \frac{1}{2}(g+q)l_n\cos\alpha$$

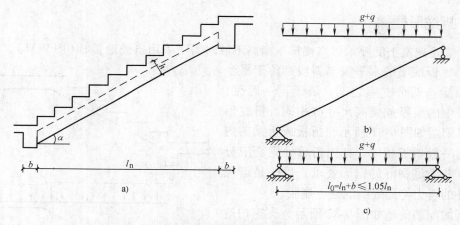

图 9-28　梁式楼梯斜梁计算示意图

梯段斜梁可按倒 L 形截面进行计算，踏步板下的斜板为其受压翼缘。其配筋及构造要求与一般梁相同。配筋图如图 9-29 所示。

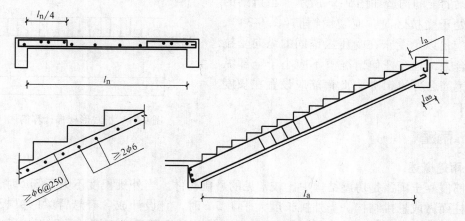

图 9-29　踏步板与斜梁配筋示意图

3. 平台板与平台梁

平台板的计算和构造要求与板式楼梯平台板相同，一般为四边支承的单跨板，在使用活荷载及板自重、粉刷等恒载作用下按单向板或双向板设计。

平台梁按一般楼盖的主梁设计，按单跨简支梁计算确定纵向受力筋与腹筋。它承受平台板传来的均布荷载、梯段斜梁传来的集中力及平台梁自身的均布荷载（图 9-30）。由于平台梁两侧荷载不同，平台梁还受有一定的扭矩，故宜将箍筋酌量增加，同时在斜梁支承处两侧设置附加箍筋。

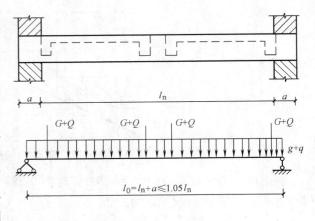

图 9-30　平台梁计算简图

9.4.3　折线形楼梯

为了满足建筑上的要求，当楼梯下净高不够时需要采用折线形楼梯（图 9-31）。应注意，折线形楼梯板或梁的水平段与斜段都位于平台梁与楼面梁这两个支座之间，属于同一跨度，因而两段中的板厚或梁高尺寸应相同。折线形楼梯计算简图如图 9-31 所示，折板或折梁的内力计算与一般斜板相同，在内折角处钢筋应分离配置，并满足钢筋的锚固要求，目的是避免产生向外的合力将此处的混凝土崩脱。

折板的配筋构造如图 9-32 所示。支座构造负筋数量可取与跨中受力钢筋相同。其分布筋放在受力筋内侧，斜段宜取每步下 1ϕ8，水平段同一般单向板的要求。

折梁的配筋构造如图 9-33 所示。当折梁的内折角处于受拉区时，应增设箍筋（图 9-34），该箍筋应足以承受未在受压区锚固的纵向受拉钢筋的合力，且在任何情况下不应小于全部纵向受拉钢筋合力的 35%，此箍筋应设置在长度 s 范围内。

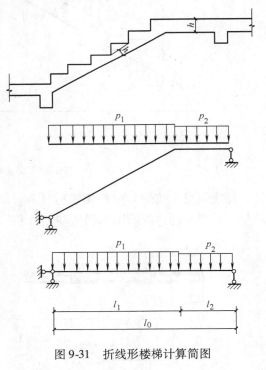

图 9-31　折线形楼梯计算简图

9.4.4　雨篷

1. 雨篷概述

钢筋混凝土雨篷是房屋结构中比较常见的悬挑构件。当外挑长度不大于 3m 时，一般可不设外柱而做成悬挑结构。当外挑长度大于 1.5m 时，宜设计成含有悬臂梁的梁板式雨篷；当外挑长度不大于 1.5m 时，可设计成结构最为简单的悬臂板式雨篷。悬臂板式雨篷由雨篷

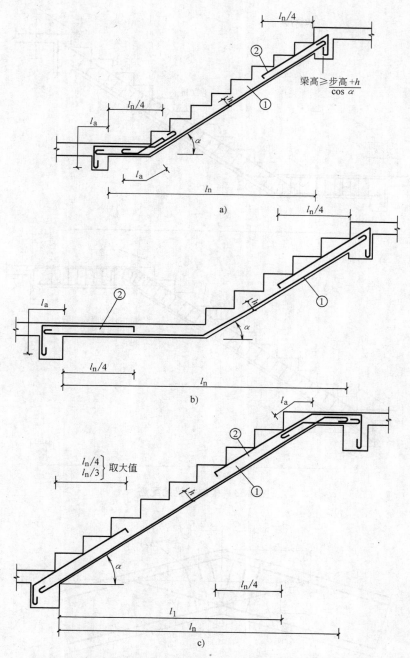

图 9-32　楼梯折板的配筋(①受力筋;②板面构造负筋,数量同①)

板和雨篷梁组成(图 9-35),雨篷梁一方面支承雨篷板,另一方面又兼作门过梁。

悬臂板式雨篷有时带构造翻边(图 9-36),注意与边梁的区别。此时应考虑积水荷载的影响。带竖直翻边与斜翻边时的翻边钢筋位置不同,应加以区分,前者是为承受积水的向外推力,后者是为了考虑斜翻边重量所产生的力矩。

悬臂板式雨篷可能发生三种破坏:①雨篷板在根部发生受弯断裂破坏(图 9-37a);②雨

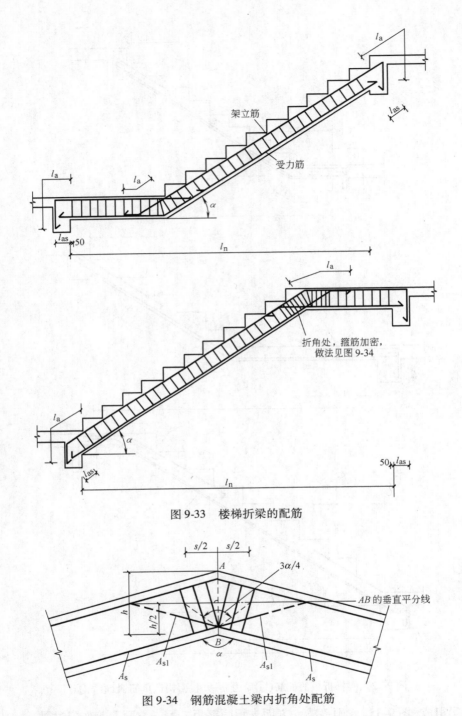

图 9-33 楼梯折梁的配筋

图 9-34 钢筋混凝土梁内折角处配筋

篷梁受弯、剪、扭发生破坏（图 9-37b）；③雨篷发生整体倾覆破坏（图 9-37c）。

2. 雨篷板

雨篷板根部板厚 h 宜不小于挑出板长度 l_n 的 $1/12$，当 $l_n \leqslant 500\text{mm}$ 时，应 $h \geqslant 60\text{mm}$，当 $l_n > 500\text{mm}$ 时，应 $h \geqslant 80\text{mm}$；端部厚度不小于 60mm。板的受力筋必须置于板的上部，伸入支座长度 l_a；分布筋与一般板相同，间距宜取 200mm，并放在受力筋的内侧。

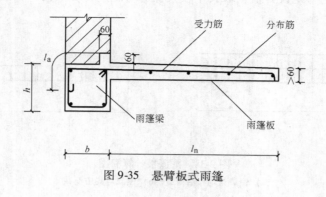

图 9-35 悬臂板式雨篷

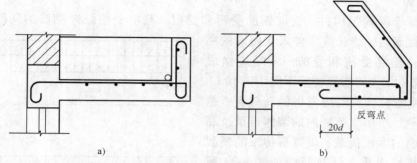

图 9-36 带构造翻边的悬臂板式雨篷

a) 竖直翻边 b) 斜翻边

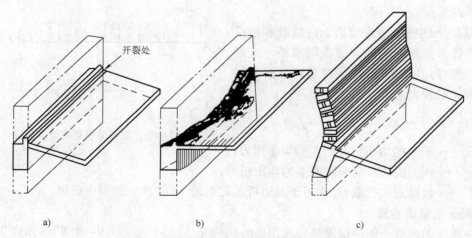

图 9-37 悬臂板式雨篷的三种破坏形式

雨篷板为固定于雨篷梁上的悬臂板，按受弯构件计算承载力，取 1m 宽板带为计算单元，计算跨度 l_0 取其挑出长度 l_n。

雨篷板的荷载除考虑永久荷载（板自重、面层及板底粉刷）、均布活荷载（标准值为 0.7kN/m² ）外，还应在板端部考虑 kN 的施工或检修集中荷载。设计时将两种活荷载分别与恒载进行组合并求出弯矩设计值，取其中较大值进行配筋计算。两种荷载情况下的计算简图如图9-38所示。

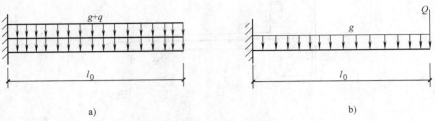

图9-38　雨篷板计算简图

a) 恒载与均布活荷载　b) 恒载与集中荷载

3. 雨篷梁

雨篷梁属于弯剪扭构件。纵向钢筋受弯和受扭，其中受扭纵向钢筋的间距不应大于200mm和梁截面的短边长度，伸入支座内的锚固长度为l_a；箍筋受扭和受剪，末端应做成135°弯钩，弯钩端头平直段长度不应小于$10d$。

雨篷梁受弯剪计算时应考虑的荷载有：按过梁考虑的梁上方$l_n/3$范围内的墙体自重及高度为l_n范围内的梁板荷载、雨篷板传来的恒载和活载、雨篷梁自重。计算简图如图9-39所示，其中图9-39a与图9-39b取较大值作为计算弯矩，图9-39a与图9-39c取较大值作为计算剪力。计算跨度取$l_0 = 1.05l_n$。

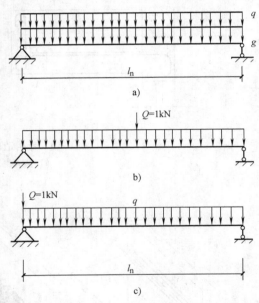

雨篷梁上的扭矩由悬臂板上的恒载和活载产生。计算扭矩时应对梁的纵轴取矩，注意与求板根部弯矩时的区别。梁端扭矩可按下列二式计算并取较大值：

$$T = \frac{1}{2}(m_g + m_q)l_n \qquad T = \frac{1}{2}m_g l_n + M_Q$$

图9-39　雨篷梁受弯剪计算简图

式中　m_g——板上的均布恒载产生的均布扭力；

$\quad\quad m_q$——板上的均布活荷载产生的均布扭力；

$\quad\quad M_Q$——板端集中荷载Q（作用于洞边板端时为最不利）产生的集中扭矩。

4. 雨篷抗倾覆验算

雨篷板上的荷载可能使雨篷绕梁底距墙外边缘x_0处的O点（图9-40）转动而产生倾覆。为保证雨篷的整体稳定，应满足雨篷的抗倾覆力矩设计值M_r不小于雨篷的倾覆力矩设计值M_{ov}，即$M_r \geqslant M_{ov}$。

M_r按下列公式计算：

$$M_r = 0.8G_{rk}(l_2 - x_0) \qquad l_2 = \frac{l_1}{2} \qquad x_0 = 0.13l_1$$

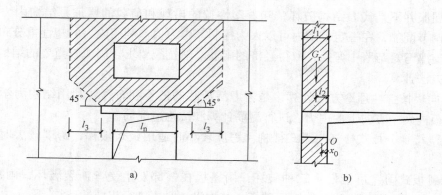

图 9-40 雨篷抗倾覆计算

式中，G_{rk} 为抗倾覆恒载的标准值，按图 9-40a 计算，图中 $l_3 = \dfrac{l_n}{2}$；l_1 为墙厚度。

计算 M_{ov} 时，应考虑作用于雨篷板上的全部恒载与活荷载，且应考虑其值均有变大的可能，即应考虑相应的荷载分项系数。

在计算雨篷倾覆时，应沿板宽每隔 2.5～3.0m 取一个集中荷载 1kN，即施工或检修集中荷载（人和小工具的自重），并应置于悬臂板端。

当雨篷抗倾覆验算不满足要求时，应采取保证稳定的措施，如在雨篷板宽度不增加的情况下增加雨篷梁在砌体内的长度，再如将雨篷梁与周围的结构（如柱子）相连接。

本 章 小 结

1. 钢筋混凝土楼盖分为现浇整体式、装配式、装配整体式三种形式，其中用得最为普遍的为现浇整体式楼盖。现浇整体式楼盖按照梁板的结构布置情况，又分为肋梁楼盖、井字楼盖、无梁楼盖等三种形式。

2. 肋梁楼盖的区格板长边为 l_2、短边为 l_1，当 l_2/l_1 比较大时，称为单向板，相应的楼盖称之为单向板肋形楼盖，当 l_2/l_1 比较小时，称为双向板，相应的楼盖称之为双向板肋梁楼盖。

3. 单向板楼盖的特点是，板上的荷载主要是沿短边方向将荷载传给次梁，次梁再将荷载传给主梁或柱，板的受力筋沿短边方向布置，长边方向上的受力通过构造配筋满足。双向板楼盖，板上的荷载分别沿短边和长边方向传给次梁和主梁，在板的两个方向上均布置受力筋。

4. 现浇单向板肋梁楼盖的设计步骤一般包括：结构平面布置、确定静力计算简图、构件内力计算、截面配筋计算、绘制施工图。

5. 现浇单向板肋梁楼盖按弹性理论计算方法，是将板、次梁、主梁简化成多跨连续梁，考虑活荷载的最不利布置，按结构力学方法求得（查表）内力。由内力计算板、梁的配筋，结合构造要求进行配筋。主梁纵向钢筋的弯起与截断，应通过绘制弯矩包络图和抵抗弯矩图确定。

6. 塑性理论计算方法，是考虑钢筋混凝土是非匀质弹塑性材料，对于超静定结构，某个截面的屈服并不是代表结构破坏，随着塑性铰的出现和荷载的增加，结构内力将重新分布，通过调节配筋，在一定范围内可以人为控制其内力值。利用内力的塑性重分布，可得整连续梁的支座弯矩与跨中弯矩，取得经济的配筋。对抗裂要求较高或较重要的结构仍应按弹性理论的方法计算。

7. 双向板按弹性理论方法计算，是考虑活荷载的最不利布置，利用结构力学内力系数表，求得板内两个方向上的内力，进行配筋计算和按构造配筋。

8. 现浇楼梯分板式楼梯与梁式楼梯。跨度较小时适用板式楼梯，跨度较大时适用梁式楼梯。

9. 悬臂板式雨篷可能发生三种破坏：雨篷板在根部发生受弯断裂破坏，雨篷梁受弯、剪、扭发生破坏，雨篷发生整体倾覆破坏，结构设计时要进行相应的计算。

思考题与习题

1. 钢筋混凝土楼盖有哪些种类型？分别有什么特点？

2. 什么是单向板？什么是双向板？单向板与双向板的受力情况及配筋特点各有何不同？

3. 什么是活荷载的最不利组合，试述如何进行多跨连续梁活荷载最不利组合。

4. 什么是塑性铰？与普通铰有什么不同？

5. 什么是内力塑性重分布？

6. 试述按弹性理论计算双向板的步骤。

7. 现浇板式楼梯与梁式楼梯分别适用于什么情况？它们的受力与配筋上有何区别？

8. 某多层仓库平面如图 9-41 所示，采用现浇钢筋混凝土肋梁楼盖，楼面活荷载标准值为 $6kN/m^2$，楼面面层为 20mm 水泥砂浆抹面，顶棚抹灰为 15mm 厚混合砂浆，混凝土为 C20，梁中受力钢筋采用 HRB335 级钢筋，其他钢筋均采用 HPB300 级钢，试设计该楼盖。

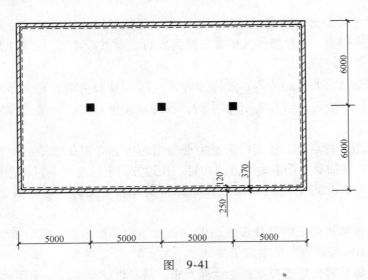

图 9-41

9. 某多层会议室，双向板楼盖，平面尺寸如图 9-42 所示，板面 20mm 厚水泥砂浆抹面，顶棚抹灰采用 15mm 厚混合砂浆抹灰，混凝土采用 C20，HPB300 级钢筋，试按塑性理论设计该楼面。

10. 某宿舍楼的外阳台，平面尺寸如图 9-43 所示，试设计该外阳台的阳台板。采用 C20 级混凝土，HPB300 级筋，板面 20mm 厚水泥砂浆，板底 15mm 厚混合砂浆抹灰。

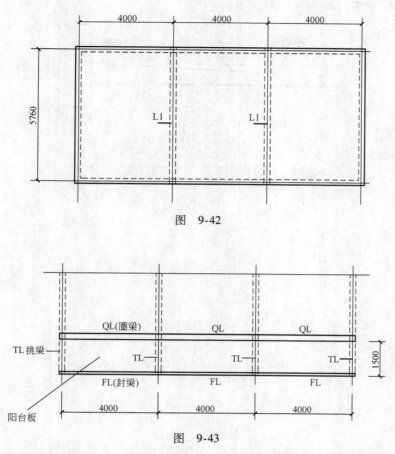

图 9-42

图 9-43

11. 某住宅楼现浇板式楼梯，平面、剖面尺寸如图 9-44 所示，混凝土采用强度等级 C20，板受力筋采用 HPB300 级筋，梁受力筋采用 HRB335 级筋，踏步面层为 20mm 厚水泥砂浆，板底为 15mm 厚混合砂浆抹灰，试设计此楼梯。

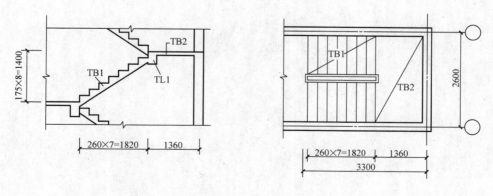

图 9-44

12. 某雨篷，尺寸如图 9-45 所示，试设计该雨篷的雨篷板。采用 C20 混凝土，HPB300 级筋，板面 20mm 厚水泥砂浆，板底 15mm 厚混合砂浆抹灰。

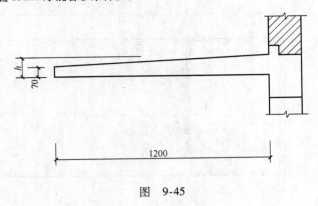

图　9-45

第 10 章　多层与高层钢筋混凝土结构房屋

本 章 提 要

本章主要介绍多层及高层钢筋混凝土房屋的结构体系、受力特点及构造要求、框架结构的设计计算。

本 章 要 点

1. 掌握常用结构体系的概念及受力特点
2. 理解与熟悉框架结构、剪力墙结构、框架-剪力墙结构的构造要求，了解框架结构的设计计算方法

现代高层建筑是随着社会生产的发展和人们生活的需要而发展起来的，是商业化、工业化和城市化的结果，1883 年，美国芝加哥建成世界上第一幢现代高层建筑——高 11 层的家庭保险大楼(铸铁框架)，其后在短短的 100 余年时间里，高层建筑得到了迅猛的发展。例如，1931 年建成的纽约帝国大厦，102 层，高 381m；1972 年建成，在"9·11 事件"中被炸毁的纽约世界贸易中心大厦，110 层，高 412m；1973 年建成的芝加哥西尔斯大厦，109 层，高 443m。拟建中的日本空中城市，高度达 1000m。

近年来我国高层建筑的发展也很快，如目前世界排名第一的中国台北 101 国际金融中心大厦，该大楼高 508m(含天线)，101 层，被称为"台北新地标"的 101 大楼于 1998 年 1 月动工，主体工程于 2003 年 10 月完工。目前世界排名第四的上海金茂大厦，420.5m，88 层，1998 年建成，是具有中国传统风格(古塔形)的超高层建筑，是上海迈向 21 世纪的标志性建筑之一。目前排名第五的国际金融中心大厦(二期)(图 10-1)，420m，88 层，位于中国香港，2003 年落成。

高层建筑的发展之所以如此迅猛，是因为它有节省土地、降低工程造价、有利于建筑工业化的发展和城市的美化等优点。同时科学技术的进步，轻质高强材料的涌现，以及机械化、电气化、计算机技术在建筑中的广泛应用，为高层建筑的发展提供了物质和技术条件。但房屋过高和过分集中会带来一系列问题，不仅会使房屋的结构、供水、供电、空调、防火等费用大幅度提高，还给人们的工作、生活带来诸多不便和压力。"9·11 事件"发生后，高层建筑的安全问题又成了人们关注的新课题。

需要指出，关于多层与高层建筑的界限，各国有不同的标准。我国不同设计标准也有不同的定义。《高层建筑混凝土结构技术规程》(JGJ 3—2010，以下简称《高规》)以 10 层及 10 层以上或房屋高度超过 28m 的房屋为高层建筑。

多层与高层房屋的荷载有：

(1) 竖向荷载。包括恒荷载、活荷载、施工荷载等。恒载主要是结构自重；活荷载有楼面活荷载、屋面活荷载、雪荷载和积灰荷载等。

图 10-1　香港国际金融中心大厦(二期)

（2）水平作用。主要是风荷载、地震作用。

（3）温度作用。

对结构影响较大的是竖向荷载和水平荷载，尤其是水平荷载随房屋高度的增加而迅速增大，以致逐渐发展成为与竖向荷载共同控制设计，在房屋更高时，水平荷载的影响甚至会对结构设计引起绝对控制作用。

目前，多层房屋多采用混合结构和钢筋混凝土结构；高层房屋常采用钢筋混凝土结构、钢结构、钢-混凝土混合结构。本章介绍钢筋混凝土多层与高层房屋。

10.1　多层及高层房屋结构体系

钢筋混凝土多层及高层房屋常用的结构体系有：框架结构、框架-剪力墙结构、剪力墙结构和筒体结构。

10.1.1　框架结构

框架结构(图 10-2)是由梁和柱以刚接或铰接相连接而构成的承重体系的结构。框架结构体系的最大特点是承重结构和围护、分隔构件完全分开，墙只起围护、分隔作用。框架结构建筑平面布置灵活，空间划分方便，易于满足生产工艺和使用要求，构件便于标准化，具有较高的承载力和较好的整体性，因此，广泛用于多层工业厂房及多、高层办公楼、医院、旅馆、教学楼、住宅等。框架结构在水平荷载作用下表现出抗侧移刚度小、水平位移大的特点，属于柔性结构，故随着房屋层数的增加，水平荷载逐渐增大，框架结构就会因侧移过大而不能满足要求。框架结构的适用高度为 6～15 层，非地震区也可建到 15～20 层。

柱截面为 L 形、T 形、Z 形或十字形(图 10-3)的框架结构称为异形柱框架，其柱截面厚度与墙厚相同，一般为 180～300mm。异形柱框架的最大优点是，柱截面厚度等于墙厚，室内墙面平整，便于布置，但其抗震性能较差，目前一般用于非抗震设计或按 6、7 度抗震设防的 12 层以下的建筑中。

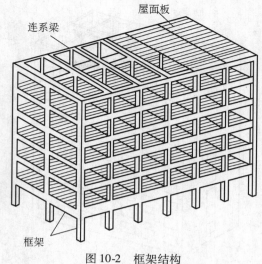

图 10-2　框架结构

10.1.2　剪力墙结构

剪力墙结构是指由剪力墙组成的承受竖向和水平作用的结构。剪力墙实质上是固结于基础的钢筋混凝土墙板，具有很高的抗侧移能力。它能承担水平荷载或地震作用引起的很大剪力，故名剪力墙。在工程抗震中剪力墙又称为抗震墙。一般情况下，剪力墙结构楼盖内不设梁，楼板直接支承在墙上，墙体既是承重构件，又起围护、分隔作用（图 10-4）。

钢筋混凝土剪力墙结构横墙多，侧向刚度大，整体性好，对承受水平荷载极为有利；无凸出墙面的梁柱，整齐美观，特别适合居住建筑，并可使用大模板、隧道模、桌模、滑升模板等先进施工方法，有利于缩短工期，节省人力。但剪力墙体系的房间划分受到较大限制，因而一般用于住宅、旅馆等开间较小的建筑，适用高度为 15～50 层。

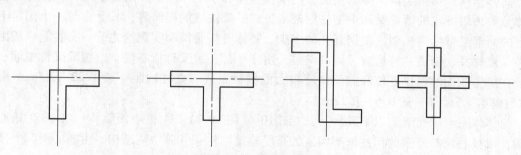

图 10-3　异形柱截面形式

10.1.3　框架-剪力墙结构

如图 10-5 所示，该体系是结合框架结构建筑布置灵活和剪力墙结构侧向刚度大的优点而形成的一种结构体系。即在框架结构中适当位置设置适量的剪力墙，形成框架和剪力墙结合在一起共同承受竖向和水平力的结构——框架-剪力墙结构。剪力墙可以是单片墙体，也可以是电梯井、楼梯井、管道井组成的封闭式井筒。

框架-剪力墙结构结合了两个体系各自的优点，它的侧向刚度比框架结构大，大部分水平力由剪力墙承担，而竖向荷载主要由框架承受，因而用于高层房屋比框架结构更为经济合理；同时由于它只在部分位置上设有剪力墙，保持了框架结构易于分割空间、立面易于变化等优点；此外，这种体系的抗震性能也较好。所以，框架-剪力墙体系在多层及高层办公楼、旅馆等建筑中得到了广泛应用。框架-剪力墙结构的适用高度为 15～25 层，一般不宜超过 30 层。

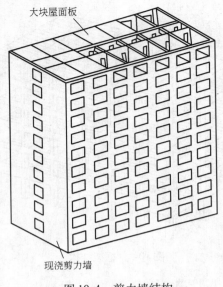

大块屋面板

现浇剪力墙

图 10-4　剪力墙结构

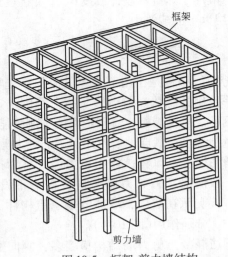

框架

剪力墙

图 10-5　框架-剪力墙结构

10.1.4　筒体结构

　　筒体结构是指由竖向筒体为主组成的承受竖向和水平作用的高层建筑结构。筒体结构的筒体分剪力墙围成的薄壁筒和由密柱框架或壁式框架围成的框筒等，其受力与一个固定于基础上的筒形悬臂构件相似。根据开孔的多少，筒体有空腹筒和实腹筒之分。实腹筒一般由电梯井、楼梯井、管道井等形成，因其常位于房屋中部，故又称核心筒。空腹筒又称框筒，由布置在房屋四周的密排立柱和截面高度很大的横梁组成。立柱柱距一般 1.22～3.0m，横梁（称为窗裙梁）梁高一般 0.6～1.22m。

　　筒体体系可以布置成以下几种形式（图 10-6、图 10-7）：①核心筒结构；②框架-核心筒结构，由核心筒与外围的稀柱框架组成的高层建筑结构；③筒中筒结构，由核心筒与外围框筒组成的高层建筑结构；④成束筒结构；⑤多重筒结构等形式。

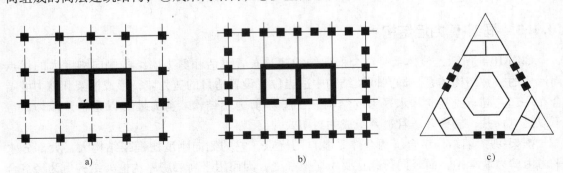

　　　　a)　　　　　　　　　　　　b)　　　　　　　　　　　c)

图 10-6　筒体结构类型

a) 框架-核心筒结构　b) 筒中筒结构　c) 多重筒结构

　　多层房屋多采用砌体（混合）结构和钢筋混凝土框架结构。而钢筋混凝土框架结构由于它的自身优越之处，故应用十分广泛。本章重点介绍钢筋混凝土多层框架结构设计。

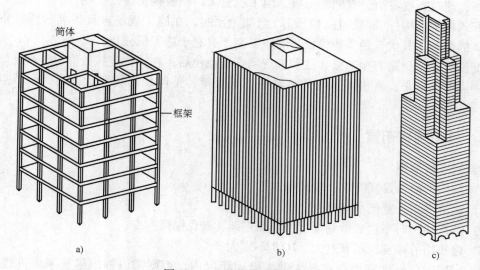

图 10-7　几种筒体结构示意图
a）框架-核心筒结构　b）筒中筒结构　c）成束筒结构

10.2　框架结构

10.2.1　框架结构类型

如前所述，钢筋混凝土框架结构，是指由钢筋混凝土横梁、纵梁和柱等构件所组成的结构。墙体不承重，内、外墙只起分隔和围护作用，如图 10-8 所示。

按施工方法的不同，框架可分为整体式、装配式和装配整体式三种。

整体式框架也称全现浇框架，即梁、柱、楼板均由现浇钢筋混凝土浇筑而成。其优点是

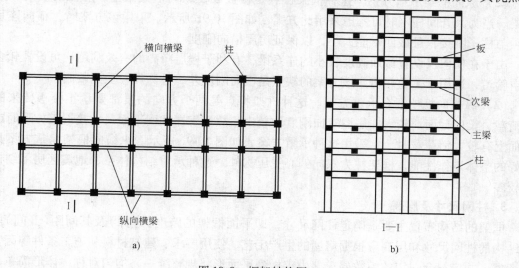

图 10-8　框架结构图
a）平面图　b）Ⅰ—Ⅰ剖面图

整体性好，建筑布置灵活，有利于抗震，但工程量大，模板耗费多，工期长。

装配式框架的构件（如梁、柱、楼板等）全部为预制，在施工现场进行吊装和焊接拼装连接成整体的结构。其优点是节约模板，缩短工期，有利于施工机械化。

装配整体式框架是将预制梁、柱和板现场安装就位后，在构件连接处浇捣混凝土，使之形成整体。其优点是，省去了预埋件，减少了用钢量，整体性比装配式提高，但节点施工复杂。

10.2.2 框架结构布置

1. 结构布置原则

（1）结构平面布置宜简单、规则和对称。

（2）建筑平面长宽比不宜过大，L/B 宜小于6。

（3）结构的竖向布置要做到刚度均匀而连续，避免刚度突变。

（4）建筑物的高宽比不宜过大，H/B 不宜大于5。

（5）房屋的总长度宜控制在最大伸缩缝间距以内，否则需设伸缩缝或采取其他措施，以防止温度应力对结构造成的危害。

（6）在地基可能产生不均匀沉降的部位及有抗震设防要求的房屋，应合理设置沉降缝和防震缝。

2. 框架结构方案

框架结构是由若干个平面框架通过连系梁的连接而形成的空间结构体系。在该体系中，平面框架是基本的承重结构，按其布置方向的不同，框架体系可以分为下列三种：

（1）横向框架承重方案。这种框架特点是楼板搁在横向框架梁上，竖向荷载主要由横向框架承担，用纵向连系梁连接各横向框架，如图 10-9a 所示。这种方案横向框架跨数少，主梁的横向布置有利于提高横向刚度，而纵向框架跨数多，刚度大，因此，纵向只需按构造要求配置连系梁。

（2）纵向框架承重方案。这种框架特点是楼板放在纵向框架梁上，房屋的横向布置连系梁。当为大开间柱网时可考虑采用此方案，如图 10-9b 所示。采用该方案时，横向连系梁必须与柱子刚接，且截面不能太小，以保证房屋横向刚度。

由于在横向仅设置截面高度较小的连系梁，有利于楼层净高的有效利用，可设置较多的架空管道，适用于工业厂房。该方案的缺点是横向刚度差，进深尺寸受到限制。

（3）纵横向框架混合承重方案。这种框架特点是两个方向的梁都要承担楼板传来的竖向荷载，梁的截面均较大，房屋双向刚度均较大。故当房屋柱网平面尺寸接近正方形时或当楼面上有较大活荷载时，常采用这种承重方案，如图 10-9c 所示。纵横向框架承重方案具有较好的整体工作性能，框架柱为双向偏心受压构件。这种承重结构体系，地震区房屋结构采用较多。

3. 柱网尺寸及层高

框架的结构布置主要是确定柱网尺寸，即平面框架的跨度（进深）及其间距（开间）。框架结构的柱网尺寸和层高应根据房屋的生产工艺、使用要求、建筑材料和施工条件等因素综合考虑，并应符合一定的模数要求，力求做到平面形状规整统一，均匀对称，体形简单，最大限度地减少构件的种类、规格，以简化设计，方便施工。

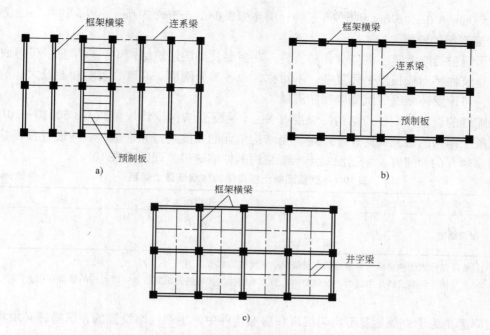

图 10-9　框架结构的布置

a）横向框架承重方案布置　b）纵向框架承重方案布置　c）纵横向框架混合承重方案布置

（1）工业建筑。工业建筑一般采用 6m 柱距，跨度则随柱网布置方式不同分为：内廊式、等跨组合式等（图 10-10）。当生产工艺要求有较好的生产环境和防止工艺相互干扰时，在平面布置上常采用对称两跨、中间走廊的形式，即内廊式。这种布置在轻工业和电子工业的装配式厂房中用得较多。常用跨度（房间进深）为 6m、6.6m 和 6.9m，走廊宽度常采用 2.4m、2.7m 和 3m。

跨度组合式主要用于生产要求较大开间、便于布置生产流水线的厂房中，如大多数机械厂房及仓库。跨度常采用 6m、7.5m、9m 和 12m。由于吊装机械的限制，房屋总宽度一般不超过 36m。

厂房的层高一般根据车间的工艺设备、管道布置及通风采光等因

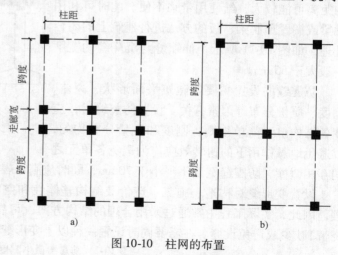

图 10-10　柱网的布置

a）内廊式　b）跨度组合式

素决定。由于底层往往有较大的设备和产品，甚至还有运输设备，因此底层的层高一般比楼层的高。常用的底层层高有 4.2m、4.5m、4.8m、5.4m、6.0m、7.2m 和 8.4m。

（2）民用建筑。民用建筑类型较多，功能要求各有不同，柱网及层高变化也较大，特别是高层建筑，柱网较难定型，灵活性大。尺度一般较工业厂房为小，柱网和层高通常以 300mm 为模数。如住宅、旅馆的框架设计，开间可采用 6.3m、6.6m 和 6.9m 三种，进深可采用

4.8m、5.0m、6.0m、6.6m 和 6.9m 五种；层高为 3.0m、3.3m、3.6m、3.9m 和 4.2m 五种。

4. 变形缝的设置

变形缝包括伸缩缝、沉降缝和防震缝。在多层及高层建筑结构中，应尽量少设缝或不设缝。当建筑物平面较长或平面复杂、不对称，或各部分刚度、高度、重量相差较大、地基不均匀时，可设置伸缩缝、沉降缝和防震缝。

伸缩缝的设置，主要与结构的长度有关。《混凝土结构设计规范》(GB 50010—2010) 对钢筋混凝土结构的最大间距作了规定，当结构单元的长度超过允许值时，应设置仅将基础以上的房屋断开的伸缩缝。钢筋混凝土框架结构的伸缩缝最大间距见表 10-1。

表 10-1　钢筋混凝土框架结构伸缩缝最大间距　　　　　　（单位：m）

结 构 类 型		室内或土中	露　　天
框架结构	装配式	75	50
	现浇式	55	35

注：1. 装配整体式结构房屋的伸缩缝间距宜按表中现浇式的数值取用。
　　2. 当屋面无保温或隔热措施时，框架结构、剪力墙结构的伸缩缝间距宜按表中露天栏的数值取用。

沉降缝是为了避免地基不均匀沉降在房屋构件中产生裂缝而设置的，沉降缝必须将房屋连同基础一起分开。

在建筑物的下列部位宜设置沉降缝：①土层变化较大处；②地基基础处理方法不同处；③房屋在高度、重量、刚度有较大变化处；④建筑平面的转折处；⑤新建部分与原有建筑的交界处。

沉降缝由于是从基础断开，缝两侧相邻框架的距离可能较大，给使用带来不便，此时可利用挑梁或搁置预制梁、板的方法进行建筑上的闭合处理，如图 10-11 所示。伸缩缝与沉降缝的宽度一般大于 55mm。

防震缝的设置主要与建筑平面形状、高差、刚度、质量分布等因素有关。设置防震缝后，应使各结构单元简单规则，刚度和质量分布均匀，以避免地震作用下的扭转效应。为避免各单元之

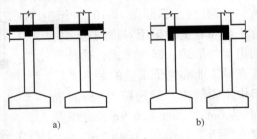

图 10-11　沉降缝做法
a) 设挑梁 (板)　b) 设预制板 (梁)

间互相碰撞，防震缝宽度不得小于 70mm，同时应满足表 10-2 的要求。

设置变形缝对构造、施工、造价及结构整体性和空间刚度都不利，基础防水也不易处理。因此，实际工程中常通过采用合理的结构方案、可靠的构造措施和施工措施（如设置后浇带）减少或避免设缝。在需要同时设置一种以上变形缝时，应合并设置。

表 10-2　防震缝最小宽度　　　　　　（单位：mm）

结 构 类 型	设 防 烈 度			
	6 度	7 度	8 度	9 度
框架	$4H+10$	$5H-5$	$7H-35$	$10H-80$
框架-剪力墙	$3.5H+9$	$4.2H-4$	$6H-30$	$8.5H-68$
剪力墙	$2.8H+7$	$3.5H-3$	$5H-25$	$7H-55$

注：表中 H 为相邻结构单元中较低单元的屋面高度，以 m 计。当 $H<15$m 时，取 $H=15$m。

10.2.3　框架结构的受力特点

框架结构承受的作用包括竖向荷载(结构自重及楼、屋面活荷载)、水平荷载(风荷载)和地震作用。

框架结构是一个空间结构体系,沿房屋的长向和短向可分别视为纵向框架和横向框架。纵、横向框架分别承受纵向和横向水平荷载,而竖向荷载传递路线则根据楼(屋)面布置方式而不同:现浇楼(屋)板上的荷载主要向距离较近的梁上传递,预制板楼盖传至支承板的梁上。

从图 10-12 可以看出,框架结构在水平荷载作用下,随着房屋高度增大,增加最快的是结构位移,弯矩次之。水平荷载作用下的内力和位移则将成为控制因素。同时,多层建筑中的柱以轴力为主,而高层框架中的柱受到压、弯、剪的复合作用,其破坏形态更为复杂。

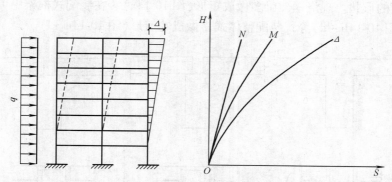

图 10-12　框架结构在水平荷载作用下的轴力、弯矩、侧移与荷载的关系

框架结构在水平荷载作用下的变形特点如图 10-13 所示。框架结构的侧移由两部分组成:第一部分侧移由柱和梁的弯曲变形产生,柱和梁都有反弯点,形成侧向变形。框架下部的梁、柱内力大,层间变形也大,愈到上部层间变形愈小(图 10-13a)。第二部分侧移由柱的轴向变形产生。在水平力作用下,柱的拉伸和压缩使结构出现侧移。这种侧移

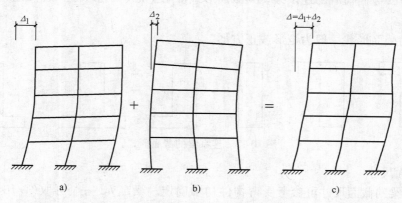

图 10-13　框架结构在水平荷载作用下的变形
a) 柱和梁的弯曲变形　b) 柱的轴向变形　c) 两部分变形的叠加

在上部各层较大，愈到底部层间变形愈小(图10-13b)。在两部分侧移(图10-13c)中第一部分侧移是主要的，随着建筑高度的增加，第二部分变形比例逐渐加大。结构过大的侧向变形不仅会使人不舒服，影响使用，而且会使填充墙或建筑装修出现裂缝或损坏，还会使主体结构出现裂缝、损坏，甚至倒塌。因此，高层建筑的框架结构不仅需要较大的承载能力，而且需要较大的抗侧刚度。框架结构抗侧刚度主要取决于梁、柱的截面尺寸，通常梁柱截面惯性矩小，侧向变形较大，所以称框架结构为柔性结构。虽然通过合理设计，可以使钢筋混凝土框架获得良好的延性，但由于框架结构层间变形较大，在地震区，高层框架结构容易引起非结构构件的破坏。这是框架结构的主要缺点，也因此而限制了框架结构的高度。

10.2.4 框架结构的计算简图及荷载

1. 梁柱截面的选择

(1) 截面的形状。现浇框架梁多做成矩形(图10-14a)；在装配式框架中可做成矩形、T形和花篮形(图10-14b~d)等；装配整体式多做成花篮形(图10-14e~f)。

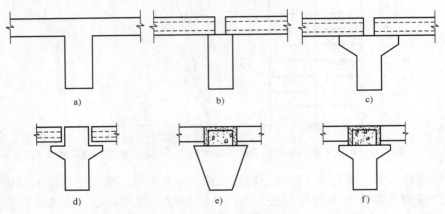

图10-14 框架梁的截面形式

不承受主要竖向荷载的连系梁，其截面形式常用 T 形、Γ 形、矩形、⊥ 形、L 形等，如图10-15 所示。

框架柱的截面形状一般为矩形或正方形。

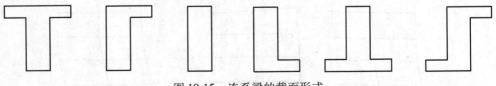

图10-15 连系梁的截面形式

(2) 截面尺寸

1) 框架梁的截面尺寸可参考受弯构件初步确定。梁高 h_b 一般可取 $(1/10 \sim 1/18)l_b$(l_b 为梁的计算跨度)，但不宜大于净跨的 $1/4$；梁的截面宽度 $b_b = (1/2 \sim 1/3)h_b$，一般不宜小于200mm，实际工程中通常取 250~400mm，选择梁截面尺寸还应符合规定的模数要求。一般梁截面的宽度和高度取 50mm 的倍数。

2）框架柱。柱截面的宽度 b_c 一般取（1/15 ~ 1/20）层高作为初估宽度。为了提高框架抗水平力的能力，矩形截面的高宽比 h_c/b_c 不宜大于 3，柱截面的边长不宜小于 250mm。

2. 梁截面的抗弯刚度的计算

在计算框架梁截面惯性矩 I 时应考虑到楼板的影响。若梁与现浇板或现浇叠合楼板层整体结合，可考虑梁板的共同工作，按 T 形截面计算框架梁截面的惯性矩。但在工程设计中，为简化计算，假定梁的截面惯性矩 I 沿轴线不变，并作如下规定：

（1）对现浇楼盖，中部框架梁 $I = 2I_0$；边框架梁 $I = 1.5I_0$。其中 I_0 为矩形截面梁的惯性矩（图 10-16a）。

（2）对装配整体式楼盖，中部框架梁 $I = 1.5I_0$；边框架梁 $I = 1.2I_0$（图 10-16b）。

（3）对装配式楼盖，梁的惯性矩可按本身的截面计算，$I = 1.0I_0$（图 10-16c）。

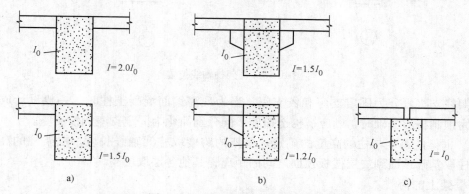

图 10-16　框架梁抗弯刚度的取值

3. 框架结构的计算简图

（1）计算单元的确定。框架结构是由横向框架和纵向框架组成的空间结构。要精确地计算内力是十分困难的。在一般工程设计中，通常忽略它们之间的空间联系，而将结构简化为一系列平面框架进行内力分析和侧移计算。即在各榀框架中选取若干有代表性的框架进行计算，该单元承受的荷载如图 10-17a 所示阴影部分所示。一般取中间有代表性的一榀横向框架进行分析。按平面框架进行分析时，计算单元宽度取相邻开间各一半（图 10-17）。而作用于纵向框架上的荷载则各不相同，必要时应分别进行计算。不考虑空间工作影响。

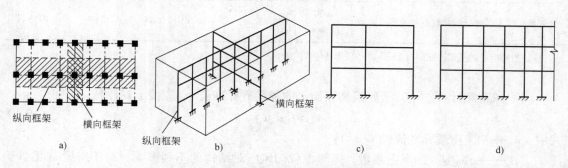

图 10-17　框架结构的计算单元

（2）节点的简化。在计算简图中，框架的杆件一般用其截面形心轴线表示；杆件之间的连接用节点表示。等截面轴线取截面形心位置（图10-18a），当上下柱截面尺寸不同时，取上层柱形心线作为柱轴线（图10-18b）。

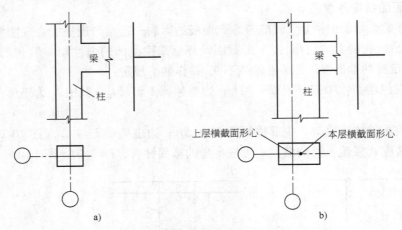

图 10-18　框架柱轴线位置

框架柱支座可分为固定支座和铰支座。当为现浇钢筋混凝土柱时，一般设计成固定支座；当为预制杯形基础时，则应视构造措施不同分别简化为固定支座和铰支座。

（3）框架的跨度与柱的高度的确定。框架的跨度取柱间轴线长度。框架柱的高度，对于底层柱取基础顶面到二层楼板顶面之间的距离，其他各层取层高。

4. 框架上的荷载

多层结构房屋一般受到竖向荷载和水平荷载的作用。竖向荷载包括结构自重、楼（屋）面使用活荷载、雪荷载及施工活荷载等。水平荷载包括风荷载和水平地震作用，计算时，一般简化成节点水平集中力。

（1）楼面活荷载的折减。作用于多层住宅、办公楼、旅馆等建筑物上的楼面活荷载，不可能以规范所给的标准值布满在所有的楼面上，因此，计算活荷载可乘折减系数。

1）设计楼面梁时的折减系数：当楼面梁的负荷从属面积超过 $25m^2$ 时，应取 0.9。

2）对于墙、柱、基础，其折减系数按表 10-3 规定采用。

表 10-3　楼面活荷载折减系数

墙、柱、基础计算截面以上的层数	1	2 ~ 3	4 ~ 5	6 ~ 8	9 ~ 20	> 20
计算截面以上各楼层活荷载总和的折减系数	1.00 (0.90)	0.85	0.70	0.65	0.60	0.55

注：当楼面梁的从属面积超过 $25m^2$ 时，采用括号内系数。

（2）风荷载计算。垂直于建筑物表面上的风荷载标准值 w_K 应按下式计算：

$$w_K = \beta_z \mu_s \mu_z w_0 \tag{10-1}$$

式中　w_K——风荷载标准值（kN/m^2）；

　　　β_z——z 高度处的风振系数；是考虑脉动风压对结构的不利影响。对于房屋高度小于 30m、高宽比小于 1.5 的房屋结构，且该房屋的自振周期 $T_1 < 0.25s$ 时，可不

考虑此影响，即取 $\beta_z = 1.0$；其他情况均应按规范采用；

μ_s——风荷载体型系数；对于矩形平面的多层房屋，迎风面为 $+0.8$（压），背风面为 -0.5（吸），其他平面详见《荷载规范》；

μ_z——风压高度变化系数；

w_0——基本风压（kN/m^2）。按《荷载规范》给出的全国基本分压分布图采用，但不得小于 $0.30kN/m^2$。

10.2.5 荷载作用下的内力近似计算——分层法

多层多跨框架的内力及侧移手算时，一般采用近似方法。竖向荷载作用下的内力计算方法有：分层法、力矩分配法、迭代法等；水平荷载作用下的内力计算方法有：反弯点法、D 值法（改进的反弯点法）、迭代法等。本节重点介绍分层法。

1. 分层法的计算假定

多层多跨框架结构在竖向荷载作用下，用位移法或力法等精确方法计算的结果表明，框架的侧移是极小的，各层荷载对其他层杆件的内力影响较小，为了简化计算，分层法假定如下：

（1）在竖向荷载作用下，框架的侧移可忽略不计。

（2）每层梁上的荷载对其他各层梁的影响可忽略不计。

2. 分层法的计算方法

（1）分层。根据上述假定，计算时可将各层梁及其上、下柱作为独立的计算单元分层进行计算（图 10-19）。

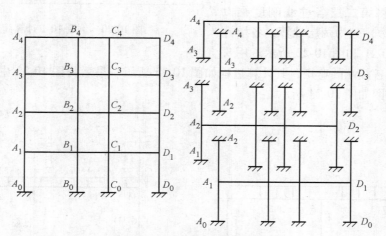

图 10-19 分层法的计算单元

（2）计算分层后各独立计算单元的内力（各杆件的弯矩）。

（3）组合出框架的的内力。即将分层计算所得梁的弯矩定为最后弯矩；由于每一层柱属于上、下两个计算单元，所以柱的弯矩为上、下两层计算弯矩相叠加。

用分层法计算各计算单元的内力时，假定上、下柱的远端为固定端。实际上，除底层柱底是固定的以外，其他各层柱均为相互间弹性连接，为减少误差，除底层柱外，其他各层柱的线刚度均乘以 0.9 的折减系数，相应的传递系数也改为 1/3，底层柱仍为 1/2。

最终用分层法计算所得的框架节点上的弯矩可能不平衡，但一般误差不大，如需要进一步调整时，可将节点不平衡弯矩再进行一次分配，但不再传递。

分层法计算时，不考虑活荷载的最不利布置，一般按满布考虑；当活荷载较大时，为考虑计算误差，可将满布荷载计算所得梁跨中弯矩乘以放大系数 1.1 ~ 1.3。

对侧移较大的框架及不规则的框架不宜采用分层法。

3. 计算步骤

（1）画出结构计算简图，并标明荷载及轴线尺寸。

（2）按规定计算梁、柱的线刚度和相对线刚度，除底层柱外，其余各层柱的线刚度均乘以 0.9 的折减系数。

（3）将多层框架分层，以每层梁与上下柱组成的单层框架作为计算单元，柱远端假定为固端；用弯矩分配法自上而下分层计算各计算单元的杆端弯矩。

（4）叠加柱端弯矩，得出最后杆端弯矩。如节点弯矩不平衡值较大，可在节点重新分配一次。

（5）根据静力平衡条件绘出框架的内力图。

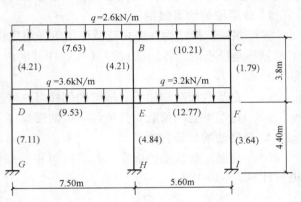

图 10-20　例题 10-1 计算简图

【例题 10-1】 图 10-20 所示为一个两层两跨框架，用分层法计算框架弯矩并作框架的弯矩图，括号内数字表示每根杆线刚度的相对值。

【解】 将第二层各柱线刚度乘以 0.9 的折减系数，分为两层计算，各层计算单元如图 10-21 和图 10-22 所示。用弯矩分配法计算各杆端的弯矩，其计算过程如图 10-23 所示。最后将图 10-23 中的各杆端弯矩叠加并绘弯矩图如图 10-24 所示。

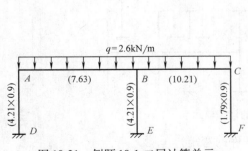

图 10-21　例题 10-1 二层计算单元

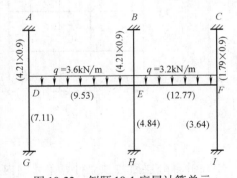

图 10-22　例题 10-1 底层计算单元

10.2.6　水平荷载作用下的内力和侧移的近似计算——反弯点法和 D 值法

1. 反弯点法

（1）反弯点法基本假定。作用于多层多跨框架的水平荷载主要是风荷载及水平地震作

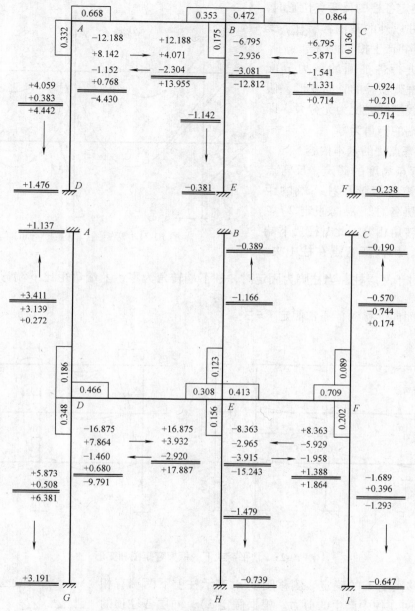

图 10-23 各计算单元的内力

用。计算时一般均将其简化为作用在框架节点上的集中荷载，如图 10-25a 所示。因无节间荷载，梁、柱的弯矩图都是直线形，每杆都有一个零弯矩点，称为反弯点。则各梁、框架在水平荷载作用下的变形情况如图 10-25b 所示。若能求出各柱反弯点的位置及其剪力，则各梁、柱的内力就很容易求得。因此，多层框架在水平荷载作用下内力分析的主要任务是：首先确定各柱反弯点的位置；其次是确定各柱反弯点处的剪力。

为简化计算，反弯点法作如下假定：

1）水平荷载化为节点水平集中荷载。

2）在确定各柱的反弯点位置时，假定除底层柱以外的其他各层柱，受力后上下两端将产生相同的转角。

3）在进行各柱间的剪力分配时，不考虑框架横梁的轴向变形，假定梁与柱的线刚度之比为无穷大，即各柱上下两端的转角为零。

（2）反弯点法的基本内容

1）反弯点高度的确定。反弯点高度 $\bar{y}$ 为反弯点至该层柱下端的距离。对于上层各柱，根据假定2）各柱的上下端转角相等，此时柱上下端弯矩也相等，因而反弯点在柱中央，即 $\bar{y}=\dfrac{h}{2}$。对于底层柱，当柱脚为固定时，柱下端转角为零，上端弯矩比下端弯矩小，反弯点偏离中央而向上移动，通常假定 $\bar{y}=\dfrac{2h}{3}$。

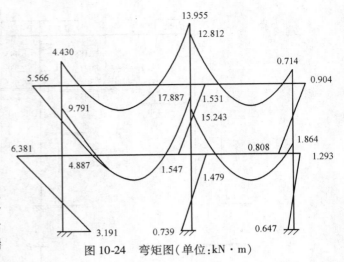

图 10-24　弯矩图（单位：kN·m）

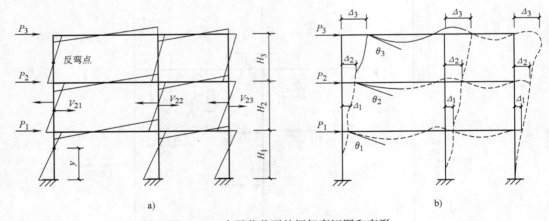

图 10-25　水平荷载下的框架弯矩图和变形

2）侧移刚度 d_{ij} 的确定。侧移刚度 d_{ij} 表示柱上下两端有相对单位侧移时在柱中产生的剪力。根据假定3），同层各柱顶的侧移相等，则各柱剪力与柱的抗侧刚度成正比例，如图10-26所示。

柱的侧移刚度 d_{ij} 可写成：

$$d_{ij}=\frac{V_{ij}}{\Delta}=\frac{12i_{ij}}{h_{ij}^2} \qquad (10-2)$$

$$i_{ij}=\frac{EI_{ij}}{h_{ij}}$$

式中　d_{ij}——第 i 层第 j 根柱的侧移刚度；

　　　V_{ij}——第 i 层第 j 根柱的剪力；

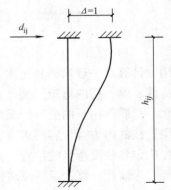

图 10-26　抗侧移刚度

i_{ij}——第 i 层第 j 根柱的线刚度；

h_{ij}——第 i 层第 j 根柱的高度。

3）同层各柱剪力的确定。设同层各柱剪力分别为 V_{i1}、V_{i2}、$\cdots$、V_{ij}、$\cdots$，则它们的和等于楼层剪力，即

$$V_{i1} + V_{i2} + \cdots + V_{ij} + \cdots = \sum V_{ij} = V_i \tag{10-3}$$

由于同层各柱柱端水平位移相等，均为 Δ，根据柱侧移刚度 d_{ij} 的定义可得：

$$\left.\begin{aligned} V_{i1} &= d_{i1}\Delta \\ V_{i2} &= d_{i2}\Delta \\ &\vdots \\ V_{ij} &= d_{ij}\Delta \\ &\vdots \end{aligned}\right\} \tag{10-4}$$

将式（10-3）代入式（10-4），可得：

$$\Delta = \frac{\sum V_{ij}}{d_{i1} + d_{i2} + \cdots + d_{ij} + \cdots} = \frac{V_i}{\displaystyle\sum_{j=1}^{n} d_{ij}}$$

于是有

$$V_{ij} = \frac{d_{ij}}{\displaystyle\sum_{j=1}^{m} d_{ij}} V_i \tag{10-5}$$

式中　V_i——第 i 层层间剪力；

$\displaystyle\sum_{j=1}^{m} d_{ij}$——第 i 层各柱的的侧移刚度总和。

由式（10-5）可看出，框架在水平荷载作用下，各柱的分配剪力与该柱的侧移刚度成正比，$d_{ij} \Big/ \displaystyle\sum_{j=1}^{m} d_{ij}$ 称为剪力分配系数。因此，楼层剪力 V_i 按剪力分配系数分配给各柱。当同层各柱的高度相同时，有 $d_{ij} \Big/ \displaystyle\sum_{j=1}^{m} d_{ij} = i_{ij} \Big/ \displaystyle\sum_{j=1}^{m} i_{ij}$（$\displaystyle\sum_{j=1}^{m} i_{ij}$ 为第 i 层各柱的线刚度总和），这样式（10-5）可简化为

$$V_{ij} = \frac{i_{ij}}{\displaystyle\sum_{j=1}^{n} i_{ij}} V_i \tag{10-6}$$

4）柱端弯矩的确定。根据各柱分配的剪力及反弯点位置，可确定柱端弯矩：

底层柱上、下端

$$\left.\begin{aligned} M_{\text{上}} &= V_{ij} \times \frac{h_{ij}}{3} \\ M_{\text{下}} &= V_{ij} \times \frac{2h_{ij}}{3} \end{aligned}\right\} \tag{10-7}$$

其他层柱上、下端

$$M_{上} = M_{下} = V_{ij} \times \frac{h_{ij}}{2} \qquad (10\text{-}8)$$

5）梁端弯矩的确定。柱端弯矩确定以后，根据梁柱节点平衡条件可确定梁的弯矩。
对于边柱节点（图 10-27a），有

$$M = M_{上} + M_{下} \qquad (10\text{-}9)$$

对于中柱节点（图 10-27b），有

$$\left. \begin{aligned} M_{左} &= \frac{(M_{上} + M_{下}) i_{左}}{(i_{左} + i_{右})} \\ M_{右} &= \frac{(M_{上} + M_{下}) i_{右}}{(i_{左} + i_{右})} \end{aligned} \right\} \qquad (10\text{-}10)$$

式中　　M——边柱节点梁端弯矩；

$M_{上}$、$M_{下}$——节点上、下柱端弯矩；

$M_{左}$、$M_{右}$——节点左、右梁端弯矩；

$i_{左}$、$i_{右}$——节点左右两侧梁的线刚度。

【例题 10-2】　试用反弯点法绘出图 10-28 所示框架的弯矩图。图中括号内数字为各杆的相对线刚度。

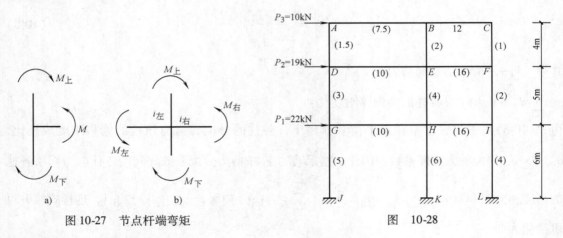

图 10-27　节点杆端弯矩　　　　　　　　图　10-28

【解】　（1）计算柱的剪力

当同层各柱 h 相等时，各柱剪力可直接按其线刚度分配。

第 3 层

$$V_3 = P_3 = 10\text{kN}$$

$$V_{AD} = \frac{i_{AD}}{\sum i} V_3 = \frac{1.5}{1.5 + 2 + 1} \times 10\text{kN} = 3.33\text{kN}$$

$$V_{BE} = \frac{i_{BE}}{\sum i} V_3 = \frac{2}{1.5 + 2 + 1} \times 10\text{kN} = 4.45\text{kN}$$

$$V_{CF} = \frac{i_{CF}}{\sum i} V_3 = \frac{1}{1.5 + 2 + 1} \times 10\text{kN} = 2.22\text{kN}$$

第 2 层

$$V_2 = P_2 + P_3 = (10 + 19)\text{kN} = 29\text{kN}$$

$$V_{DG} = \frac{i_{DG}}{\sum i}V_2 = \frac{3}{3 + 4 + 2} \times 29\text{kN} = 9.67\text{kN}$$

$$V_{EH} = \frac{i_{EH}}{\sum i}V_2 = \frac{4}{3 + 4 + 2} \times 29\text{kN} = 12.89\text{kN}$$

$$V_{FI} = \frac{i_{FI}}{\sum i}V_2 = \frac{2}{3 + 4 + 2} \times 29\text{kN} = 6.44\text{kN}$$

第1层

$$V_1 = P_1 + P_2 + P_3 = (10 + 19 + 22)\text{kN} = 51\text{kN}$$

$$V_{GJ} = \frac{i_{GJ}}{\sum i}V_1 = \frac{5}{5 + 6 + 4} \times 51\text{kN} = 17\text{kN}$$

$$V_{HK} = \frac{i_{HK}}{\sum i}V_1 = \frac{6}{5 + 6 + 4} \times 51\text{kN} = 20.4\text{kN}$$

$$V_{IL} = \frac{i_{IL}}{\sum i}V_1 = \frac{4}{5 + 6 + 4} \times 51\text{kN} = 13.6\text{kN}$$

（2）计算柱端弯矩

第3层

$$M_{AD} = M_{DA} = V_{AD} \times \frac{h_3}{2} = 3.33 \times \frac{4}{2}\text{kN} \cdot \text{m} = 6.66\text{kN} \cdot \text{m}$$

$$M_{BE} = M_{EB} = V_{BE} \times \frac{h_3}{2} = 4.45 \times \frac{4}{2}\text{kN} \cdot \text{m} = 8.9\text{kN} \cdot \text{m}$$

$$M_{CF} = M_{FC} = V_{CF} \times \frac{h_3}{2} = 2.22 \times \frac{4}{2}\text{kN} \cdot \text{m} = 4.44\text{kN} \cdot \text{m}$$

第2层

$$M_{DG} = M_{GD} = V_{DG} \times \frac{h_2}{2} = 9.67 \times \frac{5}{2}\text{kN} \cdot \text{m} = 24.18\text{kN} \cdot \text{m}$$

$$M_{EH} = M_{HE} = V_{EH} \times \frac{h_2}{2} = 12.89 \times \frac{5}{2}\text{kN} \cdot \text{m} = 32.23\text{kN} \cdot \text{m}$$

$$M_{FI} = M_{IF} = V_{FI} \times \frac{h_2}{2} = 6.44 \times \frac{5}{2}\text{kN} \cdot \text{m} = 16.1\text{kN} \cdot \text{m}$$

第1层

$$M_{GJ} = V_{GJ} \times \frac{h_1}{3} = 17 \times \frac{6}{3}\text{kN} \cdot \text{m} = 34\text{kN} \cdot \text{m}$$

$$M_{JG} = V_{GJ} \times \frac{2h_1}{3} = 17 \times \frac{2 \times 6}{3}\text{kN} \cdot \text{m} = 68\text{kN} \cdot \text{m}$$

$$M_{HK} = V_{HK} \times \frac{h_1}{3} = 20.4 \times \frac{6}{3}\text{kN} \cdot \text{m} = 40.8\text{kN} \cdot \text{m}$$

$$M_{KH} = V_{HK} \times \frac{2h_1}{3} = 20.4 \times \frac{2 \times 6}{3} \text{kN} \cdot \text{m} = 81.6 \text{kN} \cdot \text{m}$$

$$M_{IL} = V_{IL} \times \frac{h_1}{3} = 13.6 \times \frac{6}{3} \text{kN} \cdot \text{m} = 27.2 \text{kN} \cdot \text{m}$$

$$M_{LI} = V_{LI} \times \frac{2h_1}{3} = 13.6 \times \frac{2 \times 6}{3} \text{kN} \cdot \text{m} = 54.5 \text{kN} \cdot \text{m}$$

（3）根据节点平衡条件算出梁端弯矩

第3层

$$M_{AB} = M_{AD} = 6.66 \text{kN} \cdot \text{m}$$

$$M_{BA} = \frac{7.5}{7.5 + 12} \times M_{BE} = \frac{7.5}{7.5 + 12} \times 8.9 \text{kN} \cdot \text{m} = 3.42 \text{kN} \cdot \text{m}$$

$$M_{BC} = \frac{12}{7.5 + 12} \times M_{BE} = 5.84 \text{kN} \cdot \text{m}$$

$$M_{CB} = M_{CF} = 4.44 \text{kN} \cdot \text{m}$$

第2层

$$M_{DE} = M_{DA} + M_{DG} = (6.66 + 24.18) \text{kN} \cdot \text{m} = 30.84 \text{kN} \cdot \text{m}$$

$$M_{ED} = \frac{10}{10 + 16} \times (M_{EB} + M_{EH}) = \frac{10}{10 + 16} \times (8.9 + 32.23) \text{kN} \cdot \text{m} = 15.82 \text{kN} \cdot \text{m}$$

$$M_{EF} = \frac{16}{10 + 16} \times (M_{EB} + M_{EH}) = \frac{16}{10 + 16} \times (8.9 + 32.23) \text{kN} \cdot \text{m} = 25.31 \text{kN} \cdot \text{m}$$

$$M_{FE} = M_{FC} + M_{FI} = (4.44 + 16.1) \text{kN} \cdot \text{m} = 20.54 \text{kN} \cdot \text{m}$$

第1层

$$M_{EH} = M_{GD} + M_{GJ} = (24.18 + 34) \text{kN} \cdot \text{m} = 58.18 \text{kN} \cdot \text{m}$$

$$M_{HG} = \frac{10}{10 + 16} \times (M_{HE} + M_{HK}) = \frac{10}{10 + 16} \times (32.23 + 40.8) \text{kN} \cdot \text{m} = 28.09 \text{kN} \cdot \text{m}$$

$$M_{HI} = \frac{16}{10 + 16} \times (M_{HE} + M_{HK}) = \frac{16}{10 + 16} \times (32.23 + 40.8) \text{kN} \cdot \text{m} = 244.94 \text{kN} \cdot \text{m}$$

$$M_{IH} = M_{IF} + M_{IL} = (16.1 + 27.2) \text{kN} \cdot \text{m} = 43.3 \text{kN} \cdot \text{m}$$

根据以上结果，画出 M 图如图 10-29 所示。

2. D 值法

反弯点法是梁柱线刚度比大于 3 时，假定节点转角为零的一种近似计算方法。在层数较多的框架中，柱子截面较大，柱的线刚度与梁的线刚度比较接近，有时柱的线刚度反而大于梁的线刚度，此时节点转角较大，用反弯点法计算的内力误差较大。因而提出了修正框架柱的侧移刚度和调整反弯点高度的方法，称为"改进反弯点法"或"D 值法"（D 值法的名称是由于修正后的柱侧移刚度用 D 表示）。D 值法计算简便，精度又比反弯点法高，因而在工程中得到广泛的应用。因为 D 值法是在反弯点法的基础上，只对框架柱的侧移刚度修正和调整反弯点高度，计算方法和过程大体上和反弯点法相同。故下面仅讨论如何确定修正后柱的侧移刚度及反弯点高度。

（1）修正后的柱侧移刚度 D。如图 10-30 所示，从框架中任取一柱 AB，根据转角位移

方程，柱两端剪力为

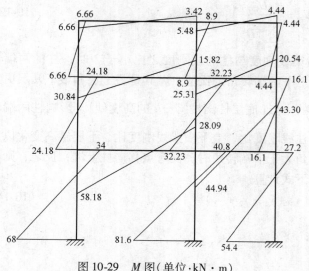

图 10-29　M 图（单位：kN·m）

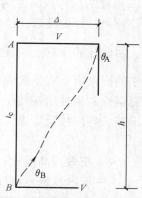

图 10-30　框架柱剪力计算图式

$$V = \frac{12i_c}{h^2}\Delta - \frac{6i_c}{h}(\theta_A + \theta_B)$$ （10-11）

从上式可看出，框架柱的剪力不仅与侧移大小有关，也和上下节点转角大小有关，影响柱侧移刚度 D 值 $\left(D = \dfrac{V}{\Delta}\right)$ 的因素有柱本身的线刚度、上下梁线刚度、上下层柱线刚度和柱端约束条件。

考虑到上下梁线刚度及柱端约束条件的影响，修正后的柱侧移刚度 D 值计算公式为

$$D = \alpha\frac{12i_c}{h^2}$$ （10-12）

α 为修正系数，表 10-4 给出了各种情况下的 α 值计算公式，当梁柱刚度比 $\overline{K}$ 值无限大时，α 等于 1，所得 D 值与 d 值相等，可直接选用。

表 10-4　α 值计算公式

位　　置	边　柱	中　柱	α
一般层	i_c 上 i_1，下 i_2 $$\overline{K} = \frac{i_1 + i_2}{2i_c}$$	i_c 上 $i_1\ \vert\ i_2$，下 $i_3\ \vert\ i_4$ $$\overline{K} = \frac{i_1 + i_2 + i_3 + i_4}{2i_c}$$	$$\alpha = \frac{\overline{K}}{2 + \overline{K}}$$
底层	i_c 上 i_5 $$\overline{K} = \frac{i_5}{i_c}$$	i_c 上 $i_5\ \vert\ i_6$ $$\overline{K} = \frac{i_5 + i_6}{i_c}$$	$$\alpha = \frac{0.5 + \overline{K}}{2 + \overline{K}}$$

求得 α 值后，代入式(10-12)即可求得柱的侧移刚度,同层各柱的剪力可按下式求得

$$V_{ij} = \frac{D_{ij}}{\sum\limits_{j=1}^{n} D_{ij}} V_i \tag{10-13}$$

（2）柱的反弯点高度的修正。当横梁线刚度与柱的线刚度之比小于 3 时，柱的两端转角相差较大；柱的反弯点位置取决于柱上下两端转角的比值，尤其是最上层和最下几层更是如此。因此柱的反弯点位置不一定在柱的中点$\left(\text{底层柱离柱脚}\dfrac{2}{3}h \text{ 的高度处}\right)$。影响柱两端转角大小的因素有：水平荷载的形式、梁柱线刚度比、上下横梁线刚度比、下层层高变化以及结构总层数和该柱所在楼层。当上端转角大于下端转角时，反弯点移向柱上端；反之，则移向柱下端。各层柱反弯点高度可统一按下式计算

$$yh = (y_0 + y_1 + y_2 + y_3)h \tag{10-14}$$

式中　y——反弯点高度比；

　　y_0——标准反弯点高度比；

　　y_1——考虑梁线刚度不同的修正；

y_2、y_3——考虑层高变化的修正。

1）标准反弯点高度比 y_0。标准反弯点高度比 y_0 主要考虑梁柱线刚度比及结构层数和楼层位置的影响，它可根据梁柱相对线刚度比 $\overline{K}$、框架总层数 m、该柱所在层数 n、荷载作用形式由附录附表 19 查得。

2）上下层横梁线刚度不同时的修正系数 y_1。当某层柱的上梁与下梁刚度不同，则柱上下端转角不同，反弯点位置有变化，修正值为 y_1h，见图 10-31。

当 $i_1 + i_2 < i_3 + i_4$ 时，令 $\alpha_1 = \dfrac{i_1 + i_2}{i_3 + i_4}$，根据 α_1 值和 $\overline{K}$ 值由表 10-5 查得 y_1。此时反弯点应向上移，故取 y_1 正值。

当 $i_1 + i_2 > i_3 + i_4$ 时，令 $\alpha_1 = \dfrac{i_3 + i_4}{i_1 + i_2}$，此时仍由 α_1 值

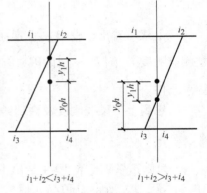

$$i_1 + i_2 < i_3 + i_4 \qquad i_1 + i_2 > i_3 + i_4$$

图 10-31　横梁刚度变化时反弯点位置的影响

和 $\overline{K}$ 值由表 10-5 查得 y_1。但此时反弯点应向下移，故取 y_1 负值。对底层柱，可不考虑此修正，即 $y_1 = 0$。

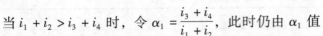
表 10-5　上下层横梁线刚度比对 y_0 的修正值 y_1

α_1 ＼ $\overline{K}$	0.1	0.2	0.3	0.4	0.5	0.6	0.7	0.8	0.9	1.0	2.0	3.0	4.0	5.0
0.4	0.55	0.40	0.30	0.25	0.20	0.20	0.20	0.15	0.15	0.15	0.05	0.05	0.05	0.05
0.5	0.45	0.30	0.20	0.20	0.15	0.15	0.15	0.10	0.10	0.10	0.05	0.05	0.05	0.05
0.6	0.30	0.20	0.15	0.15	0.10	0.10	0.10	0.10	0.05	0.05	0.05	0.05	0	0
0.7	0.20	0.15	0.10	0.10	0.10	0.10	0.05	0.05	0.05	0.05	0.05	0	0	0
0.8	0.15	0.10	0.05	0.05	0.05	0.05	0.05	0.05	0.05	0	0	0	0	0
0.9	0.05	0.05	0.05	0.05	0	0	0	0	0	0	0	0	0	0

3）上下层层高变化时的修正值 y_2、y_3。当柱所在楼层的上下楼层层高有变化时，反弯点也将偏移标准反弯点位置，如图 10-32 所示。令上层层高 $h_上$ 与本层层高 h 之比为 α_2，即 $\alpha_2 = h_上/h$。由 α_2 和 $\overline{K}$ 从表 10-6 查得修正值 y_2。应当注意当 $\alpha_2 > 1$ 时，反弯点上移，y_2 取正值，否则取负值。对于顶层框架柱不考虑 y_2 的修正，即 $y_2 = 0$。

令下层层高 $h_下$ 与本层层高 h 之比为 α_3，即 $\alpha_3 = h_下/h$。由 α_3 和 $\overline{K}$ 从表 10-6 查得修正值 y_3。应当注意当 $\alpha_3 > 1$ 时，反弯点下移，y_3 取负值，否则取正值。

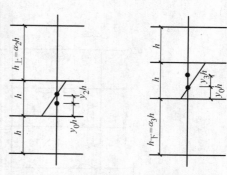

图 10-32　层高变化时反弯点位置的影响

求得各层柱的反弯点位置 yh 及柱的侧移刚度 D 后，框架在水平荷载作用下的内力计算步骤和反弯点法完全相同。

表 10-6　上下层高变化对 y_0 的修正值 y_2、y_3

α_2	α_1	K 0.1	0.2	0.3	0.4	0.5	0.6	0.7	0.8	0.9	1.0	2.0	3.0	4.0	5.0
2.0		0.25	0.15	0.15	0.10	0.10	0.10	0.10	0.10	0.05	0.05	0.05	0.05	0.0	0.0
1.8		0.20	0.15	0.10	0.10	0.05	0.05	0.05	0.05	0.05	0.05	0.0	0.0	0.0	0.0
1.6	0.4	0.15	0.10	0.10	0.05	0.05	0.05	0.05	0.05	0.05	0.05	0.0	0.0	0.0	0.0
1.4	0.6	0.10	0.05	0.05	0.05	0.05	0.05	0.05	0.05	0.05	0.05	0.0	0.0	0.0	0.0
1.2	0.8	0.05	0.05	0.05	0.05	0.05	0.05	0.05	0.05	0.05	0.05	0.0	0.0	0.0	0.0
1.0	1.0	0.0	0.0	0.0	0.0	0.0	0.0	0.0	0.0	0.0	0.0	0.0	0.0	0.0	0.0
0.8	1.2	−0.05	−0.05	−0.05	−0.05	−0.05	−0.05	−0.05	−0.05	−0.05	−0.05	0.0	0.0	0.0	0.0
0.6	1.4	−0.10	−0.05	−0.05	−0.05	−0.05	−0.05	−0.05	−0.05	−0.05	−0.05	0.0	0.0	0.0	0.0
0.4	1.6	−0.15	−0.10	−0.10	−0.05	−0.05	−0.05	−0.05	−0.05	−0.05	−0.05	0.0	0.0	0.0	0.0
	1.8	−0.20	−0.15	−0.10	−0.10	−0.10	−0.05	−0.05	−0.05	−0.05	−0.05	0.0	0.0	0.0	0.0
	2.0	−0.25	−0.15	−0.15	−0.10	−0.10	−0.10	−0.10	−0.10	−0.10	−0.05	−0.05	−0.05	0.0	0.0

3. 水平荷载作用下侧移的计算

框架的侧移主要是由水平荷载引起的，框架的侧移包括两部分：一是顶层最大位移，若过大会影响正常使用；二是层间相对侧移，过大会使填充墙出现裂缝。因而必须对这两部分侧移加以限制。

框架结构在水平荷载作用下的侧移，可以看做是梁柱弯曲变形（图 10-33a）和柱的轴向变形（图 10-33b）所引起的侧移的叠加。

对于一般的多层框架结构，柱轴向变形引起的侧移很小，常常可以忽略不计，因而其侧移主要是由梁柱的弯曲变形所引起的，但对于房屋高度大于 50m 或房屋的高宽比 $H/B > 4$ 的框架结构，则要考虑柱轴向变形引起的侧移。这里仅介绍由梁柱弯曲变形引起的侧移的近似计算方法。

（1）用 D 值法计算框架的侧移。抗侧刚度 D 的物理意义是使框架发生单位层间侧移所

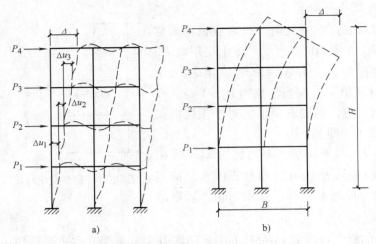

图 10-33　框架在水平荷载作用下的变形

a) 梁柱弯曲变形　b) 柱的轴向变形

需的层剪力(该层间侧移是梁柱弯曲变形引起的)。当已知框架结构第 i 层所有柱的侧移刚度 D 值($\sum D_{ij}$)及层剪力 V_i 后,按照侧移刚度的定义,可得第 i 层框架的层间相对侧移 Δu_i 为

$$\Delta u_i = \frac{\sum V_i}{\sum D_{ij}} \qquad (10-15)$$

框架顶点的总侧移 Δ 应为各层层间相对侧移之和,即

$$\Delta = \sum_{i=1}^{m} \Delta u_i \qquad (10-16)$$

式中　$\sum V_i$——第 i 层层间剪力;

　　　$\sum D_{ij}$——第 i 层所有各柱的抗侧刚度之和。

(2) 侧移限值。为保证多、高层框架房屋具有足够的刚度,避免产生过大的位移而影响结构的承载力、稳定性和使用要求。规范对框架结构的楼层层间最大侧移 Δu 与层高 h 的比值作如下规定:

1) 高度不大于 150m 的框架结构

$$\frac{\Delta u}{h} \leqslant \frac{1}{550} \qquad (10-17)$$

2) 高度等于或大于 250m 的框架结构

$$\frac{\Delta u}{h} \leqslant \frac{1}{500} \qquad (10-18)$$

3) 高度在 150 ~ 250m 之间的框架结构

$\frac{\Delta u}{h}$ 的限值在 $\frac{1}{550}$ 和 $\frac{1}{500}$ 按线性内插取用。

10.2.7　框架的内力组合

框架结构在各种荷载作用下的内力确定以后,在进行框架梁柱截面配筋设计之前,必须先找出构件的控制截面及其最不利的内力,作为构件截面配筋设计的依据。

1. 控制截面及最不利内力

框架结构承受的荷载主要由恒载、楼（屋）面活载、风荷载和地震作用。对于框架梁，由这些荷载共同作用下，剪力沿梁轴线是线性变化的（在竖向均布荷载作用下），弯矩则呈抛物线性变化，故一般取梁的两个支座截面及跨中截面作为其控制截面。

应当注意，由于内力分析的结果都是梁柱轴线位置处的内力，而梁支座截面的最不利位置应为柱边缘处，因而在组合前应经过换算求得柱边截面的弯矩和剪力，如图 10-34 所示。

对于柱来说，通常无柱间荷载，轴力和剪力沿柱高线性变化，因此柱的控制截面为柱的上、下端截面。

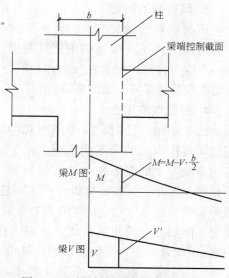

图 10-34　梁端控制截面弯矩及剪力

最不利内力组合就是使得所分析杆件的控制截面产生不利的内力组合，通常是指对截面配筋起控制作用的内力组合。对于框架结构，针对控制截面的不利内力组合类型如下：

梁端截面：$+M_{max}$；$-M_{max}$；V_{max}。

梁跨中截面：$+M_{max}$；M_{min}。

柱端截面：$\begin{cases} +|M|_{max}\text{及相应的 }N,\ V; \\ N_{max}\text{及相应的 }M,\ V; \\ N_{min}\text{及相应的 }M,\ V。 \end{cases}$

2. 楼面活荷载的最不利布置

作用于框架结构上的竖向荷载包括恒载和活荷载。恒载是长期作用在结构上的荷载，任何时候必须全部考虑。在计算内力时，恒载必须满布，如图 10-35 所示。

但是活荷载却不同，它有时作用，有时不作用。各种不同的布置就会产生不同的内力，因此应该由最不利布置方式计算内力，以求得截面最不利内力。

竖向活荷载不利布置的方法有逐跨施荷组合法、最不利荷载位置法和满布活载法。前两种方法计算工作量较大，而满布荷载法计算工作量相对较少且用此法计算出的梁端弯矩误差较小，故一般常采用满布活载法。

满布活载法把竖向活荷载同时作用在框架的所有的梁上，即不考虑竖向活荷载的不利分布，计算工作量大大地简化了。这样求得的内力在支座处与按最不利荷载位置法求得的内力很接近，可以直接进行内力组合。但跨中弯矩却比最不利荷载位置法计算结果明显偏低，用此法时常对跨中弯矩乘以 1.1～1.2 的调整系数予以提高。经验表明，对楼（屋）面活荷载标准值不超过 5.0kN/m 的一般上业与民用多层及高层框架结构，此法的计算精度可以满足工程设

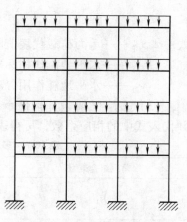

图 10-35　竖向均布恒荷载的分布

计要求。

3. 风荷载的布置

风荷载可能沿某方向的正、反两个方向作用。在对称结构中，只需进行一次内力计算，荷载在反向作用时，内力改变符号即可，如图 10-36 所示。

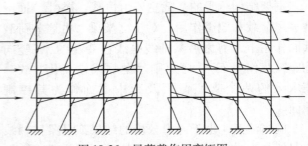

图 10-36　风荷载作用弯矩图

4. 荷载效应组合

框架结构设计时，需考虑当几种荷载同时作用时的最不利情况。由于各种荷载发生的概率和对结构的影响不相同，因此，荷载效应组合，并不是各种荷载效应的直接叠加。《荷载规范》规定，根据各种荷载的特点取相应的组合系数，将某些荷载值适当降低。对于框架由于其可变荷载常为楼面、屋面活荷载和风荷载，地震区建筑则需考虑水平地震作用组合（不考虑竖向地震作用），因此常取下列三种荷载组合算得构件内力设计值的不利结果，由此进行构件承载力的验算：①重力荷载（永久荷载 + 楼面或屋面活荷载）组合；②（重力荷载 + 风荷载）组合；③（重力荷载代表值 + 水平地震作用）组合，此时不计风荷载及竖向地震作用。

（1）非地震区的多层框架荷载组合公式，取下列二式中的较大值。

1）由可变荷载效应控制组合时

$$S = \gamma_G S_{GK} + \gamma_Q S_{QK} \qquad (10\text{-}19a)$$
$$S = \gamma_G S_{GK} + 0.9(\gamma_Q S_{QK} + \gamma_W S_{WK}) \qquad (10\text{-}19b)$$

式中　S_{WK}——风荷载效应标准值；

　　γ_W——风荷载的分项系数，$\gamma_W = 1.4$。

2）由永久荷载效应控制组合时

$$S = \gamma_G S_{GK} + \sum_{i=1}^{n} \gamma_{Qi} \psi_{ci} S Q_i \qquad (10\text{-}20)$$

（2）地震区的多层框架荷载组合公式，除需符合式（10-19）和式（10-20）外，尚应符合下式要求，式中不考虑竖向地震作用，以及不与风荷载进行组合。

$$S = \gamma_G S_{GE} + \gamma_{Eh} S_{EhK} \qquad (10\text{-}21)$$
$$S_{GE} = S_{GK} + 0.5 S_{QK} \qquad (10\text{-}22)$$

式中　S_{GE}——重力荷载代表值的效应；

　　S_{EhK}——水平地震作用标准值的效应；

　　γ_{Eh}——水平地震作用分项系数，$\gamma_{Eh} = 1.3$。

（3）多层框架验算构件承载力时荷载组合的直接算式。由公式（10-18）～式（10-21），并代入式中的相应系数，可得表 10-7 所示的直接算式。

表 10-7　多层框架验算构件承载力时荷载组合的直接算式

荷载组合类型	公式号	组合公式	备注
重力荷载	(1)	$S = 1.2 S_{GK} + 1.4 S_{QK}$	
	(2)	$S = 1.0 S_{GK} + 1.4 S_{QK}$	

（续）

荷载组合类型	公式号	组 合 公 式	备 注
重力荷载 + 风荷载	（3）	$S = 1.2S_{GK} + 0.9(1.4S_{QK} \pm 1.4S_{WK})$	
	（4）	$S = 1.0S_{GK} + 0.9(1.4S_{QK} \pm 1.4S_{WK})$	
重力荷载 + 水平地震作用	（5）	$S = 1.2(S_{GK} + 0.5S_{QK}) \pm 1.3S_{EhK}$	不计风荷载效应及竖
	（6）	$S = 1.0(S_{GK} + 0.5S_{QK}) \pm 1.3S_{EhK}$	向地震作用效应

5. 框架梁及柱的截面配筋

（1）框架梁设计。框架梁的纵筋和箍筋的配置，应按受弯构件正截面承载力和斜截面承载力的计算和构造确定。此外，纵向受拉钢筋应满足配筋率及裂缝宽度的要求。纵筋的弯起和截断位置，一般应根据弯矩包络图用作材料图的方法确定。但通常当均布活荷载 q 与均布恒载 g 的比值 $q/g \leqslant 3$ 或考虑塑性内力重分布对支座弯矩进行调幅时，可参考梁板结构中次梁的做法，对框架梁中的纵筋进行弯起和截断。应注意梁下部纵筋一般不在跨中截断。

（2）框架柱设计。框架柱属偏心受压构件，一般采用对称配筋。在中间轴线上的框架柱，按单向偏心受压考虑，边柱按双向偏心受压考虑。框架柱除进行正截面受压承载力的计算外，还应进行斜截面抗剪承载力的计算。框架平面外尚按轴心受压构件验算。对于框架的边柱，若偏心距 $e_0 > 0.55h_0$ 时，还应进行裂缝宽度验算。

10.2.8 现浇框架的构造要求

1. 材料要求

（1）钢筋混凝土现浇框架梁、柱、节点的混凝土强度等级，不应低于 C20；普通纵向受力钢筋宜选用 HRB335 和 HRB400 级钢筋，箍筋宜选用 HRB335、HRB400、HPB235 级钢筋。

（2）框架梁、柱截面尺寸除满足承载力要求外，还应保证结构有足够的整体刚性。

（3）框架梁、柱应分别满足受弯构件和受压构件的各种构造要求，地震区的框架还应满足抗震设计的要求。

（4）框架柱宜采用对称配筋，其配筋率不应超过 5% 且不小于 0.4%；截面尺寸大于 400mm 的柱，纵向钢筋的间距不宜大于 200mm。

2. 连接构造

构件连接是框架设计的一个重要组成部分，只有通过构件之间的相互连接，结构才能成为一个整体。现浇框架的连接构造，主要是指梁与柱及柱与柱之间的配筋构造。

（1）梁与柱的连接构造。现浇框架的梁柱节点，一般做成刚性节点。在节点处，柱的纵向钢筋应连续贯穿，梁的纵向钢筋应有足够的锚固长度。

1）中间层楼面梁与柱的连接如图 10-37a 所示。框架梁的上部纵向钢筋在中间层端节点内的锚固，应不小于纵向受拉钢筋的最小锚固长度，且应伸过节点中心线。

2）当上部纵向钢筋在端节点内水平锚固长度不够时，应沿柱节点外边向下弯折。

3）框架梁的上部纵向钢筋应贯穿中间节点范围（图 10-37b）。无论端节点和中间节点，当梁的截面尺寸较小而支座处的剪力很大时，可在支座范围内做成 1:3 坡度的支托；其长度由计算确定（一般取跨度的 1/6 ~ 1/8,但不小于 1/10），其高度一般不大于梁高的 0.4 倍。

4）框架梁下部纵向钢筋伸入节点的锚固长度 l_a。

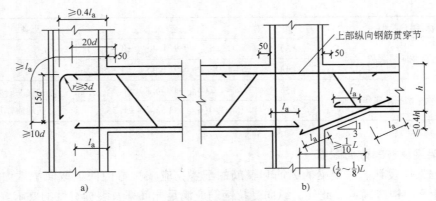

图 10-37 梁中纵向钢筋在节点内锚固

a）框架中间层端节点　b）框架中间层中节点

5）框架顶层端节点内纵向钢筋的锚固，如图 10-38 所示。

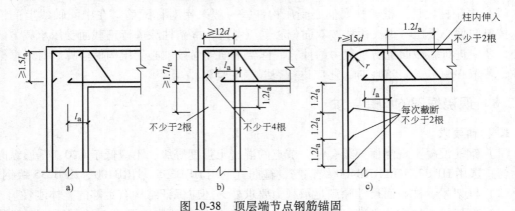

图 10-38 顶层端节点钢筋锚固

图中 l_a 为纵向受拉钢筋的最小锚固长度。根据偏心距的大小，梁柱纵向钢筋的截断位置分为三种情形：

① 当 $e_0 \leqslant 0.25h$ 时，按图 10-38a 所示位置；

② 当 $0.25h \leqslant e_0 \leqslant 0.5h$ 时，按图 10-38b 所示位置；

③ 当 $e_0 > 0.5h$ 时，按图 10-38c 所示位置。

（2）上下柱的连接。上下柱的钢筋的连接宜采用焊接，也可采用搭接。一般在楼板面（对现浇楼板）或梁顶面（对装配式楼板）设施工缝，下柱钢筋伸出搭接长度 l_a；当偏心距 $e_0 \leqslant 0.2h$ 时，l_a 可按受压钢筋取值；当 $e_0 > 0.2h$ 时，l_a 可按受拉钢筋取值。在搭接长度范围内的箍筋除满足要求外，其箍筋间距不应大于 $10d$（d 为柱中纵向受力钢筋的最小直径）。

当柱每边钢筋不多于 4 根时，可在一个水平面上接头；当柱每边钢筋为 5~8 根时，可在两个水平面上接头；当柱每边钢筋为 9~12 根时，可在三个水平面上接头，如图 10-39 所示。

下柱伸入上柱搭接钢筋的根数及直径应满足上柱要求。当上下柱内钢筋直径不同时，搭接长度 l_a 应按上柱内钢筋直径计算。当上下柱截面不同时，如纵向钢筋折角不大于 1/6 时，钢筋可弯折伸入上柱搭接（图 10-40a）；当钢筋折角大于 1/6 且 $h > 2.5m$ 时，应设置锚固在下柱内的插筋与上柱钢筋搭接（图 10-40b）；当钢筋折角大于 1/6 且 $h \leqslant 2.5m$ 时，可取消插

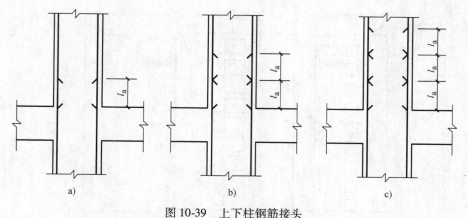

图 10-39　上下柱钢筋接头

a）每边钢筋≤4 根　b）每边钢筋 5~8 根　c）每边钢筋 9~12 根

筋，直接将上柱钢筋锚固在下柱内（图 10-40c）。

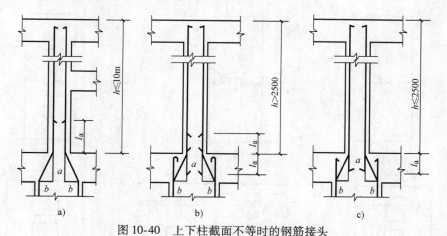

图 10-40　上下柱截面不等时的钢筋接头

a）$b/a≤1/6$ 时　b）$b/a>1/6$ 且 $h>2.5$m 时　c）$b/a>1/6$ 且 $h≤2.5$m 时

10.3　剪力墙结构

剪力墙是一种抵抗侧向力的结构单元，它可以完全由剪力墙组成抵抗侧向力的剪力墙结构，也可以由剪力墙和框架共同组成抵抗侧向力的框架-剪力墙结构。在地震区，多层及高层建筑中设置剪力墙可以改善结构的抗震性能，因此剪力墙也称为抗震墙。

10.3.1　剪力墙结构的受力特点

剪力墙承受竖向荷载时，竖向荷载通过楼板传递到墙体上，在墙肢内产生轴向压力，其值大小可根据各片墙承受竖向荷载的负荷面积确定。但当剪力墙承受水平荷载作用时，其受力特点与墙上的洞口大小及分布有关。为了便于说明，图 10-41 所示为剪力墙的墙肢。根据墙上开洞情况的不同可将剪力墙分为整体墙、小开口整体墙、联肢墙（双肢墙或多肢墙）和壁式框架四种，每一类型的剪力墙有它自己相应的受力特点（图 10-42）。

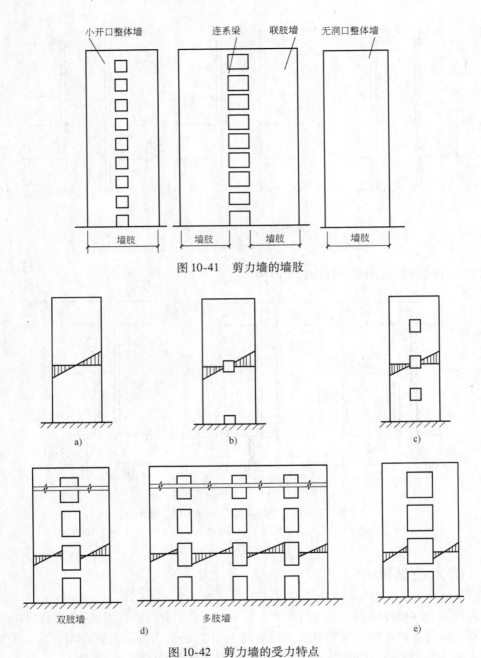

图 10-41　剪力墙的墙肢

图 10-42　剪力墙的受力特点

a）无洞整体墙　b）开洞很小的整体墙　c）整体小开口墙　d）联肢墙　e）壁式框架

1. 整体墙

整体墙是指墙面上不开洞或开洞很小（洞口面积不超过墙面面积的 16% 且孔洞净距及孔洞边至墙边距离大于孔洞长边尺寸）的墙。它在水平荷载作用下的工作状态与悬臂梁类似，弯曲变形符合平面截面假定，正应力按直线规律分布（图 10-42a），对于开有很小洞口的剪力墙，对截面的整体工作不产生影响，通过洞口横截面上的正应力分布，除洞口范围没有应力外，横截面上所有点的正应力分布仍在一条直线上（图 10-42b）。

2. 整体小开口墙

开有洞口的剪力墙,上下洞口之间的墙在结构上相当于连系梁,通过它将洞口左右的墙肢联系起来。整体小开口墙是整体墙与联肢墙之间的过渡形式,其墙肢内力和变形也介于二者之间。与开洞很小的整体墙不同,洞口稍大一些时,通过洞口横截面上的正应力分布已不再成一直线,而是在洞口两侧的部分横截面上,其正应力分布各自成一直线(图10-42c)。这说明除了整个截面产生整体弯矩外,每个墙肢还出现了局部弯矩,因为实际正应力分布,相当于沿整个截面直线分布的应力叠加上局部弯曲应力。但由于洞口还不很大,局部应力不超过水平荷载的悬臂梁弯矩的15%。因此,可以认为剪力墙截面变形大体上仍符合平面截面假定,且大部分楼层上墙肢没有反弯点,其受力变形特征比较接近于整体墙。

3. 联肢墙

当洞口开得比较大时,截面的整体性已经破坏,此时墙肢的线刚度比同列两孔间所形成的连系梁的线刚度大得多,每根连系梁中部有反弯点,各墙肢单独弯曲作用较为显著,但仅在个别或少数层内,墙肢出现反弯点(图10-42d)。

4. 壁式框架

洞口开得比联肢墙更宽,以致墙肢的宽度更小,墙肢和连系梁的线刚度相差不大,墙肢明显出现局部弯矩,在许多楼层内墙肢有反弯点。这时,剪力墙的内力分布和形态,已经趋近于框架,故称为壁式框架(图10-42e)。它与一般框架的主要不同之处在于梁柱节点刚度很大,靠近节点部分的梁和柱可以近似认为有一个不变形的刚性区段,称其为"刚域"。在计算结构的内力和变形时,应考虑其影响而对梁、柱的抗弯、抗剪刚度进行相应的修正。

10.3.2 剪力墙的构造要求

《高层建筑混凝土结构技术规程》(JGJ—2002)(以下简称《高层规程》)规定,按墙肢截面的高度与厚度之比,剪力墙可分为一般剪力墙和短肢剪力墙,见表10-8。

表 10-8 各类剪力墙的墙截面高宽比

剪力墙分类	一般剪力墙	短肢剪力墙	超短肢剪力墙	柱形墙肢
剪力墙截面高宽比	$h_w/b_w>8$	$5\leqslant h_w/b_w\leqslant 8$	$3<h_w/b_w<5$	$h_w/b_w\leqslant 3$

注:1. "混凝土规范"规定 $h_w/b_w>4$ 时,按剪力墙要求设计。

2. 为区别一般的短肢剪力墙,这里将截面高度与厚度之比 $3<h_w/b_w<5$ 的剪力墙定义为超短肢剪力墙。

3. 对于 $h_w/b_w\leqslant 3$ 的剪力墙墙肢,规范规定按框架柱进行截面设计。

1. 一般剪力墙

$h_w/b_w>8$ 的剪力墙为一般剪力墙(以下简称剪力墙)。

(1) 剪力墙的截面高度及最小厚度。剪力墙的截面最小厚度及最低混凝土强度等级需符合下列要求(图10-43):

1) 剪力墙的混凝土强度等级不应低于C20,带有筒体和短肢剪力墙的剪力墙结构的混凝土强度等级不应低于C25。

2) 非抗震设计的剪力墙厚度 b 取用下列情况的较大者:

$b\geqslant 160mm$;剪力墙结构 $b\geqslant H/25$(或剪力墙无支长度的1/25);

式中 H 为楼层高度。

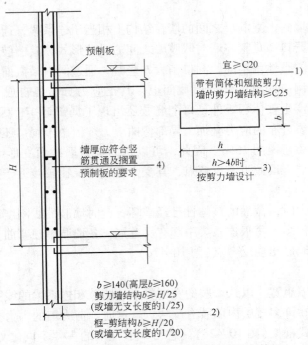

图 10-43　剪力墙的最小厚度及混凝土强度等级

3）分割电梯井及管道井的墙体厚度可适当减少，但不宜小于 160mm。

4）采用预置楼板时，墙厚的确定应考虑预制板在墙上的搁置长度，以及上、下层竖向钢筋的贯通要求。

（2）剪力墙分布筋的加强区。结构重要部位的剪力墙，其水平和竖向分布筋的配筋率宜适当提高，对温度、收缩应力较大的部位，水平分布筋的配筋率宜适当提高。需加强配置水平及竖向分布筋的剪力墙加强区见表 10-9、图 10-44 及图 10-45。

表 10-9　水平及竖向分布筋的加强区

序　号	需加强的部位（加强区）		
①	剪力墙顶层		配筋率 ρ≥0.25%
②	长矩形平面房屋	楼、电梯间墙体	s≤200mm
③		端开间的纵向剪力墙	
④		端山墙	
⑤	一般剪力墙底部加强区：可取墙肢总高度的 1/8 和底部两层二者的较大值		

（3）剪力墙的配筋

1）剪力墙端部、暗柱及端柱的配筋。剪力墙端部、暗柱及端柱的最小配筋量、箍筋及拉筋的设置要求应符合表 10-10 的规定。

表 10-10　剪力墙端部、暗柱及端柱的最小配筋量、箍筋及拉筋

底部加强区		一　般　部　位	
纵向钢筋最小配筋量	箍筋及拉筋	纵向钢筋最小配筋量	箍筋及拉筋
4φ12	φ6，s≤200mm	4φ12	φ6，s≤250mm

2）剪力墙的水平及竖向分布钢筋和拉筋配置

① 规范对墙体分布筋及拉筋的规定，现分别于列表 10-11 及表 10-12。

表 10-11　《高层规程》对墙体分布筋及拉筋的规定

墙厚（mm）	应采用的分布筋排数	双（多）排筋间的拉结钢筋	
		一般部位	加强区
$160 \leqslant b \leqslant 400$	2	$d \geqslant 6mm$ $s \leqslant 600mm$	比一般部位适当加密
$400 < b \leqslant 700$	3		
$b > 700$	4		

注：高层建筑剪力墙中不应采用单排配筋的水平及竖向分布筋。

表 10-12　《规范》对墙体分布筋的规定

墙厚（mm）	分布筋排数	双排筋间的拉结
$b \geqslant 140$	应双排	d 不宜小于 6mm，s 不宜大于 600mm

② 水平及竖向分布筋的最小配筋率 ρ_{sh}、ρ_{sv}、最大间距 s、最小直径等应符合表 10-13 的规定。

表 10-13　水平和竖向分布筋的最小配筋率、最大间距及最小直径

最小配筋率 ρ_{sh}、ρ_{sv}（%）		竖向及水平分布筋 d（mm）	分布筋间距 s（mm）	
一般部位	加强区	一般部位及加强区	一般部位	加强区
0.2	0.25	$\phi 8$	300mm	300mm

注：1. 表中水平分布筋、竖向分布筋的最大直径为墙厚的 1/10。

2. 表中 $\rho_{sh} = A_{sh}/(bs_v)$、$\rho_{sv} = A_{sv}/(bs_h)$，其中 ρ_{sh}、ρ_{sv} 为剪力墙的水平及竖向配筋率；A_{sh}、A_{sv} 为剪力墙水平及竖向分布筋面积；s_h、s_v 为剪力墙的水平分布筋及竖向分布筋的间距。

③ 水平分布筋应伸至墙端，并向水平弯折 10d 后截断，d 为水平分布筋的直径。

④ 水平分布筋应错位搭接，错距不小于 500mm，搭接长度不小于 1.2l_a（图 10-44）。

⑤ 竖向分布筋的搭接可在同一部位，搭接长度不小于 1.2l_a。

⑥ 各排分布筋之间应采用拉筋拉接，并将水平分布筋钩牢，拉筋的直径 $d \geqslant$ 6mm，间距 $s \leqslant 600$mm，加强区的拉筋间距宜适当加密。

⑦ 剪力墙中温度、收缩应力较大的部位，水平分布筋的配筋量应适当提高。

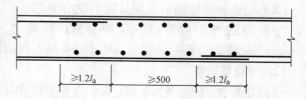

图 10-44　剪力墙内分布筋的连接

（4）剪力墙连梁的配筋。连梁的纵向钢筋的锚固、箍筋及水平分布筋的设置需符合下列要求（图 10-45）：

1）上、下纵向钢筋锚入墙内的长度应 $\geqslant l_a$ 及 $\geqslant 600$mm。

2）箍筋直径 $d \geqslant 6$mm，间距 $s \leqslant 150$mm，沿洞口连梁箍筋全长加密。

3）顶层连梁纵向钢筋伸入墙体的长度范围内应设箍筋，间距 $s \leqslant 150$mm，直径同连梁

内箍筋。

4）墙体分布筋应作为连梁的腰筋，在连梁范围内拉通连续配置，当连梁高度大于700mm时，其两侧面沿梁高范围设置纵向构造钢筋（腰筋）的直径不应小于10mm，间距 s 不应大于200mm，跨高比 $l_0/h \leqslant 2.5$ 的连梁（为深连梁），梁两侧的纵向构造钢筋（腰筋）的面积配筋率不应小于0.3%。

（5）剪力墙的洞边配筋。剪力墙及连梁内的小洞口洞边配筋需符合下列要求（图10-46）：

1）当剪力墙上开有非连续的小洞口（边长小于800mm），且在整体计算中不考虑其影响时，应在洞口周边设置洞口补强钢筋，洞每侧的补强钢筋面积不应小于该方向被截断的分布筋面积的一半，且补强钢筋直径 d 不应小于12mm。

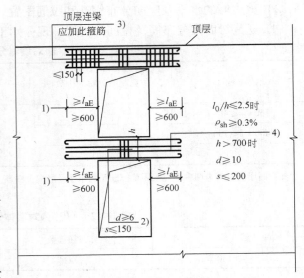

图 10-45 连梁纵向钢筋的锚固及箍筋配置

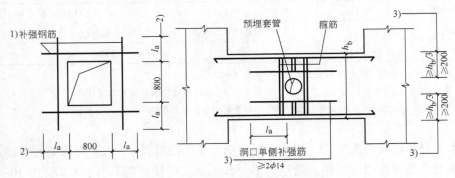

图 10-46 剪力墙及连梁洞边补强配筋

2）洞边补强钢筋的锚固长度不应小于 l_a。

3）穿过连梁的管道宜预埋套管，套管上、下的有效高度不宜小于梁高的1/3及200mm，套管边设置补强钢筋不小于 $2\phi14$，被削弱的连梁截面应进行承载力验算。

2. 短肢剪力墙

《高层规程》规定 $5 \leqslant h_w/b_w \leqslant 8$ 的剪力墙为短肢剪力墙，短肢剪力墙结构应符合下列要求：

（1）高层建筑不应采用全部为短肢剪力墙的剪力墙结构，短肢剪力墙较多时，应布置筒体（或一般剪力墙）形成短肢剪力墙与筒体（或一般剪力墙）共同抵抗水平力的剪力墙结构。

（2）短肢剪力墙的截面厚度不应小于200mm。

（3）短肢剪力墙的混凝土强度等级不应低于C25。

3. 小墙肢的配筋

《高层规程》规定 $h_w/b_w<5$ 的独立墙肢构造从严，当 $h_w/b_w\leqslant3$ 时，宜按框架柱进行截面设计，《规范》规定 $h_w/b_w\leqslant4$ 时，应按柱进行截面设计和配筋构造。

$h_w/b_w<5$ 的独立墙肢往往是结构的薄弱部位，因此，结构设计中应尽量避免采用，尤其是 $h_w/b_w\leqslant3$ 的小墙肢，必须采用时应采取下列严格的构造措施：

（1）降低对小墙肢的承载力要求。

（2）适当提高小墙肢的总筋配筋率，加大配箍率，箍筋全高加密。

（3）避免梁钢筋在小墙肢顶部的锚固，有条件时，梁纵向钢筋应从小墙肢直通。

小墙肢的配筋应满足框架柱的要求。配筋要求如图 10-47 所示。

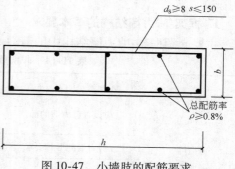

图 10-47　小墙肢的配筋要求

10.4　框架-剪力墙结构

框架-剪力墙结构，主要由框架梁、柱形成自由灵活的空间，同时又有一定数量的剪力墙，使得它具有很强的抗震能力，并减少了在水平荷载作用下的侧移。所以，在地震区要采用高层框架结构时，宜优先选用框架-剪力墙结构。

10.4.1　框架-剪力墙结构的受力特点

在框架-剪力墙结构体系的高层建筑中，竖向荷载按构件各自的负荷面积而确定，受力分析较为简单。而水平荷载由框架和剪力墙共同承担，显然这要比纯框架和纯剪力墙体系复杂得多。纯框架在水平荷载作用下的变形曲线为剪切型，其层间侧移自上而下逐层增大；纯剪力墙在受到墙体平面内的水平荷载时，其变形曲线属于弯曲型，层间侧移自上而下逐层减小，与纯框架体系层间侧移的增长方向正好相反；对于框架-剪力墙结构单元，既有框架，又有剪力墙，它们之间通过平面内刚性无限大的楼板连接在一起，各自不再能够自由变形，而必须在同一楼层上保持位移相等，因此，框架-剪力墙结构的变形曲线是介于二者之间的弯剪型——一条反 S 形的曲线（图 10-48）。在下部楼层，剪力墙位移小，它拉着框架按弯曲型曲线变形，剪力墙承担大部分水平荷载；在上部楼层，剪力墙外倒，框架内收，框架拉着

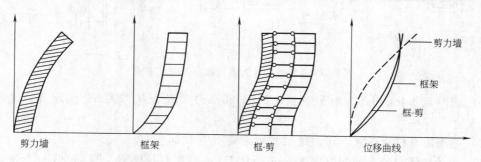

图 10-48　框架-剪力墙结构的受力特点

剪力墙按剪切型曲线变形，剪力墙出现负剪力，框架除了负担水平荷载外，还要把剪力墙拉回来，承担附加的水平力。因此即使水平外荷载产生的顶层剪力很小，框架承受的总水平力也是很大的，它与纯框架的受力情况完全不同。

10.4.2 框架-剪力墙结构的构造要求

1. 框架-剪力墙结构的基本要求

主要介绍框架-剪力墙结构中的剪力墙的布置要求，见表 10-14。

表 10-14 非抗震框架-剪力墙结构的基本要求

项目		内容
剪力墙平面布置要求	应设置剪力墙的部位	建筑物周边附近、楼电梯间、平面形状变化的部位、恒载较大的部位、平面凸出部分的端部附近
	剪力墙的形状要求	纵横宜形成 L 形、T 形和 [形等形式
	单片剪力墙的布置要求	单片墙底部水平剪力 V_0 与结构总剪力 V 之比 $V_0/V \leqslant 40\%$
	剪力墙间距要求（取小值）	现浇：$5B$ 或 60m；装配：$3.5B$ 或 40m；B 为楼面宽度（m）
剪力墙竖向布置要求	剪力墙竖向要求	应贯通建筑物全高，避免刚度突变
	剪力墙洞口布置要求	上下层洞口宜对齐
	楼电梯间剪力墙	宜与抗侧力结构结合布置

注：现浇层厚度大于 60mm 的叠合板可作为现浇板考虑。

2. 带边框剪力墙的截面及配筋

框剪结构中周边带有梁柱的带边框的现浇剪力墙，其梁、柱、墙的截面尺寸及配筋需符合下列要求（图 10-49）：

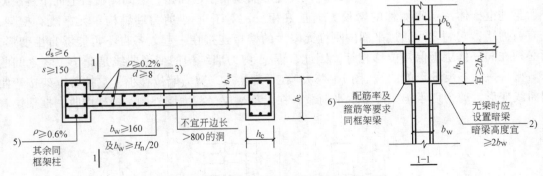

图 10-49 带边框剪力墙的截面及配筋要求

（1）墙厚 $b_w \geqslant 160$mm（为便于施工宜 $b_w \geqslant 180$mm）及 $b_w \geqslant H_n/20$，H_n 为层高，墙与边柱中线宜重合。

（2）墙周边有柱无梁时，应设暗梁，暗梁高不小于 $2b_w$。

（3）水平和竖向分布筋配筋率 $\rho_{sh} = \rho_{sv} \geqslant 0.2\%$，且配双排钢筋，拉筋直径 $d \geqslant 6$mm，间

距 $s \leqslant 600\text{mm}$。

（4）剪力墙端部的纵向受力钢筋应配置在边框柱截面内。

（5）边柱纵向钢筋的配置及构造要求同框架柱要求。

（6）梁的纵向钢筋及箍筋等构造要求同框架梁要求。

（7）对框架-剪力墙结构中的剪力墙，其水平及竖向分布筋尤其是水平分布筋应予以适当加强。

本 章 小 结

1. 钢筋混凝土多层及高层房屋常用的结构体系有：框架结构、框架-剪力墙结构、剪力墙结构和简体结构等。

2. 框架结构是多、高层建筑的一种主要结构形式。框架结构按施工方法的不同，框架可分为整体式、装配式和装配整体式三种。按承重体系分为横向框架承重方案、纵向框架承重方案和纵横向框架混合承重方案。

3. 框架结构的设计步骤是：①选择框架结构方案；②确定梁、柱截面尺寸和材料强度等级；③计算框架内力和侧移；④确定框架梁、柱控制截面的最不利内力组合；⑤梁、柱截面配筋计算；⑥绘制施工图。

4. 框架的内力计算：竖向荷载作用下一般采用分层法，分层后，各层用弯矩二次分配法计算。水平荷载作用下的内力计算一般采用反弯点法或修正反弯点法（即 D 值法）。D 值是框架结构层间柱产生单位相对侧移所需施加的水平剪力，可用于框架结构的侧移计算和各柱间的剪力分配。D 值是在考虑框架梁为有限刚度、梁柱节点有转动的前提下得到的，故比较接近实际情况。D 值法的重点是反弯点高度的确定和反弯点处剪力值的确定。

5. 在水平荷载作用下，框架结构各层产生层间剪力和倾覆力矩。层间剪力使梁、柱产生弯曲变形，引起的框架结构侧移曲线具有整体剪切型变形特点；倾覆力矩使框架柱（尤其是边柱）产生轴向拉、压变形，引起的框架结构侧移曲线具有整体弯曲型变形特点。

思考题与习题

1. 多、高层房屋的结构体系有哪几种？各有什么特点？

2. 框架结构按施工方法分为哪几类？

3. 多层框架结构房屋的结构布置方案有几种？各有何优缺点？

4. 如何确定框架结构的计算简图？

5. 如何确定框架梁、柱的截面尺寸？

6. 框架内力有哪些近似计算方法？各在什么情况下采用？

7. 如何计算框架在水平荷载作用下的侧移？

8. 简述 D 值法的计算步骤。

9. 框架梁、柱的控制截面各有哪些？怎样确定各控制截面上的最不利内力？

10. 现浇框架结构的节点连接和锚固应注意的构造要求有哪些？

11. 剪力墙结构和框架-剪力墙结构有什么不同的受力特点？

12. 双跨三层的钢筋混凝土框架结构，柱截面 $400\text{mm} \times 500\text{mm}$，梁截面 $250\text{mm} \times 700\text{mm}$，如图 10-50 所示，第三层梁上作用恒载、活荷载设计值分别为 $g_3 = 22\text{kN/m}$、$q_3 = 1.2\text{kN/m}$，第二层梁上作用恒载、活荷

载设计值分别为 $g_2 = 38\text{kN/m}$、$q_2 = 2.4\text{kN/m}$，第一层梁上作用恒载、活荷载设计值分别为 $g_1 = 39\text{kN/m}$、$q_1 = 2.4\text{kN/m}$，试用分层法计算框架各杆的弯矩。

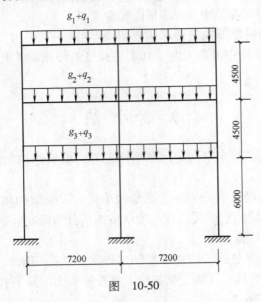

图 10-50

13. 双跨三层的钢筋混凝土框架结构，柱截面 $400\text{mm} \times 500\text{mm}$，梁截面 $250\text{mm} \times 700\text{mm}$，如图 10-51 所示，试用 D 值法计算框架各杆的弯矩。

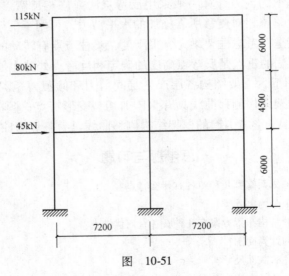

图 10-51

第 11 章　建筑结构抗震

11.1　地震基本知识

1. 地震的概念

在建筑抗震中所指的地震是由于地壳构造运动使岩层发生断裂、错动而引起的地面振动。由于这种地震是地壳构造变动而引起的，故又称为构造地震，简称地震。地震发生时，地壳深处发生岩层断裂或错动产生震动的部位，称为震源。震源至地面的垂直距离称为震源深度。震源正上方在地表的垂直投影点称为震中；地震发生时震动和破坏最大的地区，也即震中邻近地区称为震中区；受地震影响地区地面上某点至震中的距离称为震中距；在同一地震中，具有相同地震烈度地点的连线称为等震线。

2. 震级

衡量一次地震释放能量大小的等级，称为震级，用符号 M 表示，由于人们所能观测到的只是地震波传播到地表的振动，这也正是对我们有直接影响的那一部分地震能量所引起的地面振动。因此，用地面振动的振幅大小来度量地震震级。目前国际上比较通用的是里氏震级，其定义是 1935 年里希特(C. F. Richter)首先提出的。震级是利用标准地震仪(指自振周期为 0.8s，阻尼系数为 0.8，放大倍数为 2800 的地震仪)所记录到的距震中 100 km 处的坚硬地面上最大水平地动位移(即振幅 A，以微米计，$1\mu\text{m} = 1 \times 10^{-3}\text{mm}$)，以常用对数值表示的。所以，震级可用下式表达：

$$M = \lg A$$

式中　M——地震震级，一般称为里氏震级。

实际上，地震时距震中恰好 100km 处不一定设置了地震仪，且观测点也不一定采用标准地震仪。对于距震中的距离不是 100km，且采用非标准地震仪所确定的震级，尚需进行适当修正才是所求的震级。

震级表示一次地震释放能量的多少，也是表示地震规模的指标，所以一次地震只有一个震级。震级差一级，能量就要差 32 倍之多。

一般认为，$M < 2$ 的地震人们感觉不到，只有仪器才能记录下来，称做微震；$M = 2 \sim 4$ 的地震人就能感觉到，一般称为有感地震；$M > 5$ 的地震称为破坏性地震，建筑物有不同程度的破坏；$M = 7 \sim 8$ 的地震称为强烈地震或大地震；$M > 8$ 的地震称为特大地震。本世纪以来，由仪器记录到的最大震级是 9.0 级，是 2011 年 3 月 11 日发生在日本东北部海域的东日本大地震。

3. 地震烈度和烈度表

地震烈度是指地震时某一地点地面震动的强烈程度，用符号 I 表示。一个同样大小的地震，若震源深度、离震中的距离和土质条件等因素不同，则对地面和建筑物的破坏就有所不同。若仅用地震震级来标志地面震动强度，还不足以区别地面和建筑物的破坏轻重程度。所以，在地震工程中还需要用地震烈度来表示地震对地面影响的强烈程度。因此，一次地震，表示地震大小的震级只有一个，但距离震中不同的地点，却有不同的地震烈度。一般来说，离震中愈远，受地震的影响就愈小，地震烈度也就愈低。离震中愈近，地震影响愈大，地震烈度愈高。地震发生时，震中区的地震烈度最大。地震烈度表是评定地震烈度大小的标准和尺度，它是根据人的感觉、器物反应、建筑物的破损程度和自然现象等宏观现象加以判定的。目前我国使用的是1999年由国家地震局颁布实施的《中国地震烈度表（1999）》。

4. 基本烈度

强烈地震的发生具有很大的随机性。我国《建筑抗震设计规范》（GB 50011—2010）给出的地震基本烈度的概念是：一个地区的基本烈度是指该地区在今后50年时间内，在一般场地条件下可能遭遇到的超越概率为10%的地震烈度。

11.2 建筑抗震设防标准及设防目标

1. 建筑重要性分类

在进行建筑抗震设计时，应根据建筑的重要性不同，采取不同的建筑抗震设防标准。建筑工程应分为以下四个抗震设防类别：

（1）特殊设防类：是指使用上有特殊设施，涉及国家公共安全的重大建筑工程和地震时可能发生严重次生灾害等特别重大灾害后果，需要进行特殊设防的建筑，简称甲类。

（2）重点设防类：是指地震时使用功能不能中断或需尽快恢复的生命线相关建筑，以及地震时可能导致大量人员伤亡等重大灾害后果，需要提高设防标准的建筑，简称乙类。

（3）标准设防类：是指大量的除1、2、4款以外按标准要求进行设防的建筑，简称丙类。

（4）适度设防类：是指使用上人员稀少且震损不致产生次生灾害，允许在一定条件下适度降低要求的建筑，简称丁类。

2. 建筑抗震设防标准

抗震设防是对建筑进行抗震设计，包括地震作用、抗震承载力计算、变形验算和采取抗震措施，以达到抗震的效果。

抗震设防标准的依据是设防烈度。抗震设防烈度：按国家规定的权限批准作为一个地区抗震设防依据的地震烈度。抗震设防烈度必须按国家规定的权限审批、颁布的文件（图件）确定；一般情况下，抗震设防烈度可采用中国地震烈度区划图的基本烈度。各抗震设防类别建筑的抗震设防标准，应符合下列要求：

（1）标准设防类，应按本地区抗震设防烈度确定其抗震措施和地震作用，达到在遭遇高于当地抗震设防烈度的预估罕遇地震影响时不致倒塌或发生危及生命安全的严重破坏的抗震设防目标。

（2）重点设防类，应按高于本地区抗震设防烈度一度的要求加强其抗震措施；当抗震设防烈度为9度时应按比9度更高的要求采取抗震措施；地基基础的抗震措施，应符合有关规定。同时，应按本地区抗震设防烈度确定其地震作用。

（3）特殊设防类，应按高于本地区抗震设防烈度一度的要求加强其抗震措施；当抗震设防烈度为9度时应按比9度更高的要求采取抗震措施。同时，应按批准的地震安全性评价的结果且高于本地区抗震设防烈度的要求确定其地震作用。

（4）适度设防类，允许比本地区抗震设防烈度的要求适当降低其抗震措施，当抗震设防烈度为6度时不应降低。一般情况下，仍应按本地区抗震设防烈度确定其地震作用。

注：对于划为重点设防类而规模很小的工业建筑，当改用抗震性能较好的材料且符合抗震设计规范对结构体系的要求时，允许按标准设防类设防。

3. 抗震设防目标

抗震设防是指对建筑物进行抗震设计和采取抗震构造措施，达到抗震的效果。近十几年来，不少国家抗震设计规范的抗震设防目标总的趋势是：在建筑物使用寿命期间，对不同频度和强度的地震，要求建筑物具有不同的抵抗能力。即对一般较小的地震，由于其发生的可能性大，因此要求遭遇到这种多遇地震时，结构不受损坏。这在技术和经济上，都是可行的；对于遭受罕遇地震时，要求结构完全不损坏，这在经济上是不合算的。比较合理的做法是，容许损坏但不应导致建筑物倒塌。

基于国际的这一趋势，我国《抗震规范》提出了"三水准"的抗震设防目标。

第一水准：当遭受到多遇的低于本地区设防烈度的地震（简称"小震"）影响时，建筑物一般应不受损坏或不需修理仍能继续使用。

第二水准：当遭受到本地区设防烈度的地震影响时，建筑物可能有一定损坏，经一般修理或不需修理仍能继续使用。

第三水准：当遭受到高于本地区设防烈度的罕遇地震（简称"大震"）影响时，建筑物不致倒塌或发生危及生命的严重破坏。

在进行抗震设计时，原则上应满足"三水准"抗震设防目标的要求，在具体做法上，为了简化计算，《抗震规范》采取了二阶段设计法，即

第一阶段设计：按小震作用效应和其他荷载效应的基本组合验算构件的承载力，以及在小震作用下验算结构的弹性变形。以满足第一水准抗震设防目标的要求。

第二阶段设计：在大震作用下验算结构的弹塑性变形，以满足第三水准抗震设防目标的要求。

对于第二水准抗震设防目标的要求，只要结构按第一阶段设计，并采取相应的抗震措施，即可得到满足。

概括起来，"三水准、二阶段"的抗震设防目标的通俗说法是："小震不坏、中震可修、大震不倒。"

11.3 多高层钢筋混凝土结构抗震构造知识

1. 房屋的高度及高宽比限值

一般现浇钢筋混凝土房屋的最大高度应符合表11-1的要求。平面和竖向均不规则的结构或建造于Ⅳ类场地的结构，适用的最大高度应适当降低。

表 11-1　现浇钢筋混凝土房屋适用的最大高度　　　　　　（单位 m）

结构类型		烈度				
		6	7	8(0.2g)	8(0.3g)	9
框架		60	50	40	35	24
框架-抗震墙		130	120	100	80	50
一般抗震墙		140	120	100	80	60
部分框支抗震墙		120	100	80	50	不应采用
筒体	框架-核心筒	150	130	100	90	70
	筒中筒	180	150	120	100	80
板柱-抗震墙		80	70	55	40	不应采用

注：1. 房屋高度是指室外地面到主要屋面板板顶的高度（不包括局部突出屋顶部分）。
　　2. 框架-核心筒结构是指周边稀柱框架与核心筒组成的结构。
　　3. 部分框支抗震墙结构是指首层或底部两层为框支层的结构，不包括个别框支墙的情况。
　　4. 表中框架，不包括异形柱框架。
　　5. 板柱-抗震墙结构是指板柱、框架和抗震墙组成抗侧力体系的结构。
　　6. 乙类建筑可按本地区抗震设防烈度确定其适用的最大高度。
　　7. 超过表内高度的房屋，应进行专门研究和论证，采取有效的加强措施。

表 11-2　A 级高度钢筋混凝土高层建筑结构适用的最大度　　　（单位:m）

结构体系		非抗震设计	抗震设防烈度				
			6 度	7 度	8 度		9 度
					0.20g	0.30g	
框架		70	60	50	40	35	24
框架-剪力墙		150	130	120	100	80	50
剪力墙	全部落地剪力墙	150	140	120	100	80	60
	部分框支剪力墙	130	120	100	80	50	不应采用
筒体	框架-核心筒	160	150	130	100	90	70
	筒中筒	200	180	150	120	100	80
板柱-剪力墙		110	80	70	55	40	不应采用

注：1. 表中框架不含异形柱框架。
　　2. 部分框支剪力墙结构指地面以上有部分框支剪力墙的剪力墙结构。
　　3. 甲类建筑，6、7、8 度时宜按本地区抗震设防烈度提高一度后符合本表的要求，9 度时应专门研究。
　　4. 框架结构、板柱-剪力墙结构以及 9 度抗震设防的表列其他结构，当房屋高度超过本表数值时，结构设计应有可靠依据，并采取有效的加强措施。

《高层建筑混凝土结构技术规程》（JGJ 3—2010）（以下简称《高规》）将高层建筑的最大适用高度和最大高宽比分为 A 级和 B 级。高层建筑高度超过表 11-1 规定时为 B 级高度高层建筑，A 级适用的最大高度见表 11-2，B 级适用的最大高度和最大高宽比分别见表 11-3 和表 11-4。

表 11-3　B 级高度钢筋混凝土高层建筑结构适用的最大高度　　　　（单位:m）

结构体系		非抗震设计	抗震设防烈度			
			6 度	7 度	8 度	
					0.20g	0.30g
框架-剪力墙		170	160	140	120	100
剪力墙	全部落地剪力墙	180	170	150	130	110
	部分框支剪力墙	150	140	120	100	80
筒体	框架-核心筒	220	210	180	140	120
	筒中筒	300	280	230	170	150

注：1. 部分框支剪力墙结构是指地面以上有部分框支剪力墙的剪力墙结构。

2. 甲类建筑，6、7 度时宜按本地区设防烈度提高一度后符合本表的要求，8 度时应专门研究。

3. 当房屋高度超过表中数值时，结构设计应有可靠依据，并采取有效措施。

表 11-4　B 级高度钢筋混凝土高层建筑结构适用的最大高宽比

结构体系	非抗震设计	抗震设防烈度		
		6 度、7 度	8 度	9 度
框架	5	4	3	2
板柱-剪力墙	6	5	4	—
框架-剪力墙	7	6	5	4
框架-核心筒	8	7	6	4
筒中筒	8	8	7	5

2. 抗震等级的确定

抗震等级是确定结构构件抗震设计的标准，应根据设防烈度、结构类型和房屋高度采用不同的抗震等级，并应符合相应的计算和构造措施要求。一般现浇钢筋混凝土房屋抗震等级分为四级，其中一级抗震要求最高。

（1）丙类建筑的抗震等级应按表 11-5 确定。

（2）框架–抗震墙结构，在基本振型地震作用下，若框架部分承受的地震倾覆力矩大于结构总地震倾覆力矩的 50%，其框架部分的抗震等级应按框架结构确定，最大适用高度可比框架结构适当增加。

（3）裙房与主楼相连，除应按裙房本身确定外，不应低于主楼的抗震等级；主楼结构在裙房顶层及相邻上下各一层应适当加强抗震构造措施。裙房与主楼分离时，应按裙房本身确定抗震等级。

（4）当地下室顶板作为上部结构的嵌固部位时，地下一层的抗震等级应与上部结构相同，地下一层以下的抗震等级可根据具体情况采用三级或更低等级。地下室中无上部结构的部分，可根据具体情况采用三级或更低等级。

（5）抗震设防类别为甲、乙、丁类的建筑，应按前述的抗震设防分类和设防标准规定调整后的设防烈度和设防类别按表 11-5 确定。其中，8 度乙类建筑高度超过表 11-5 规定的范围时，应经专门研究采取比一级更有效的抗震措施。

表 11-5 现浇钢筋混凝土房屋的抗震等级

结构类型		设防烈度 6		7			8			9	
框架结构	高度/m	≤24	>24	≤24	>24		≤24	>24		≤24	
	框架	四	三	三	二		二	一		一	
	大跨度框架	三		二			一				
框架-抗震墙结构	高度/m	≤60	>60	≤24	25~60	>60	≤24	25~60	>60	≤24	25~50
	框架	四	三	四	三	二	三	二	一	二	一
	抗震墙	三		三	二		二			一	
抗震墙结构	高度/m	≤80	>80	≤24	25~80	>80	<24	25~80	>80	≤24	25~60
	剪力墙	四	三	四	三	三	二	一		二	
部分框支抗震墙结构	高度/m	≤80	>80	≤24	25~80	>80	≤24	25~80			
抗震墙	一般部位	四	三	四	三	二	三	二			
	加强部位	三	二	三	二	一	二	一			
	框支层框架	二		二			一				
框架-核心筒结构	框架	三		二			一			一	
	核心筒	二		二			一				
筒中筒结构	外筒	三		二			一				
	内筒	三		二			一				
板柱-抗震墙结构	高度/m	≤35	>35	≤35	>35		≤35	>35			
	框架、板柱的柱	三	二	二	二		二	一			
	抗震墙	二	二	二	一		二	一			

3. 结构选型和布置

多高层钢筋混凝土结构房屋常用的结构体系有框架结构、剪力墙结构、框架－剪力墙结构。不同的结构有不同的特点，应根据其特点选择合理的抗震结构体系。

框架结构是由梁和柱为主要构件组成的承受竖向和水平作用的结构。结构自身质量轻，具有平面布置灵活、可获得较大的室内空间、容易满足生产和使用要求等优点，因此在工业与民用建筑中得到了广泛的应用。整体质量的减轻能有效地减少地震作用，如果设计合理，框架结构的抗震性能一般较好。其缺点是抗侧刚度小，属柔性结构，在强震下结构的顶点位移和层间位移较大，且层间位移自上而下逐层增大，能导致刚度较大的非结构构件的破坏。如框架结构中的砌块填充墙常常在框架仅有稍微损坏时就发生严重破坏。

剪力墙结构是由剪力墙组成的承受竖向和水平作用的结构。其特点是整体性能好、抗侧刚度大和抗震性能好等。然而由于墙体多、质量大，地震作用也大，并且内部空间的布置和使用不够灵活，比较适用于高层住宅、旅馆等建筑。

框架-剪力墙结构是由框架和剪力墙共同承受竖向和水平作用的结构。兼有框架和剪力墙两种结构体系的优点，既具有较大的空间，又具有较大的抗侧刚度，抗震性能好，多用于办公楼和宾馆建筑。

第 12 章　平 法 识 图

本 章 提 要

本章介绍平面整体表示方法制图规则及构造的基本知识。

本 章 要 点

1. 掌握柱、梁、板的平法知识
2. 掌握剪力墙的平法知识
3. 掌握楼梯的平法知识
4. 掌握梁板式筏基的平法知识

12.1　平法识图概述

12.1.1　平法施工图的表达方式与特点

平法施工图的表达形式，概括来讲，是把结构构件的尺寸和配筋等，按照平面整体表示方法制图规则，整体直接表达在各类构件的结构平面布置图上，再与标准构造详图相配合，即构成一套新型完整的结构设计。平法系列图集包括：

《混凝土结构施工图平面整体表示方法制图规则和构造详图（现浇混凝土框架、梁、板）》(11G101－1)

《混凝土结构施工图平面整体表示方法制图规则和构造详图（现浇混凝土板式楼梯）》(11G101－2)

《混凝土结构施工图平面整体表示方法制图规则和构造详图（独立基础、条形基础、筏形基础及桩基承台)》(11G101－3)

平法施工图的优点是图面简洁、清楚、直观性强，图样数量少，设计和施工人员都很欢迎。

平法图集不是"构件类"标准图集。其实质是把结构设计师的创造性劳动与重复性劳动区分开来。其内容一半是平法标准设计规则，另一半是讲标准的节点构造。

平法图集适用于非抗震和抗震设防烈度为 6、7、8、9 度地区一至四级抗震等级的现浇混凝土框架、剪力墙、框剪和框支剪力墙主体结构施工图的设计。所包含的内容为常用的墙、柱、梁三种构件。

适用于上述结构的上部结构，不适用基础梁，基础梁另有专门的平法图集。

12.1.2　平法施工图的一般规定

按平法设计绘制的施工图，一般是由各类结构构件的平法施工图和标准详图两个部分构成，但对复杂的建筑物，尚需增加模板、开洞和预埋件等平面图。

现浇板的配筋图仍采用传统表达方法绘制。

按平法设计绘制结构施工图时，应将所有梁、柱、墙等构件按规定编号，同时必须按规定在结构平面布置图上直接表示各构件的尺寸、配筋和所选用的标准构造详图；出图时，宜按基础、柱、剪力墙、梁、板、楼梯及其他构件的顺序排列。

应当用表格或其他方式注明各层（包括地下和地上）的结构层楼地面标高、结构层高及相应的结构层号。结构层楼面标高是指将建筑图中的各层地面和楼面标高值扣除建筑面层及垫层厚度后的标高，结构层号应与建筑楼层号对应一致。

在平面布置图上表示各构件尺寸和配筋的方式，分平面注写方式、列表注写方式和断面注写方式三种。

结构设计说明中应写明以下内容：

（1）本设计图采用的是平面整体表示方法，并注明所选用平法标准图的图集号。

（2）混凝土结构的使用年限。

（3）抗震设防烈度及结构抗震等级。

（4）各类构件在其所在部位所选用的混凝土强度等级与钢筋种类。

（5）构件贯通钢筋需接长时采用的接头形式及有关要求。

（6）对混凝土保护层厚度有特殊要求时，应写明不同部位构件所处的环境条件。

（7）当标准详图有多种做法可选择时，应写明在何部位采用何种做法。

（8）当具体工程需要对平法图集的标准构造详图作某些变更时，应写明变更的内容。

（9）其他特殊要求。

12.1.3 构造详图

如前所述，一套完整的平法施工图通常由各类构件的平法施工图和标准详图两个部分组成，构造详图是根据国家现行《混凝土结构设计规范》、《高层建筑混凝土结构技术规程》、《建筑抗震设计规范》等有关规定，对各类构件的混凝土保护层厚度、钢筋锚固长度、钢筋接头做法、纵筋切断点位置、连接节点构造及其他细部构造进行适当的简化和归并后给出的标准做法，供设计人员根据具体工程情况选用。设计人员也可根据工程实际情况，按国家有关规范对其作出必要的修改，并在结构施工图说明中加以阐述。

12.2 梁平法识图

12.2.1 梁平法施工图制图规则

梁平法施工图同样有断面注写和平面注写两种方式。当梁为异型截面时，可用断面注写方式，否则宜用平面注写方式。

梁平面布置图应分标准层按适当比例绘制，其中包括全部梁和与其相关的柱、墙、板。对于轴线未居中的梁，应标注其定位尺寸（贴柱边的梁除外）。当局部梁的布置过密时，可将过密区用虚线框出，适当放大比例后再表示，或者将纵横梁分开画在两张图上。

同样，在梁平法施工图中，应采用表格或其他方式注明各结构层的顶面标高及相应的结构层号。

1. 断面注写方式

断面注写方式，是在分标准层绘制的梁平面布置图上，分别在不同编号的梁中各选择一根梁用剖面号引出配筋图，并在其上注写截面尺寸和配筋具体数值的方式来表达梁平法施工图。

对所有梁进行编号，从相同编号的梁中选择一根梁，先将"单边截面号"画在该梁上，再将截面配筋详图画在本图或其他图上。

断面注写方式既可单独使用，也可与平面注写方式结合使用。

2. 平面注写方式

在梁的平面布置图上，分别在不同编号的梁中各选一根梁，在其上注写截面尺寸和配筋具体数值来表达梁平法施工图。

平面注写包括集中标注与原位标注。集中标注的梁编号及截面尺寸、配筋等代表多跨，原位标注的要素仅代表本跨。具体表示方法如下：

（1）梁编号及多跨通用的梁截面尺寸、箍筋、跨中面筋基本值采用集中标注，可从该梁任意一跨引出注写；梁底筋和支座面筋均采用原位标注。对与集中标注不同的某跨梁截面尺寸、箍筋、跨中面筋、腰筋等，可将其值原位标注。

（2）梁编号由梁类型代号、序号、跨数及有无悬挑代号几项组成，应符合表 12-1 的规定。

表　12-1

梁类型	代号	序号	跨数及是否带有悬挑
楼层框架梁	KL	××	（××）或（××A）或（××B）
屋面框架梁	WKL	××	（××）或（××A）或（××B）
框支梁	KZL	××	（××）或（××A）或（××B）
非框架梁	L	××	（××）或（××A）或（××B）
悬挑梁	×L	××	

注：（××A）为一端有悬挑，（××B）为两端有悬挑，悬挑不计入跨数。

例：KL7（5A）表示第 7 号框架梁，5 跨，一端有悬挑。

（3）等截面梁的截面尺寸用 b×h 表示；加腋梁用 b×hYLt×ht 表示，其中 Lt 为腋长，ht 为腋高；悬挑梁根部和端部的高度不同时，用斜线"/"分隔根部与端部的高度值。例：300×700 Y500×250 表示加腋梁跨中截面为 300×700，腋长为 500，腋高为 250；200×500/300 表示悬挑梁的宽度为 200，根部高度为 500，端部高度为 300。

（4）箍筋加密区与非加密区的间距用斜线"/"分开，当梁箍筋为同一种间距时，则不需用斜线；箍筋肢数用括号括住的数字表示。例：$\phi8@100/200(4)$ 表示箍筋加密区间距为 100，非加密区间距为 200，均为四肢箍。

（5）梁上部或下部纵向钢筋多于一排时，各排筋按从上往下的顺序用斜线"/"分开；同一排纵筋有两种直径时，则用加号"+"将两种直径的纵筋相连，注写时角部纵筋写在前面。例：$6\phi25\ 4/2$ 表示上一排纵筋为 $4\phi25$，下一排纵筋为 $2\phi25$；$2\phi25+2\phi22$ 表示有四根纵筋，$2\phi25$ 放在角部，$2\phi22$ 放在中部。

（6）梁中间支座两边的上部纵筋不同时，须在支座两边分别标注；支座两边的上部纵筋相同时，可仅在支座的一边标注。

（7）梁跨中面筋（贯通筋、架立筋）的根数，应根据结构受力要求及箍筋肢数等构造要求而定，注写时，架立筋须写入括号内，以示与贯通筋的区别。例：2φ22＋（2φ12）表示四肢箍，其中2φ22为贯通筋，2φ12为架立筋。

（8）当梁的上、下部纵筋均为贯通筋时，可用"；"号将上部与下部的配筋值分隔开来标注。例：3φ22；3φ20表示梁采用贯通筋，上部为3φ22，下部为3φ20。

（9）梁侧面纵向构造钢筋或受扭钢筋配置。G4φ12，表示梁的两个侧面共配置4φ12的纵向构造钢筋，每侧各配置2φ12。N6φ22，表示表示梁的两个侧面共配置6φ22的受扭纵向钢筋，每侧各配置3φ22。

（10）附加箍筋（密箍）或吊筋直接画在平面图中的主梁上，配筋值原位标注。

（11）多数梁的顶面标高相同时，可在图面统一注明，个别特殊的标高可在原位加注。

12.2.2 梁的构造详图

1. 框架梁节点构造（抗震）

（1）框架梁上部纵筋构造（图12-1）

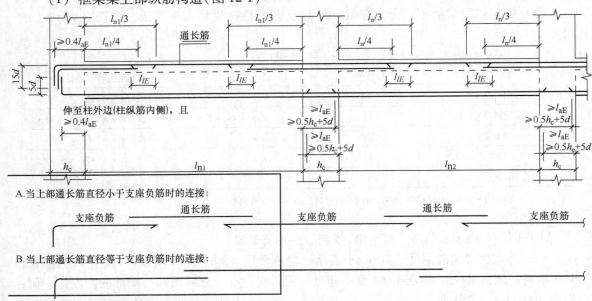

图12-1 框架梁上部纵筋构造

A：上部通长筋

为什么要设上部通长筋？是抗震要求。

B：支座负筋的延伸长度

第一排按净跨长度1/3处理，第二排按净跨长度1/4处理。端支座与中间支座有何不同？答：端支座按边跨净跨长度，而中间支座是按两侧净跨长度的大值。

C：架立筋

架立筋根数＝箍筋肢数－上部通长筋的根数

长度 = 净跨 – 两支座负筋延伸长度 + 150×2

等跨的话，长度 = $l_n/3 + 150×2$

图 12-1 只看出通长筋构造，怎么看出架立筋搭接的呢？如画俯视图便看清了。

二肢箍框架梁的架立筋与支座负筋搭接长度也是 150 吗？是通长筋而不是架立筋。

（2）框架梁下部纵筋构造（图 12-2）

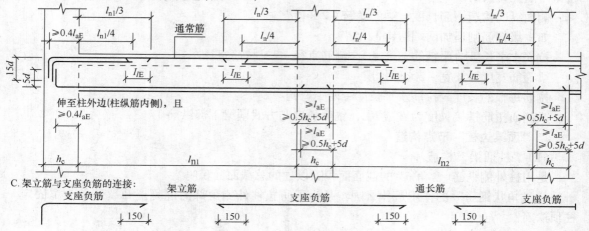

图 12-2　框架梁下部纵筋构造

按跨布置锚固不是连接，满足尺度相邻跨可贯通。

框架梁下部纵筋在靠近支座 $l_n/3$ 范围内能否进行连接？非抗震框架梁可以，因为支座处不存在正弯矩，而抗震框架梁支座则可能有正弯矩。

当框架梁一个单跨长度大于钢筋定长尺度时，如何进行钢筋连接？此时，钢筋连接不可避免。钢筋连接要避开箍筋加密区和构件内力（弯矩）较大区，执行困难。规范不是禁止连接，关键在于如何保证连接质量。如做拉力试验保证不在接头处断，则接头可在任何部位。

（3）框架梁中间支座构造

1）上部纵筋在中间支座的节点构造

支座两侧上部纵筋直径相同的做成"扁担筋"，直径不同的则分别在支座处锚固。

设计中应尽量避免出现支座两侧上部纵筋直径不同的情况。

求支座宽度时注意"楼层划分"问题，不同楼层处柱宽等支座宽度可能不同。

2）下部纵筋在中间支座的节点构造

梁下部钢筋在中间支座处的锚固是否费钢筋的问题讨论。

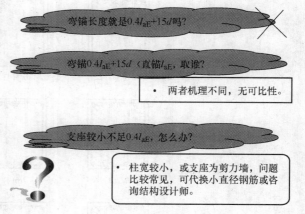

弯锚长度就是 $0.4l_{aE}+15d$ 吗？

弯锚 $0.4l_{aE}+15d$ < 直锚 l_{aE}，取谁？

• 两者机理不同，无可比性。

支座较小不足 $0.4l_{aE}$，怎么办？

• 柱宽较小，或支座为剪力墙，问题比较常见，可代换小直径钢筋或咨询结构设计师。

如果满足尺度，相邻两跨直径相同是否可以直通？

框架梁下部钢筋在中间支座可由直锚改为弯锚吗？非抗震楼层框架梁可以，其他不行。

（4）框架梁侧面纵筋的构造

框架梁侧面纵筋俗称腰筋，包括侧面构造纵筋和侧面抗扭纵筋。

拉筋与单肢箍有何不同？拉筋要拉住两个方向钢筋，而单肢箍只拉住纵筋。单肢箍要做成直形，而拉筋可直形也可 S 形。

箍筋保护层不小于 15，如直径 8 的拉筋同时拉住纵筋和箍筋，则拉筋的保护层只有 7，是不是太小了？保护层主要是保护一个面、一条线，而不是保护一个点的，一个点的保护层略小一点无碍大局。

侧面纵向构造钢筋长度 = 梁的净跨 + $2 \times 15d$

如一级钢筋则还加两端弯钩 $12.5d$

拉筋水平长度 = 梁箍筋宽度 + $2 \times$ 箍筋直径 + $2 \times$ 拉筋直径

梁箍筋宽度 = 梁宽 $- 2 \times$ 保护层

拉筋每根的长度 = 拉筋水平长度 + 两个弯钩

梁侧面扭筋搭接长度为 ll 或 llE，锚固长度与方式同梁下部纵筋。

2. "顶梁边柱"节点构造

(1)"柱插梁"构造

是用柱外侧纵筋(含角筋)的截面面积除以柱的总截面面积吗？

"直角状钢筋"的作用是什么呢？是为了防止柱外侧角部的混凝土开裂还是为了固定柱顶箍筋？

(2)"梁插柱"构造

是用梁上部纵筋(含多排)的截面面积除以梁的总截面面积还是有效截面面积？有效截面面积 = 梁宽 $\times$ 有效高度。

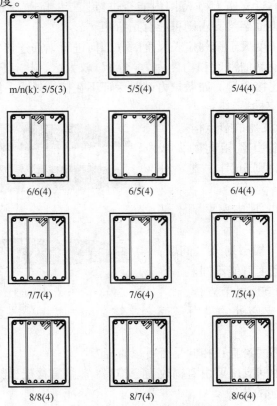

图 12-3　相邻肢形成内封闭箍筋形式

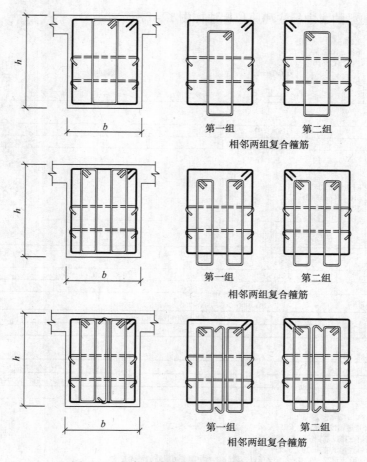

图 12-3　相邻肢形成内封闭箍筋形式（续）

关注角柱，它在两个方向上都是边柱。

（3）"柱插梁"和"梁插柱"的优缺点

1）"柱插梁"。优点：施工方便；缺点：梁上部钢筋密度增大，不利于混凝土浇筑。

2）"梁插柱"。优点：梁上部钢筋净距能保证，利于混凝土浇筑；缺点：施工缝无法留在梁底（这是"坏习惯"，地震时梁底容易破坏）。另外，钢筋略多。

3. 抗震框架梁箍筋构造

多肢箍的内箍设置要遵循哪些原则？垂直性、对称性、均匀布置、上下筋中受力筋多的优先布置、内箍的水平段尽可能最短、上下兼顾（图 12-3）。

12.2.3　平法梁图上作业法

平法梁图上作业法就是一个手工计算平法梁钢筋的方法。它把平法梁的原始数据（轴线尺寸、集中标注和原位标注）、中间的计算过程和最后的计算结果都写在一张草稿纸上，层次分明，数据关系清楚，便于检查，提高了计算的可靠性和准确性。

【平法梁图上作业法实例之一】

以 KL5（3）为例：一个 3 跨的框架梁，无悬挑。

KL5 的截面尺寸为 250mm × 70mm，第一、三跨轴线跨度为 6000mm，第二跨轴线跨度为 1800mm，框架梁的集中标注和原位标注如图 12-4 所示。

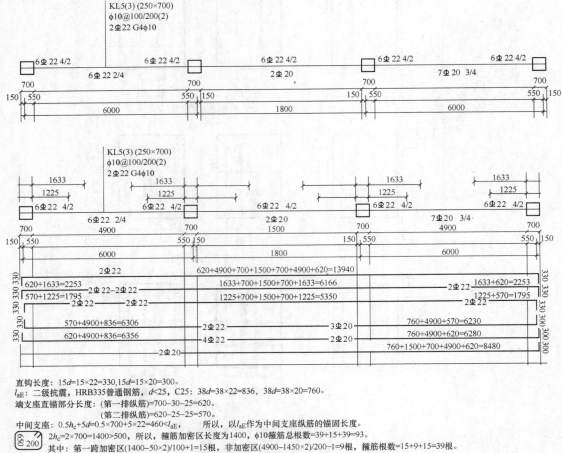

直钩长度：15d=15×22=330，15d=15×20=300。
l_{aE}：二级抗震，HRB335普通钢筋，d<25，C25：38d=38×22=836，38d=38×20=760。
端支座直锚部分长度：（第一排纵筋）700-30-25=620。
　　　　　　　　　　（第二排纵筋）620-25-25=570。
中间支座：0.5h_c+5d=0.5×700+5×22=460<l_{aE}，　所以，以l_{aE}作为中间支座纵筋的锚固长度。
⌐850 200⌐ 2h_c=2×700=1400>500，所以，箍筋加密区长度为1400，φ10箍筋总根数为39+15+39=93。
　　　　其中：第一跨加密区（1400-50×2）/100+1=15根，非加密区（4900-1450×2）/200+1=9根，箍筋根数为15+9+15=39根。
　　　　　　　第三跨同第一跨，第二跨全部为加密区（1500-50×2）/100+1=15根。
φ10构造钢筋：锚固长度=15d=15×10=150，第一、三跨⌐150+4900+150=5200⌐，第二跨⌐150+1500+150=1800⌐。

图 12-4

12.3　柱平法识图

12.3.1　柱平法施工图制图规则

　　柱平法施工图有列表注写和断面注写两种方式。柱在不同标准层截面多次变化时，可用列表注写方式，否则宜用断面注写方式。

　　（1）断面注写方式。在分标准层绘制的柱平面布置图的柱截面上，分别在同一编号的柱中选择一个截面，直接注写截面尺寸和配筋数值。

　　1）在柱定位图中，按一定比例放大绘制柱截面配筋图，在其编号后再注写截面尺寸（按不同形状标注所需数值）、角筋、中部纵筋及箍筋。

　　2）柱的竖筋数量及箍筋形式直接画在大样图上，并集中标注在大样旁边。

　　3）当柱纵筋采用同一直径时，可标注全部钢筋；当纵筋采用两种直径时，需将角筋和各边中部筋的具体数值分开标注；当柱采用对称配筋时，可仅在一侧注写腹筋。

4）必要时，可在一个柱平面布置图上用小括号"（ ）"和尖括号"＜ ＞"区分和表达各不同标准层的注写数值。

（2）列表注写方式。在柱平面布置图上，分别在同一编号的柱中选择一个或几个截面标注几何参数代号（反映截面对轴线的偏心情况），用简明的柱表注写柱号、柱段起止标高、几何尺寸（含截面对轴线的偏心情况）与配筋数值，并配以各种柱截面形状及箍筋类型图。

柱表中自柱根部（基础顶面标高）往上以变截面位置或配筋改变处为界分段注写。

12.3.2 柱的构造详图

1. 抗震 KZ 纵向钢筋连接构造

由于柱纵筋的绑扎搭接连接不适合在实际工程中使用，所以我们着重掌握柱纵筋的机械连接和焊接连接构造。焊接一般采用电渣压力焊、闪光对焊，不提倡搭接焊。

问：采用机械连接和对焊连接有没有条件限制？什么条件下必须使用绑扎搭接连接？

答：采用机械连接和对焊连接，当上下层的柱纵筋直径相等时是没有问题的；当上下层的柱纵筋直径在两个级差之内时，也是可以的。当上下层的柱纵筋直径超过两个级差时，只能采用绑扎搭接连接。不过，如果上下层的柱纵筋直径超过两个级差，这样的设计是否合适？设计师应该会妥善处理这个问题。

所谓"非连接区"，就是柱纵筋不允许在这个区域之内进行连接。无论绑扎搭接连接、机械连接和焊接连接都要遵守这项规定。

要确定"基础顶面嵌固部位"，首先要明确本工程设置的是什么类型的基础。如果是箱形基础，则其是指地下室顶板的顶面；如果是筏形基础而且是基础梁顶面高于基础板顶面的"正筏板"，则其就是基础主梁的顶面；如果是独立基础或桩承台，则其为柱下平台的顶面。

至于"基础顶面嵌固部位"以下部位的构造，只能查找相关的基础图集。

看图 12-5 时重点看上柱多出的钢筋锚入下柱的做法和锚固长度。至于楼面以上部分则是要按实际工程的柱纵筋连接方式，具体连接构造还要依据图集第 36 页左边的三个图。

看图 12-7 时重点看下柱多出的钢筋锚入楼层顶梁的做法和锚固长度。

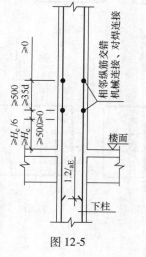

图 12-5

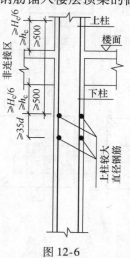

图 12-6

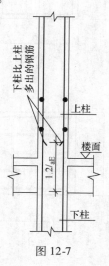

图 12-7

图 12-6 用于上柱直径比下柱直径大时的柱纵筋连接构造，此时上下柱纵筋连接不在楼面以上连接，而改在下柱之内进行连接。如果这种情况仍按图集第 36 页左边的三个图来执行的话，即上柱纵筋和下柱纵筋在楼面之上进行连接，就会造成上柱柱根部位的柱纵筋直径小于柱中部的柱纵筋直径的不合理现象，这样上柱柱根部就成了"细钢筋"，削弱了上柱根部的抗震能力。

2. 抗震柱加密区范围、箍筋设置规则及计算

前面讲到的框架柱纵筋"非连接区"，就是现在要讲的"箍筋加密区"（图 12-8）。要注意前后知识的联系性。

横向压缩变形小、竖向比较坚硬的地面属于刚性地面。混凝土地面和花岗岩板块地面两种都是刚性地面。

"短柱"的箍筋沿柱全高加密。"短柱"即柱净高（包括因嵌砌填充墙等形成的柱净高）与柱截面长边尺寸或圆柱直径之比小于或等于 4 的柱。在实际工程中，短柱出现较多的部位在地下室以及楼梯间的柱。当地下室的层高较小时，容易形成短柱。

一级及二级框架的角柱，取全高进行箍筋加密。

框支柱，取全高进行箍筋加密。

抗震柱箍筋根数的计算：仅在除以间距时要求小数进位，不需要像梁那样在加密区和非加密区根数计算时加减 1。按上下加密区的实际长度来计算非加密区的长度。注意判断是否

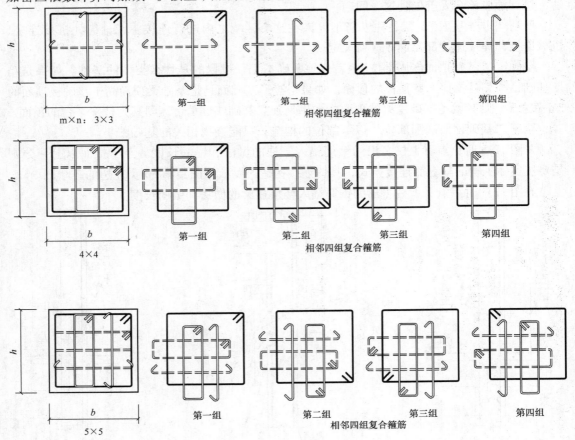

图 12-8

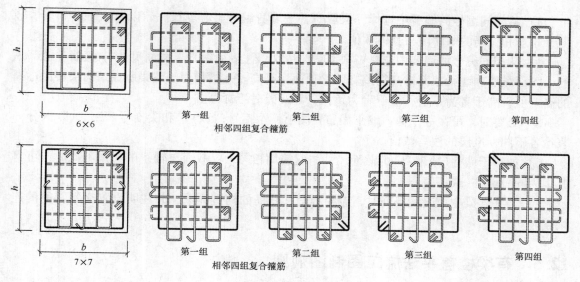

图 12-8(续)

为短柱。

柱箍筋设置规则：大箍套小箍、大箍加拉筋、隔一拉一、对称性原则、内箍水平段尽量短、内箍尽量做成标准格式、小箍贴着大箍放置。

设置内箍的肢或拉筋时，要满足对柱纵筋至少"隔一拉一"的要求，也就是说，不允许存在两根相邻的柱纵筋同时没有钩住箍筋的肢或拉筋的现象。

12.4 剪力墙平法制图规则

剪力墙平法施工图也有列表注写和断面注写两种方式。剪力墙在不同标准层截面多次变化时，可用列表注写方式，否则宜用断面注写方式。

剪力墙平面布置图可采取适当比例单独绘制，也可与柱或梁平面图合并绘制。当剪力墙较复杂或采用截面注写方式时，应按标准层分别绘制。

在剪力墙平法施工图中，也应采用表格或其他方式注明各结构层的楼面标高、结构层标高及相应的结构层号。

对于轴线未居中的剪力墙(包括端柱)，应标注其偏心定位尺寸。

(1) 列表注写方式：把剪力墙视为由墙柱、墙身和墙梁三类构件组成，对应于剪力墙平面布置图上的编号，分别在剪力墙柱表、剪力墙墙身表和剪力墙梁表中注写几何尺寸与配筋数值，并配以各种构件的截面图。在各种构件的表格中，应自构件根部(基础顶面标高)往上以变截面位置或配筋改变处为界分段注写。

(2) 断面注写方式：在分标准层绘制的剪力墙平面布置图上，直接在墙柱、墙身、墙梁上注写截面尺寸和配筋数值。

1) 选用适当比例原位放大绘制剪力墙平面布置图。对各墙柱、墙身、墙梁分别编号。

2) 从相同编号的墙柱中选择一个截面，标注截面尺寸、全部纵筋及箍筋的具体数值(注写要求与平法柱相同)。

3）从相同编号的墙身中选择一道墙身，按墙身编号、墙厚尺寸，以及水平分布筋、竖向分布筋和拉筋的顺序注写具体数值。

4）从相同编号的墙梁中选择一根墙梁，依次引注墙梁编号、截面尺寸、箍筋、上部纵筋、下部纵筋和墙梁顶面标高高差。墙梁顶面标高高差是指相对于墙梁所在结构层楼面标高的高差值，高于者为正值，低于者为负值，无高差时不标注。

5）必要时，可在一个剪力墙平面布置图上用小括号"（）"和尖括号"＜＞"区分和表达各不同标准层的注写数值。

6）如若干墙柱（或墙身）的截面尺寸与配筋均相同，仅截面与轴线的关系不同时，可将其编为同一墙柱（或墙身）号。

7）当在连梁中配交叉斜筋时，应绘制交叉斜筋的构造详图，并注明设置交叉斜筋的连梁编号。

12.5 有梁楼盖平法施工图制图规则

12.5.1 有梁楼盖平法施工图的表示方法

有梁楼盖平法施工图，是在楼面板和屋面板布置图上，采用平面注写的表达方式。板平面注写主要包括板块集中标注和板支座原位标注。

为方便设计表达和施工识图，规定结构平面的坐标方向为：

（1）当两向轴网正交布置时，图面从左至右为 X 向，从下至上为 Y 向。

（2）当轴网转折时，局部坐标方向顺轴网转折角度做相应转折。

（3）当轴网向心布置时，切向为 X 向，径向为 Y 向。

此外，对于平面布置比较复杂的区域，如轴网转折交界区域、向心布置的核心区域等，其平面坐标方向应由设计者另行规定并在图上明确表示。

12.5.2 板块集中标注

板块集中标注的内容为：板块编号、板厚、贯通纵筋，以及当板面标高不同时的标高高差。

对于普通楼面，两向均以一跨为一板块；对于密肋楼盖，两向主梁（框架梁）均以一跨为一板块（非主梁密肋不计）。所有板块应逐一编号，相同编号的板号可择其一做集中标注，其他仅注写于圆圈内的板编号，以及当板面标高不同时的标高高差。

板块编号按表 12-2 规定。

表 12-2　板块编号

板类型	代号	序号
楼面板	LB	××
屋面板	WB	××
悬挑板	XB	××

板厚注写为 $h = × × ×$（为垂直于板面的厚度）；当悬挑板的端部改变截面厚度时，用斜线分隔根部与端部的高度值，注写为 $h = × × × / × × ×$；当设计已在图注中统一注明板厚

时，此项可不标注。

贯通纵筋按板块的下部和上部分别注写（当板块上部不设贯通纵筋时则不注），并以 *B* 代表下部，以 *T* 代表上部，*B&T* 代表下部与上部，*X* 向贯通以 *X* 打头，*Y* 向贯通以 *Y* 打头，两向贯通纵筋配置相同时则以 *B&T* 打头。

当为单向板，分布筋可不必注写，而在图中统一注明。

当在某些板内（例如在悬挑板 XB 的下部）配置有构造钢筋时，则 *X* 向以 X_c，*Y* 向以 Y_c 打头注写。

当 *Y* 向采用放射配筋时（切向为 *X* 向，径向为 *Y* 向），设计者应注明配筋间距的定位尺寸。

当贯通筋采用两种规格钢筋"隔一布一"时，表达为 $\phi xx/yy@xxx$，表示为直径为 *xx* 的钢筋和直径为 *yy* 的钢筋二者之间间距为 *xxx*，直径 *xx* 的钢筋的间距为 *xxx* 的 2 倍，直径 *yy* 的钢筋的间距为 *xxx* 的 2 倍。

板面标高高差，是指相对于结构层楼面标高的高差，应将其注写在括号内，且有高差标注，无高差不标注。

12.5.3 板支座原位标注

板支座原位标注的内容为：板支座上部非贯通纵筋和悬挑板上部受力钢筋。

板支座原位标注的钢筋，应在配置相同跨的第一跨表达（当在梁悬挑部位单独配置时则在原位表达）。在配置相同跨的第一跨（或梁悬挑部位），垂直于板支座（梁或墙）绘制一段适宜长度的中粗实线（当该筋以通长设置在悬挑板或短跨板上部时，实线段应画至对边或贯通短跨），以该线段代表上部非贯通纵筋，并在线段上方注写钢筋编号、配筋值、横向连续布置的跨数（注写在括号内，且当为一跨时可不标注），以及是否横向布置到梁的悬挑端。

板支座上部非贯通筋自支座中线向跨内的伸出长度，注写在线段的下方位置。

当中间支座上部非贯通纵筋向支座两侧对称伸出时，可仅在支座一侧线段下方标注伸出长度，另一侧不标注，如图 12-9a 所示。

当支座两侧非对称伸出时，应分别在支座两侧线段下方注写伸出长度，如图 12-9b 所示。

对线段画至对边贯通全跨或贯通全悬挑长度的上部通长纵筋，贯通全跨或伸出至全悬挑一侧的长度值不标注，只注明非贯通筋另一侧的伸出长度值，如图 12-9c 所示。

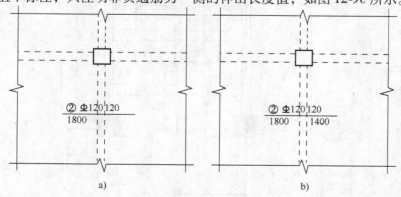

图 12-9 板支座原位标注

a）板支座上部非贯通筋对称伸出 b）板支座上部非贯通筋非对称伸出

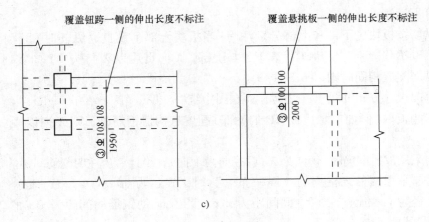

图 12-9　板支座原位标注（续）

c）板支座非贯通筋贯通全跨或伸出至悬挑端

12.6　楼梯平法识图

12.6.1　楼梯结构图的传统表示方法

楼梯结构图一般由平面图、剖面图和构件详图组成，如图 12-10 ~ 图 12-12 所示。

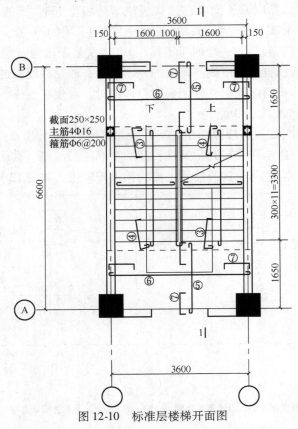

图 12-10　标准层楼梯开面图

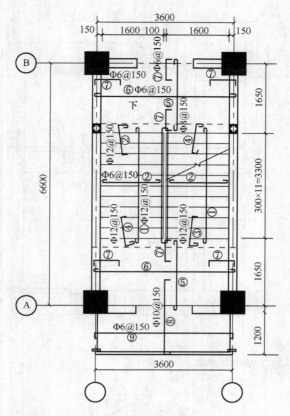

图 12-11 二层楼梯平面图

12. 6. 2 楼梯结构详图的平面整体表示法

用平面整体表示法表示楼梯结构图时，由平法表示楼梯施工图和楼梯标准构造图两部分组成，其特点是不需要再详细画出楼梯各细部尺寸和配筋，而由标准图提供。

目前《混凝土结构施工图平面整体表示方法制图规则和构造详图（现浇混凝土板式楼梯）》(11G101 – 2)提供了现浇板式楼梯的制图规则和构造详图，下面介绍其表示方法。

1. 选用 11G101 – 2 应具备的条件

（1）注明结构楼梯层高标高。

（2）注明混凝土强度等级和钢筋级别。

（3）对保护层有特殊要求时，注明楼梯处的环境类别。

（4）梯段斜板不嵌入墙内，不包括预埋件详图，不包括楼梯梁详图。

（5）仅适用于板式楼梯。

2. 板式楼梯平法施工图的表示方法

（1）梯段板的类型及编号。梯段板的类型及编号如图 12-13 所示。

（2）平台板应标注的内容及格式。平台板应标注的内容及格式为平台板代号与序号 PT-BXX，平台板厚度 h，平台板下部短跨方向配筋（S 配筋），平台板下部长跨方向配筋（L 配筋）。

3. 楼梯平法施工图示例

楼梯平法施工图示例如图 12-14、图 12-15、图 12-16 所示。

226

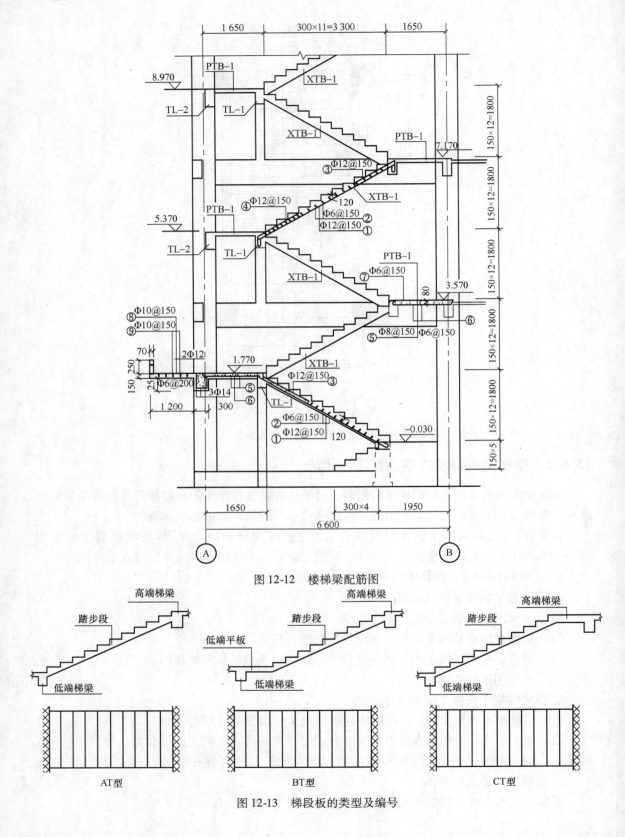

图 12-12　楼梯梁配筋图

图 12-13　梯段板的类型及编号

AT型　　　BT型　　　CT型

高端梯梁

踏步段

低端梯梁

低端平板

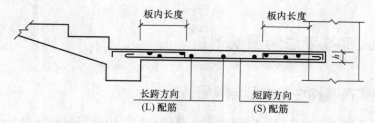

图 12-14 平台板应标注的内容及格式

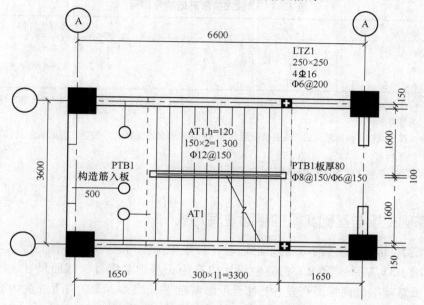

图 12-15 标准层楼梯平面图梯板分布筋Φ6@150 平台板分布筋

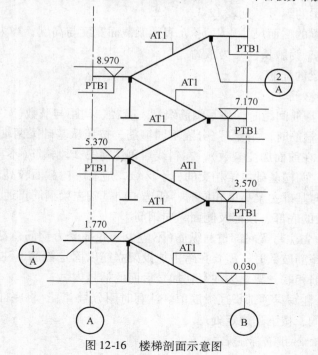

图 12-16 楼梯剖面示意图

12.7　梁板式筏基平法制图规则

12.7.1　梁板式筏基构件的类型与编号

梁板式筏形基础由基础主梁、基础次梁、基础平板等构成，编号按表 12-3 规定。

表 12-3　梁板式筏形基础构件编号

构件类型	代号	序号	跨数及有无外伸
基础主梁（柱下）	JL	××	（××）或（××A）或（××B）
基础次梁	JCL	××	（××）或（××A）或（××B）
梁板筏基础平板	LPB	××	

注：1. （××A）为一端有外伸，（××B）为两端有外伸，外伸不计入跨数，【例】JZL7（5B）表示第 7 号基础主梁，5
　　　跨，两端有外伸。
　　2. 梁板式筏形基础平板跨数及是否有外伸分别在 X、Y 两向的贯通纵筋之后表达。图面从左至右为 X 向，从下
　　　至上为 Y 向。
　　3. 梁板式筏形基础主梁与条形基础梁编号与标准构造详图一致。

12.7.2　基础主梁与基础次梁的平面注写方式

基础主梁 JL 与基础次梁 JCL 的平面注写，分集中标注与原位标注两部分内容。

基础主梁 JL 与基础次梁 JCL 的集中标注内容为：基础梁编号、截面尺寸、配筋三项必注内容，以及基础梁底面标高高差（相对于筏形基础平板底面标高）一项选注内容。具体规定如下：

（1）注写基础梁的编号，见表 12-3。

（2）注写基础梁的截面尺寸。以 $b \times h$ 表示梁截面宽度与高度；当为加腋梁时，用 $b \times h$ $Yc_1 - c_2$ 表示，其中 c_1 为腋长，c_2 为腋高。

（3）注写基础梁的配筋。

1）注写基础梁箍筋

① 当采用一种箍筋间距时，注写钢筋级别、直径、间距与肢数（写在括号内）。

② 当采用两种箍筋时，用"／"分隔不同箍筋，按照从基础梁两端向跨中的顺序注写。先注写第 1 段箍筋（在前面加注箍数），在斜线后再注写第 2 段箍筋（不再加注箍数）。

施工时应注意：两向基础主梁相交的柱下区域，应有一向截面较高的基础主梁按梁端箍筋贯通设置；当两向基础主梁高度相同时，任选一向基础主梁箍筋贯通设置。

2）注写基础梁的底部、顶部及侧面纵向钢筋

① 以 B 打头，先注写梁底部贯通纵筋（不应少于底部受力钢筋总截面面积的 1/3）。当跨中所注根数少于箍筋肢数时，需要在跨中加设架立筋以固定箍筋，注写时，用加号"＋"将贯通纵筋与架立筋相联，架立筋注写在加号后面的括号内。

② 以 T 打头，注写梁顶部贯通纵筋值。注写时用分号"；"将底部与顶部纵筋分隔开，如有个别跨与其不同，按下列规定处理。

基础主梁与基础次梁的原位标注规定如下：

（1）注写梁端（支座）区域的底部全部纵筋，系包括已经集中注写过的贯通纵筋在内的所有纵筋。

1）当梁端（支座）区域的底部纵筋多于一排时，用斜线"／"将各排纵筋自上而下分开。

2）当同排纵筋有两种直径时，用加号"＋"将两种直径的纵筋相连。

3）当梁中间支座两边的底部纵筋配置不同时，需在支座两边分别标注；当梁中间支座两边的底部纵筋相同时，可仅在支座的一边标注配筋值。

4）当梁端（支座）区域的底部全部纵筋与集中注写过的贯通纵筋相同时，可不再重复做原位标注。

5）加腋梁加腋部位钢筋，需在设置加腋的支座处以 Y 打头注写在括号内。

设计时应注意：当对底部一平的梁支座两边的底部非贯通纵筋采用不同配筋值时，应先按较小一边的配筋值选配相同直径的纵筋贯穿支座，再将较大一边的配筋差值选配适当直径的钢筋锚入支座，避免造成两边大部分钢筋直径不相同的不合理配置结果。

施工及预算方面应注意：当底部贯通纵筋经原位修正注写后，两种不同配置的底部贯通纵筋应在两毗邻跨中配置较小一跨的跨中连接区域连接（即配置较大一跨的底部贯通纵筋需越过其跨数终点或起点伸至毗邻跨的跨中连接区域）。

（2）注写基础梁的附加箍筋或（反扣）吊筋。将其直接画在平面图中的主梁上，用线引注总配筋值（附加箍筋的肢数注在括号内），当多数附加箍筋或（反扣）吊筋相同时，可在基础梁平法施工图上统一注明，少数与统一注明值不同时，再原位引注。

施工时应注意：附加箍筋或（反扣）吊筋的几何尺寸应按照标准构造详图，结合其所在位置的主梁和次梁的截面尺寸确定。

（3）当基础梁外伸部位变截面高度时，在该部位原位注写 $b \times h_1/h_2$，h_1 为根部截面高度，h_2 为尽端截面高度。

（4）注写修正内容。当在基础梁上集中标注的某项内容（如梁截面尺寸、箍筋、底部与顶部贯通纵筋或架立筋、梁侧面纵向构造钢筋、梁底面标高高差等）不适用于某跨或某外伸部分时，则将其修正内容原位标注在该跨或该外伸部位。施工时原位标注取值优先。

当在多跨基础梁的集中标注中已注明加腋，而该梁某跨根部不需要加腋时，则应在该跨原位标注等截面的 $b \times h$，以修正集中标注中的加腋信息。

③ 当梁底部或顶部贯通纵筋多于一排时，用斜线"／"将各排纵筋自上而下分开。

④ 以大写字母 G 打头注写基础梁两侧面对称设置的纵向构造钢筋的总配筋值（当梁腹板高度 h_w 不小于 450mm 时，根据需要配置）。

当需要配置抗扭纵向钢筋时，梁两个侧面设置的抗扭纵向钢筋以 N 打头。

（4）注写基础梁底面标高高差（是指相对于筏形基础平板底面标高的高差值），该项为选注值。有高差时需将高差写入括号内（如"高板位"与"中板位"基础梁的底面与基础平板底面标高的高差值），无高差时不标注（如"低板位"筏形基础的基础梁）。

12.7.3 基础梁底部非贯通纵筋的长度规定

（1）为方便施工，凡基础主梁柱下区域和基础次梁支座区域底部非贯通纵筋的伸出长度 a_0 值，当配置不多于两排时，在标准构造详图中统一取值为自支座边向跨内伸出至 $l_n/3$ 位置；当非贯通纵筋配置多于两排时，从第三排起向跨内的伸出长度值应由设计者注明。l_n 的取值规定为：边跨边支座的底部非贯通纵筋，l_n 取本边跨的净距长度值；中间支座的底部非贯通纵筋，l_n 取支座两边较大一跨的净跨长度值。

（2）基础主梁与基础次梁外伸部位底部纵筋的伸出长度 a_0 值，在标准构造详图中统一取值为：第一排伸出至梁端头后，全部上弯 $12d$；其他排伸至梁端头后截断。

（3）设计者在执行基础梁底部非贯通纵筋伸出长度的统一取值规定时，应注意按《混凝土结构设计规范》（GB 50010）、《建筑地基基础设计规范》（GB 50007）和《高层建筑混凝土结构技术规程》（JGJ 3—2010）的相关规定进行校核，若不满足时应另行变更。

12.7.4　梁板式筏基平板的平面注写方式

（1）梁板式筏形基础平板 LPB 的平面注写，分板底部与顶部贯通纵筋的集中标注与板底部附加非贯通纵筋的原位标注两部分内容。当仅设置贯通纵筋而未设置附加非贯通纵筋时，则仅做集中标注。

（2）梁板式筏形基础平板 LPB 贯通纵筋的集中标注，应在所表达的板区双向均为第一跨（X 与 Y 双向首跨）的板上引出（图面从左至右为 X 向，从下至上为 Y 向）。

板区划分条件：板厚相同、基础平板底部与顶部贯通纵筋配置相同的区域为同一板区。

集中标注的内容规定如下：

1）注写基础平板的编号，见表 12-3。

2）注写基础平板的截面尺寸。注写 $h = \times \times \times$ 表示板厚。

3）注写基础平板的底部与顶部贯通纵筋及其总长度。先注写 X 向底部（B 打头）贯通纵筋与顶部（T 打头）贯通纵筋及纵向长度范围；再注写 Y 向底部（B 打头）贯通纵筋与顶部（T 打头）贯通纵筋及纵向长度范围（图面从左至右为 X 向，从下至上为 Y 向）。

贯通纵筋的总长度注写在括号中，注写方式为"跨数及有无外伸"，其表达形式为：（××）（无外伸）、（××A）（一端有外伸）或（××B）（两端有外伸）。

当贯通筋采用两种规格钢筋"隔一布一"方式时，表达为 $\phi xx/yy@xxx$，表示直径 xx 的钢筋和直径 yy 的钢筋之间的间距为 xxx，直径为 xx 的钢筋、直径为 yy 的钢筋间距分别为 xxx 的 2 倍。

施工及预算方面应注意：当基础平板分板区进行集中标注，且相邻板区板底一平时，两种不同配置的底部贯通纵筋应在两毗邻板跨中配筋较小板跨的跨中连接区域连接（即配置较大板跨的底部贯通纵筋需越过板区分界线伸至毗邻板跨的跨中连接区域，具体位置见标准构造详图）。

（3）梁板式筏形基础平板 LPB 的原位标注，主要表达板底部附加非贯通纵筋。

1）原位注写位置及内容。板底部原位标注的附加非贯通纵筋，应在配置相同跨的第一跨表达（当在基础梁悬挑部位单独配置时则在原位表达）。在配置相同跨的第一跨（或基础梁外伸部位），垂直于基础梁纵制一段中粗虚线（当该筋通长设置在外伸部位或短跨板下部时，应画至对边或贯通短跨），在虚线上注写编号（如①、②等）、配筋值、横向布置的跨数及是否布置到外伸部位。

注：（××）为横向布置的跨数，（××A）为横向布置的跨数及一端基础梁的外伸部位，（××B）为横向布置的跨数及两端基础梁外伸部位。

板底部附加非贯通纵筋向两边跨内的伸出长度值注写在线段的下方位置。当该筋向两侧对称伸出时，可仅在一侧标注，另一侧不标注；当布置在边梁下时，向基础平板外伸部位一侧的伸出长度与方式按标准构造，设计不标注。底部附加非贯通筋相同者，可仅注写一处，其他只注写编号。

横向连续布置的跨数及是否布置到外伸部位，不受集中标注贯通纵筋的板区限制。

钢筋，宜采用"隔一布一"的方式布置，即基础平板（X 向或 Y 向）底部附加非贯通纵筋与贯通纵筋间隔布置，其标注间距与底部贯通纵筋相同（两者实际组合后的间距为各自标注间距的 $1/2$）。

2）注写修正内容。当集中标注的某些内容不适用于梁板式筏形基础平板某板区的某一板跨时，应由设计者在该板跨内注明，施工时应按注明内容取用。

3）当若干基础梁下基础平板的底部附加非贯通纵筋配置相同时（其底部、顶部的贯通纵筋可以不同），可仅在一根基础梁下做原位注写，并在其他梁上注明"该梁下基础平板底部附加非贯通纵筋同××基础梁"。

4）梁板式筏形基础平板 LPB 的平面注写规定，同样适用于钢筋混凝土墙下的基础平板。

本 章 小 结

1. 平法的优点是图面简洁、清楚、直观性强，图样数量少。其内容一半是平法标准设计规则，另一半是讲标准的节点构造。目前有三本图集：现浇框架、梁、板；楼梯；基础。

2. 梁平法施工图同样有断面注写和平面注写两种方式。平面注写包括集中标注与原位标注。集中标注的梁编号及截面尺寸、配筋等代表许多跨，原位标注的要素仅代表本跨。

3. 柱平法施工图有列表注写和断面注写两种方式。柱在不同标准层截面多次变化时，可用列表注写方式，否则宜用断面注写方式。在柱平面布置图上，分别在同一编号的柱中选择一个或几个截面标注几何参数代号（反映截面对轴线的偏心情况），用简明的柱表注写柱号、柱段起止标高、几何尺寸（含截面对轴线的偏心情况）与配筋数值，并配以各种柱截面形状及箍筋类型图。

4. 剪力墙平法施工图也有列表注写和断面注写两种方式。剪力墙在不同标准层截面多次变化时，可用列表注写方式，否则宜用断面注写方式。在剪力墙平法施工图中，也应采用表格或其他方式注明各结构层的楼面标高、结构层标高及相应的结构层号。对于轴线未居中的剪力墙（包括端柱），应标注其偏心定位尺寸。

5. 有梁楼盖板平法施工图，是在楼面板和屋面板布置图上，采用平面注写的表达方式。板平面注写主要包括板块集中标注和板支座原位标注。板块集中标注的内容为：板块编号，板厚，贯通纵筋，以及当板面标高不同时的标高高差。板支座原位标注的内容为：板支座上部非贯通纵筋和悬挑板上部受力钢筋。

6. 用平面整体表示法表示楼梯结构图时，由平法表示楼梯施工图和楼梯标准构造图两部分组成，其特点是不需要再详细画出楼梯各细部尺寸和配筋，而由标准图提供。

7. 梁板式筏形基础由基础主梁、基础次梁、基础平板等构成，编号按表规定。基础主梁 JL 与基础次梁 JCL 的平面注写，分集中标注与原位标注两部分内容。基础主梁 JL 与基础次梁 JCL 的集中标注内容为：基础梁编号、截面尺寸、配筋三项必注内容，以及基础梁底面标高高差（相对于筏形基础平板底面标高）一项选注内容。

思考题与习题

1. 次梁就是非框架梁吗？

2. 架立筋的根数等于箍筋的肢数减去通长筋的根数吗?

3. 附加箍筋在主梁上插空布置还是取代正常箍筋?附加箍筋位置上的原有箍筋是否扣减?

4. 作为框架梁端支座的框架柱较小不满足 $0.4l_{aE}$ 怎么办?

5. 对于柱钢筋,采用机械连接和对焊连接有没有限制条件?什么条件下必须使用绑扎搭接?

6. 如何理解"在水平地震力作用下剪力墙竖向分布筋受到拉弯,而水平分布筋是受拉"?受拉与拉弯的区别在哪里?

附　　录

附表 1　混凝土强度标准值　（单位：N/mm²）

强度种类	混凝土强度等级													
	C15	C20	C25	C30	C35	C40	C45	C50	C55	C60	C65	C70	C75	C80
f_{ck}	10.0	13.4	16.7	20.1	23.4	26.8	29.6	32.4	35.5	38.5	41.5	44.5	47.4	50.2
f_{tk}	1.27	1.54	1.78	2.01	2.20	2.39	2.51	2.64	2.74	2.85	2.93	2.99	3.05	3.10

附表 2　混凝土强度设计值　（单位：N/mm²）

强度种类	混凝土强度等级													
	C15	C20	C25	C30	C35	C40	C45	C50	C55	C60	C65	C70	C75	C80
f_c	7.2	9.6	11.9	14.3	16.7	19.1	21.1	23.1	25.3	27.5	29.7	31.8	33.8	35.9
f_t	0.91	1.10	1.27	1.43	1.57	1.71	1.80	1.89	1.96	2.04	2.09	2.14	2.18	2.22

注：1. 计算现浇钢筋混凝土轴心受压及偏心受压构件时如截面的长边或直径小于300mm 则表中混凝土的强度设计值
应乘以系数 0.8 当构件质量（如混凝土成型截面和轴线尺寸等）确有保证时可不受此限制。
2. 离心混凝土的强度设计值应按专门标准取用。

附表 3　混凝土弹性模量　（单位：×10⁴N/mm²）

混凝土强度等级	C15	C20	C25	C30	C35	C40	C45	C50	C55	C60	C65	C70	C75	C80
E_c	2.20	2.55	2.80	3.00	3.15	3.25	3.35	3.45	3.55	3.60	3.65	3.70	3.75	3.80

附表 4　混凝土疲劳变形模量　（单位：×10⁴N/mm²）

混凝土强度等级	C20	C25	C30	C35	C40	C45	C50	C55	C60	C65	C70	C75	C80
E_c^f	1.1	1.2	1.3	1.4	1.5	1.55	1.6	1.65	1.7	1.75	1.8	1.85	1.9

附表 5　普通钢筋强度标准值　（单位：N/mm²）

牌号	符号	公称直径 d/mm	屈服强度标准值 f_{yk}	极限强度标准值 f_{stk}
HPB300	Φ	6~22	300	420
HRB335 HRBF335	Φ ΦF	6~50	335	455
HRB400 HRBF400 RRB400	Φ ΦF ΦR	6~50	400	540
HRB500 HRBF500	Φ ΦF	6~50	500	630

附表6　预应力钢筋强度标准值　　　　　　　　　　（单位：N/mm²）

种 类		符 号	d(mm)	f_{ptk}
钢绞线	1×3	ϕ^S	8.6、10.8	1860、1720、1570
			12.9	1720、1570
	1×7		9.5、11.1、12.7	1860
			15.2	1860、1720
消除应力钢丝	光面 螺旋肋	ϕ^P ϕ^H	4、5	1770、1670、1570
			6	1670、1570
			7、8、9	1570
	刻痕	ϕ^I	5、7	1570
热处理钢筋	40Si2Mn	ϕ^{HT}	6	1470
	48Si2Mn		8.2	
	45Si2Cr		10	

注：1. 钢绞线直径 d 系指钢绞线外接圆直径，即现行国家标准《预应力混凝土用钢绞线》GB/T 5224 中的公称直径 D_g，钢丝和热处理钢筋的直径 d 均指公称直径。
　　2. 消除应力光面钢丝直径 d 为 4～9mm，消除应力螺旋肋钢丝直径 d 为 4～8mm。

附表7　普通钢筋强度设计值　　　　　　　　　　　（单位：N/mm²）

牌 号	抗拉强度设计值 f_y	抗压强度设计值 f_y'
HPB300	270	270
HRB335、HRBF335	300	300
HRB400、HRBF400、RRB400	360	360
HRB500、HRBF500	435	410

附表8　预应力钢筋强度设计值　　　　　　　　　　（单位：N/mm²）

种 类		符 号	f_{ptk}	f_{py}	f_{py}'
钢绞线	1×3	ϕ^S	1860	1320	390
			1720	1220	
			1570	1110	
	1×7		1860	1320	390
			1720	1220	
消除应力钢丝	光面 螺旋肋	ϕ^P ϕ^H	1770	1250	410
			1670	1180	
			1570	1110	
	刻痕	ϕ^I	1570	1110	410
热处理钢筋	40Si2Mn	ϕ^{HT}	1470	1040	400
	48Si2Mn				
	45Si2Cr				

注：当预应力钢绞线、钢丝的强度标准值不符合附表6的规定时，其强度设计值应进行换算。

附表9　钢筋弹性模量　　　　　（单位：$\times 10^5\,\text{N/mm}^2$）

牌号或种类	弹性模量 E_s
HPB300 钢筋	2.10
HRB335、HRB400、HRB500 钢筋 HRBF335、HRBF400、HRBF500 钢筋 RRB400 钢筋 预应力螺纹钢筋	2.00
消除应力钢丝、中强度预应力钢丝	2.05
钢绞线	1.95

注：必要时钢绞线可采用实测的弹性模量。

附表10　普通钢筋疲劳应力幅限值　　　　　（单位：N/mm^2）

疲劳应力比值	Δf_y^f			疲劳应力比值	Δf_y^f		
	HPB235 级钢筋	HRB335 级钢筋	HRB400 级钢筋		HPB235 级钢筋	HRB335 级钢筋	HRB400 级钢筋
$-1.0 \leq \rho_s^f < -0.6$	160	—	—	$0.3 \leq \rho_s^f < 0.4$	120	135	145
$-0.6 \leq \rho_s^f < -0.4$	155	—	—	$0.4 \leq \rho_s^f < 0.5$	105	125	130
$-0.4 \leq \rho_s^f < 0$	150	—	—	$0.5 \leq \rho_s^f < 0.6$	—	105	115
$0 \leq \rho_s^f < 0.1$	145	165	165	$0.6 \leq \rho_s^f < 0.7$	—	85	95
$0.1 \leq \rho_s^f < 0.2$	140	155	155	$0.7 \leq \rho_s^f < 0.8$	—	65	70
$0.2 \leq \rho_s^f < 0.3$	130	150	150	$0.8 \leq \rho_s^f < 0.9$	—	40	45

注　1. 当纵向受拉钢筋采用闪光接触对焊接头时，其接头处钢筋疲劳应力幅限值应按表中数值乘以系数0.8取用。
　　2. RRB400 级钢筋应经试验验证后，方可用于需作疲劳验算的构件。

附表11　预应力钢筋疲劳应力幅限值　　　　　（单位：N/mm^2）

种　　类			Δf_{py}^f	
			$0.7 \leq \rho_p^f < 0.8$	$0.8 \leq \rho_p^f < 0.9$
消除应力钢丝	光面	$f_{ptk} = 1770$、1670	210	140
		$f_{ptk} = 1570$	200	130
	刻痕	$f_{ptk} = 1570$	180	120
钢绞线			120	105

注：1. 当 $\rho_p^f \geq 0.9$ 时，可不作钢筋疲劳验算。
　　2. 当有充分依据时，可对表中规定的疲劳应力幅限值作适当调整。

附表12　混凝土保护层最小厚度　　　　　（单位：mm）

环境类别	板、墙、壳	梁、柱、杆
一	15	20
二 a	20	25

（续）

环境类别	板、墙、壳	梁、柱、杆
二 b	25	35
三 a	30	40
三 b	40	50

注：1. 混凝土强度等级不大于 C25 时，表中保护层厚度数值应增加 5mm。

2. 钢筋混凝土基础宜设置混凝土垫层，基础中钢筋的混凝土保护层厚度应从垫层顶面算起，且不应小于 40mm。

附表 13　钢筋混凝土结构构件中纵向受力钢筋的最小配筋百分率（%）

受 力 类 型			最小配筋百分率
受压构件	全部纵向钢筋	强度等级 500MPa	0.50
		强度等级 400MPa	0.55
		强度等级 300MPa、335MPa	0.60
	一侧纵向钢筋		0.20
受弯构件、偏心受拉、轴心受拉构件一侧的受拉钢筋			0.20 和 $45f_t/f_y$ 中的较大值

注：1. 受压构件全部纵向钢筋最小配筋百分率，当采用 C60 以上强度等级的混凝土时，应按表中规定增加 0.10。

2. 板类受弯构件（不包括悬臂板）的受拉钢筋，当采用强度等级 400MPa、500MPa 的钢筋时，其最小配筋百分率应允许采用 0.15 和 $45f_t/f_y$ 中的较大值。

3. 偏心受拉构件中的受压钢筋，应按受压构件一侧纵向钢筋考虑。

4. 受压构件的全部纵向钢筋和一侧纵向钢筋的配筋率以及轴心受拉构件和小偏心受拉构件一侧受拉钢筋的配筋率均应按构件的全截面面积计算。

5. 受弯构件、大偏心受拉构件一侧受拉钢筋的配筋率应按全截面面积扣除受压翼缘面积 $(b_f' - b)h_f'$ 后的截面面积计算。

6. 当钢筋沿构件截面周边布置时，"一侧纵向钢筋"是指沿受力方向两个对边中一边布置的纵向钢筋。

附表 14　钢筋的计算截面面积及理论重量

公称直径 /mm	不同根数钢筋的计算截面面积（mm²）									单根钢筋理论 重量（kg/m）
	1	2	3	4	5	6	7	8	9	
6	28.3	57	85	113	142	170	198	226	255	0.222
6.5	33.2	66	100	133	166	199	232	265	299	0.260
8	50.3	101	151	201	252	302	352	402	453	0.395
8.2	52.8	106	158	211	264	317	370	423	475	0.432
10	78.5	157	236	314	393	471	550	628	707	0.617
12	113.1	226	339	452	565	678	791	904	1017	0.888
14	153.9	308	461	615	769	923	1077	1231	1385	1.21
16	201.1	402	603	804	1005	1206	1407	1608	1809	1.58
18	254.5	509	763	1017	1272	1527	1781	2036	2290	2.00
20	314.2	628	942	1256	1570	1884	2199	2513	2827	2.47
22	380.1	760	1140	1520	1900	2281	2661	3041	3421	2.98
25	490.9	982	1473	1964	2454	2945	3436	3927	4418	3.85

（续）

公称直径 /mm	不同根数钢筋的计算截面面积（mm²）									单根钢筋理论重量（kg/m）
	1	2	3	4	5	6	7	8	9	
28	615.8	1232	1847	2463	3079	3695	4310	4926	5542	4.83
32	804.2	1609	2413	3217	4021	4826	5630	6434	7238	6.31
36	1017.9	2036	3054	4072	5089	6107	7125	8143	9161	7.99
40	1256.6	2513	3770	5027	6283	7540	8796	10053	11310	9.87
50	1964	3928	5892	7856	9820	11784	13748	15712	17676	15.42

注：表中直径 $d = 8.2\text{mm}$ 的计算截面面积及理论重量仅适用于有纵肋的热处理钢筋。

附表 15　钢筋混凝土板每米宽的钢筋截面面积　　（单位：mm²）

钢筋间距/mm	钢筋直径/mm											
	3	4	5	6	6/8	8	8/10	10	10/12	12	12/14	14
70	101.0	180	280	404	561	719	920	1121	1369	1616	1907	2199
75	94.2	168	262	377	524	671	859	1047	1277	1508	1780	2052
80	88.4	157	245	354	491	629	805	981	1198	1414	1669	1924
85	83.2	148	231	333	462	592	758	924	1127	1331	1571	1811
90	78.5	140	218	314	437	559	716	872	1064	1257	1438	1710
95	74.5	132	207	298	414	529	678	826	1008	1190	1405	1620
100	70.6	126	196	283	393	503	644	785	958	1131	1335	1539
110	64.2	114	178	257	357	457	585	714	871	1028	1214	1399
120	58.9	105	163	236	327	419	537	654	798	942	1113	1283
125	56.5	101	157	226	314	402	515	628	766	905	1068	1231
130	54.4	96.6	151	218	302	387	495	604	737	870	1027	1184
140	50.5	89.8	140	202	281	359	460	561	684	808	954	1099
150	47.1	83.8	131	189	262	335	429	523	639	754	890	1026
160	44.1	78.5	123	177	246	314	403	491	599	707	834	962
170	41.5	73.9	115	166	231	296	379	462	564	665	785	905
180	39.2	69.8	109	157	218	279	358	436	532	628	742	855
190	37.2	66.1	103	149	207	265	339	413	504	595	703	810
200	35.3	62.8	98.2	141	196	251	322	393	479	565	668	770
220	32.1	57.1	89.2	129	179	229	293	357	436	514	607	700
240	29.4	52.4	81.8	118	164	210	268	327	399	471	556	641
250	28.3	50.3	78.5	113	157	201	258	314	383	452	534	616
260	27.2	48.3	75.5	109	151	193	248	302	369	435	513	592
280	25.2	44.9	70.1	101	140	180	230	280	342	404	477	550
300	23.6	41.9	65.5	94.2	131	168	215	262	319	377	445	513
320	22.1	39.3	61.4	88.4	123	157	201	245	299	353	417	481

附表 16　等截面等跨连续梁在常用荷载作用下内力系数表

1. 在均布及三角形荷载作用下：

$$M = 表中系数 \times ql^2 (\text{或} \times gl^2)。$$

$$V = 表中系数 \times ql (\text{或} \times gl)。$$

2. 在集中荷载作用下：

$$M = 表中系数 \times Gl。$$

$$V = 表中系数 \times G。$$

3. 内力正负号规定：

　　M——使截面上部受压、下部受拉为正；

　　V——对邻近截面所产生的力矩沿顺时针方向者为正。

附表 16-1　两跨梁

荷载图	跨内最大弯矩		支座弯矩	剪　力		
	M_1	M_2	M_B	V_A	V_{Bl} V_{Br}	V_C
	0.070	0.0703	-0.125	0.375	-0.625 0.625	-0.375
	0.096	—	-0.063	0.437	-0.563 0.063	0.063
	0.048	0.048	-0.078	0.172	-0.328 0.328	-0.172
	0.064	—	-0.039	0.211	-0.289 0.039	0.039
	0.156	0.156	-0.188	0.312	-0.688 0.688	-0.312
	0.203	—	-0.094	0.406	-0.594 0.094	0.094
	0.222	0.222	-0.333	0.667	-1.333 1.333	-0.667
	0.278	—	-0.167	0.833	-1.167 0.167	0.167

附表 16-2　三跨梁

荷载图	跨内最大弯矩		支座弯矩		剪　力			
	M_1	M_2	M_B	M_C	V_A	V_{Bl} V_{Br}	V_{Cl} V_{Cr}	V_D
	0.080	0.025	-0.100	-0.100	0.400	-0.600 0.500	-0.500 0.600	-0.400
	0.101	—	-0.050	-0.050	0.450	-0.550 0	0 0.550	-0.450
	—	0.075	-0.050	-0.050	0.050	-0.050 0.500	-0.500 0.050	0.050
	0.073	0.054	-0.117	-0.033	-0.383	-0.617 0.583	-0.417 0.033	0.033
	0.094	—	-0.067	0.017	0.433	-0.567 0.083	0.083 -0.017	-0.017

（续）

荷载图	跨内最大弯矩		支座弯矩		剪　力			
	M_1	M_2	M_B	M_C	V_A	V_{Bl} / V_{Br}	V_{Cl} / V_{Cr}	V_D
	0.054	0.021	−0.063	−0.063	0.183	−0.313 / 0.250	−0.250 / 0.313	−0.188
	0.068	—	−0.031	−0.031	0.219	−0.281 / 0	0 / 0.281	−0.219
	—	0.052	−0.031	−0.031	−0.031	−0.031 / 0.250	−0.250 / 0.051	0.031
	0.050	0.038	−0.073	−0.021	0.177	−0.323 / 0.302	−0.198 / 0.021	0.021
	0.063	—	−0.042	0.010	0.208	−0.292 / 0.052	0.052 / −0.010	−0.010
	0.175	0.100	−0.150	−0.150	0.350	−0.650 / 0.500	−0.500 / 0.650	−0.350
	0.213	—	−0.075	−0.075	0.425	−0.575 / 0	0 / 0.575	−0.425
	—	0.175	−0.075	−0.075	−0.075	−0.075 / 0.500	−0.500 / 0.075	0.075
	0.162	0.137	−0.175	−0.050	0.325	−0.675 / 0.625	−0.375 / 0.050	0.050
	0.200	—	−0.100	0.025	0.400	−0.600 / 0.125	0.125 / −0.025	−0.025
	0.244	0.067	−0.267	0.267	0.733	−1.267 / 1.000	−1.000 / 1.267	−0.733
	0.289	—	0.133	−0.133	0.866	−1.134 / 0	0 / 1.134	−0.866
	—	0.200	−0.133	0.133	−0.133	−0.133 / 1.000	−1.000 / 0.133	0.133
	0.229	0.170	−0.311	−0.089	0.689	−1.311 / 1.222	−0.778 / 0.089	0.089
	0.274	—	0.178	0.044	0.822	−1.178 / 0.222	0.222 / −0.044	−0.044

附表 16-3　四跨梁

荷载图	跨内最大弯矩				支座弯矩			剪力				
	M_1	M_2	M_3	M_4	M_B	M_C	M_D	V_A	V_{Bl} / V_{Br}	V_{Cl} / V_{Cr}	V_{Dl} / V_{Dr}	V_E
	0.077	0.036	0.036	0.077	-0.107	-0.071	-0.107	0.393	-0.607 / 0.536	-0.464 / 0.464	-0.536 / 0.607	-0.393
	0.100	—	0.081	—	-0.054	-0.036	-0.054	0.446	-0.554 / 0.018	0.018 / 0.482	-0.518 / 0.054	0.054
	0.072	0.061	—	0.098	-0.121	-0.018	-0.058	0.380	-0.620 / 0.603	-0.397 / -0.040	-0.040 / -0.558	-0.442
	—	0.056	0.056	—	-0.036	-0.107	-0.036	-0.036	-0.036 / 0.429	-0.571 / 0.571	-0.429 / 0.036	0.036
	0.094	—	—	—	-0.067	0.018	-0.004	0.433	-0.567 / 0.085	0.085 / -0.022	0.022 / 0.004	0.004
	—	0.071	—	—	-0.049	-0.054	0.013	-0.049	-0.049 / 0.496	-0.504 / 0.067	0.067 / 0.013	-0.013
	0.062	0.028	0.028	0.052	-0.067	-0.045	-0.067	0.183	-0.317 / 0.272	-0.228 / 0.228	-0.272 / 0.317	-0.183

荷载图	跨内最大弯矩				支座弯矩			剪力				
	M_1	M_2	M_3	M_4	M_B	M_C	M_D	V_A	V_{Bl} / V_{Br}	V_{Cl} / V_{Cr}	V_{Dl} / V_{Dr}	V_E
	0.067	—	0.055	—	-0.084	-0.022	-0.034	0.217	-0.234 / 0.011	0.011 / 0.239	-0.261 / 0.034	0.034
	0.200	0.173	—	—	-0.100	-0.027	-0.007	0.400	-0.600 / 0.127	0.127 / -0.033	-0.033 / 0.007	0.007
	—	—	—	—	-0.074	-0.080	0.020	-0.074	-0.074 / 0.493	-0.507 / 0.100	0.100 / -0.020	-0.020
	0.238	0.111	0.111	0.238	-0.286	-0.191	-0.286	0.714	1.286 / 1.095	-0.905 / 0.905	-1.095 / 1.286	-0.714
	0.286	—	0.222	—	-0.143	-0.095	-0.143	0.857	-1.143 / 0.048	0.048 / 0.952	-1.048 / 0.143	0.143
	0.226	0.194	—	0.282	-0.321	-0.048	-0.155	0.679	-1.321 / 1.274	-0.726 / -0.107	-0.107 / 1.155	-0.845
	—	0.175	0.175	—	-0.095	-0.286	-0.095	-0.095	0.095 / 0.810	-1.190 / 1.190	-0.810 / 0.095	0.095

（续）

荷载图	跨内最大弯矩				支座弯矩			剪　力							
	M_1	M_2	M_3	M_4	M_B	M_C	M_D	V_A	V_{Bl}	V_{Br}	V_{Cl}	V_{Cr}	V_{Dl}	V_{Dr}	V_E
QQ	0.274	—	—	—	-0.178	0.048	-0.012	0.822	-1.178	0.226	0.226	-0.060	-0.060	0.012	0.012
QQ	—	0.198	—	—	-0.131	-0.143	0.036	-0.131	-0.131	0.988	-1.012	0.178	0.178	-0.036	-0.036
b	0.049	0.042	0.040	0.066	-0.075	-0.011	-0.036	0.175	-0.325	0.314	-0.186	-0.025	-0.025	0.286	-0.214
b	—	0.040	0.040	—	-0.022	-0.067	-0.022	-0.022	-0.022	0.205	-0.295	0.295	-0.205	0.022	0.022
b	0.088	—	—	—	-0.042	0.011	-0.003	0.208	-0.292	0.053	0.063	-0.014	-0.014	0.003	0.003
b	—	0.051	—	—	-0.031	-0.034	0.008	-0.031	-0.031	0.247	-0.253	0.042	0.042	-0.008	-0.008
G G G	0.169	0.116	0.116	0.169	-0.161	-0.107	-0.161	0.339	-0.661	0.554	-0.446	0.446	-0.554	0.661	-0.330

（续）

荷载图	跨内最大弯矩				支座弯矩			剪　力				
	M_1	M_2	M_3	M_4	M_B	M_C	M_D	V_A	V_{Bl} / V_{Br}	V_{Cl} / V_{Cr}	V_{Dl} / V_{Dr}	V_E
	0.210	—	0.183	—	-0.080	-0.054	-0.080	0.420	-0.580 / 0.027	0.027 / 0.473	-0.527 / 0.080	0.080
	0.159	0.146	—	0.206	-0.181	-0.027	-0.087	0.319	-0.681 / 0.654	-0.346 / -0.060	-0.060 / 0.587	-0.413
	—	0.142	0.142	—	-0.054	-0.161	-0.054	0.054	-0.054 / 0.393	-0.607 / 0.607	-0.393 / 0.054	0.054

附表 16-4　五跨梁

荷载图	跨内最大弯矩			支座弯矩				剪　力					
	M_1	M_2	M_3	M_B	M_C	M_D	M_E	V_A	V_{Bl} / V_{Br}	V_{Cl} / V_{Cr}	V_{Dl} / V_{Dr}	V_{El} / V_{Er}	V_F
	0.078	0.033	0.046	-0.105	-0.079	-0.079	-0.105	0.394	-0.606 / 0.526	-0.474 / 0.500	-0.500 / 0.474	-0.526 / 0.606	-0.394
	0.100	—	0.085	-0.053	-0.040	-0.040	-0.053	0.447	-0.553 / 0.013	0.013 / 0.500	-0.500 / -0.013	-0.013 / 0.553	-0.447
	—	0.079	—	-0.053	-0.040	-0.040	-0.053	-0.053	-0.053 / 0.513	-0.487 / 0	0 / 0.487	-0.513 / 0.053	0.053

（续）

荷载图	跨内最大弯矩			支座弯矩				剪　力					
	M_1	M_2	M_3	M_B	M_C	M_D	M_E	V_A	V_{Bl} / V_{Br}	V_{Cl} / V_{Cr}	V_{Dl} / V_{Dr}	V_{El} / V_{Er}	V_F
	0.073	②0.059 / 0.078	—	-0.119	-0.022	-0.044	-0.051	0.380	-0.620 / 0.598	-0.402 / -0.023	-0.023 / 0.493	-0.507 / 0.052	0.052
	①— / 0.098	0.055	0.064	-0.035	-0.111	-0.020	-0.057	0.035	0.035 / 0.424	0.576 / 0.591	-0.409 / -0.037	-0.037 / 0.557	-0.443
	0.094	—	—	-0.067	0.018	-0.005	0.001	0.433	0.567 / 0.085	0.086 / 0.023	0.023 / 0.006	0.006 / -0.001	0.001
	—	0.074	—	-0.049	-0.054	0.014	-0.004	0.019	-0.049 / 0.496	-0.505 / 0.068	0.068 / -0.018	-0.018 / 0.004	0.004
	—	—	0.072	0.013	0.053	0.053	0.013	0.013	0.013 / -0.066	-0.066 / 0.500	-0.500 / 0.066	0.066 / -0.013	0.013
	0.053	0.026	0.034	-0.066	-0.049	0.049	-0.066	0.184	-0.316 / 0.266	-0.234 / 0.250	-0.250 / 0.234	-0.266 / 0.316	0.184
	0.067	—	0.059	-0.033	-0.025	-0.025	0.033	0.217	0.283 / 0.008	0.008 / 0.250	-0.250 / -0.006	-0.008 / 0.283	0.217

（续）

荷载图	跨内最大弯矩			支座弯矩				剪　力					
	M_1	M_2	M_3	M_B	M_C	M_D	M_E	V_A	V_{Bl} / V_{Br}	V_{Cl} / V_{Cr}	V_{Dl} / V_{Dr}	V_{El} / V_{Er}	V_F
	—	0.055	—	-0.033	-0.025	-0.025	-0.033	0.033	-0.033 / 0.258	-0.242 / 0	0 / 0.242	-0.258 / 0.033	0.033
	0.049	②0.041 / 0.053	—	-0.075	-0.014	-0.028	-0.032	0.175	0.325 / 0.311	-0.189 / -0.014	-0.014 / 0.246	-0.255 / 0.032	0.032
	①— / 0.066	0.039	0.044	-0.022	-0.070	-0.013	-0.036	-0.022	-0.022 / 0.202	-0.298 / 0.307	-0.198 / -0.028	-0.023 / 0.286	-0.214
	0.063	—	—	-0.042	0.011	-0.003	0.001	0.208	-0.292 / 0.053	0.053 / -0.014	-0.014 / 0.004	0.004 / -0.001	-0.001
	—	0.051	—	-0.031	-0.034	0.009	-0.002	-0.031	-0.031 / 0.247	-0.253 / 0.043	0.049 / -0.011	-0.011 / 0.002	0.002
	—	—	0.050	0.008	-0.033	-0.033	0.008	0.008	0.008 / -0.041	-0.041 / 0.250	-0.250 / 0.041	0.041 / -0.008	-0.008
	0.171	0.112	0.132	-0.158	-0.118	-0.118	-0.158	0.342	-0.658 / 0.540	-0.460 / 0.500	-0.500 / 0.460	-0.540 / 0.658	-0.342

（续）

荷载图	跨内最大弯矩			支座弯矩				剪　力					
	M_1	M_2	M_3	M_B	M_C	M_D	M_E	V_A	V_{Bl} / V_{Br}	V_{Cl} / V_{Cr}	V_{Dl} / V_{Dr}	V_{El} / V_{Er}	V_F
	0.211	—	0.191	−0.079	−0.059	−0.059	−0.079	0.421	−0.579 / 0.020	0.020 / 0.500	−0.500 / −0.020	−0.020 / 0.579	−0.421
	—	0.181	—	−0.079	−0.059	−0.059	−0.079	−0.079	−0.079 / 0.520	−0.480 / 0	0 / 0.480	−0.520 / 0.079	0.079
	0.160	②$\dfrac{0.144}{0.178}$	—	−0.179	−0.032	−0.066	−0.077	0.321	−0.679 / 0.647	−0.353 / −0.034	−0.034 / 0.489	−0.511 / 0.077	0.077
	①$\dfrac{—}{0.207}$	0.140	0.151	−0.052	−0.167	−0.031	−0.086	−0.052	−0.052 / 0.385	−0.615 / 0.637	−0.363 / −0.056	−0.056 / 0.586	−0.414
	0.200	—	—	−0.100	0.027	−0.007	0.002	0.400	−0.600 / 0.127	0.127 / −0.031	−0.034 / 0.009	0.009 / −0.002	−0.002
	—	0.173	—	−0.073	−0.081	0.022	−0.005	−0.073	−0.073 / 0.493	−0.507 / 0.102	0.102 / −0.027	−0.027 / 0.005	0.005
	—	—	0.171	0.020	−0.079	−0.079	0.020	0.020	0.020 / −0.099	−0.099 / 0.500	−0.500 / 0.099	0.099 / −0.020	−0.020

（续）

荷载图	跨内最大弯矩			支座弯矩				剪　力					
	M_1	M_2	M_3	M_B	M_C	M_D	M_E	V_A	V_{Bl} / V_{Br}	V_{Cl} / V_{Cr}	V_{Dl} / V_{Dr}	V_{El} / V_{Er}	V_F
(GG GG GG GG GG 均布荷载)	0.240	0.100	0.122	−0.281	−0.211	0.211	−0.281	0.719	−1.281 / 1.070	−0.930 / 1.000	−1.000 / 0.930	1.070 / 1.281	−0.719
(QQ QQ)	0.287	—	0.228	−0.140	−0.105	−0.105	−0.140	0.860	−1.140 / 0.035	0.035 / 1.000	1.000 / −0.035	−0.035 / 1.140	−0.860
(QQ QQ)	—	0.216	—	−0.140	−0.105	−0.105	−0.140	−0.140	−0.140 / 1.035	−0.965 / 0	0.000 / 0.965	−1.035 / 0.140	0.140
(QQ QQ QQ)	0.227	②0.189 / 0.209	—	−0.319	−0.057	−0.118	−0.137	0.681	−1.319 / 1.262	−0.738 / −0.061	−0.061 / 0.981	−1.019 / 0.137	0.137
(QQ)	①— / 0.282	0.172	0.198	−0.093	−0.297	−0.054	−0.153	−0.093	−0.093 / 0.796	−1.204 / 1.243	−0.757 / −0.099	−0.099 / 1.153	−0.847
(QQ)	0.274	—	—	−0.179	0.048	−0.013	0.003	0.821	−1.179 / 0.227	0.227 / −0.061	−0.061 / 0.016	0.016 / −0.003	−0.003
(单点)	—	0.198	—	−0.131	−0.144	0.038	−0.010	−0.131	−0.131 / 0.987	−1.031 / 0.182	0.182 / −0.048	−0.048 / 0.010	0.010
(QQ)	—	—	0.193	0.035	−0.140	−0.140	0.035	0.035	0.035 / −0.175	−0.175 / 1.000	−1.000 / 0.175	0.175 / −0.035	−0.035

注：1. 分子分母分别为 M_1 及 M_5 的弯矩系数。
2. 分子及分母分别为 M_2 及 M_4 的弯矩系数。

附表17 按弹性理论计算矩形双向板在均布荷载作用下的弯矩系数表

一、符号说明

M_x、$M_{x,max}$——分别为平行于 l_x 方向板中心点弯矩和板跨内的最大弯矩；

M_y、$M_{y,max}$——分别为平行于 l_y 方向板中心点弯矩和板跨内的最大弯矩；

M_x^0——固定边中点沿 l_x 方向的弯矩；

M_y^0——固定边中点沿 l_y 方向的弯矩；

M_{0x}——平行于 l_x 方向自由边的中点弯矩；

M_{0x}^0——平行于 l_x 方向自由边上固定端的支座弯矩。

代表固定边   代表简支边   代表自由边

二、计算公式

$$弯矩 = 表中系数 \times ql_x^2$$

式中 q——作用在双向板上的均布荷载；

l_x——板跨，见表中插图所示。

表中弯矩系数均为单位板宽的弯矩系数。表中系数为泊松比 $v = 1/6$ 时求得的，适于钢筋混凝土板。表中系数是根据1975年版《建筑结构静力计算手册》中 $v = 0$ 的弯矩系数表，通过换算公式 $M_x^{(v)} = M_x^{(0)} + vM_y^{(0)}$ 及 $M_y^{(v)} = M_y^{(0)} + vM_x^{(0)}$ 得出的。表中 $M_{x,max}$ 及 $M_{y,max}$ 也按上列换算公式求得，但由于板内两个方向的跨内最大弯矩一般并不在同一点，因此，由上式求得的 $M_{x,max}$ 及 $M_{y,max}$ 仅为比实际弯矩偏大的近似值。

边界条件	(1)四边简支		(2)三边简支、一边固定				
l_x/l_y	M_x	M_y	M_x	$M_{x,max}$	M_y	$M_{y,max}$	M_y^0
0.50	0.0994	0.0335	0.0914	0.0930	0.0352	0.0397	− 0.1215
0.55	0.0927	0.0359	0.0832	0.0846	0.0371	0.0405	− 0.1193
0.60	0.0860	0.0379	0.0752	0.0765	0.0386	0.0409	− 0.116
0.65	0.0795	0.0396	0.0676	0.0688	0.0396	0.0412	− 0.1133
0.70	0.0732	0.0410	0.0604	0.0616	0.0400	0.0417	− 0.1096
0.75	0.0673	0.0420	0.0538	0.0519	0.0400	0.0417	0.1056
0.80	0.0617	0.0428	0.0478	0.0490	0.0397	0.0415	0.1014
0.85	0.0564	0.0432	0.0425	0.0436	0.0391	0.0410	− 0.0970
0.90	0.0516	0.0434	0.0377	0.0388	0.0382	0.402	− 0.0926
0.95	0.0471	0.0432	0.0334	0.0345	0.0371	0.0393	− 0.0882
1.00	0.0429	0.0429	0.0296	0.0306	0.0360	0.0388	− 0.0839
边界条件	(2)三边简支、一边固定			(3)两对边简支、两对边固定			

（续）

l_x/l_y	M_x	$M_{x,max}$	M_y	$M_{y,max}$	M_x^0	M_x	M_y	M_y^0
0.50	0.0593	0.0657	0.0157	0.0171	-0.1212	0.0837	0.0367	-0.1191
0.55	0.0577	0.0633	0.0175	0.0190	-0.1187	0.0743	0.0383	0.1156
0.60	0.0556	0.0608	0.0194	0.0209	-0.1158	0.0653	0.0393	-0.1114
0.65	0.0534	0.0581	0.0212	0.0226	-0.1124	0.0569	0.0394	-0.1066
0.70	0.0510	0.0555	0.0229	0.0242	-1.1087	0.0494	0.0392	-0.1031
0.75	0.0485	0.0525	0.0244	0.0257	-0.1048	0.0428	0.0383	0.0959
0.80	0.0459	0.0495	0.0258	0.0270	-0.1007	0.0369	0.0372	-0.0904
0.85	0.0434	0.0466	0.0271	0.0283	-0.0965	0.0318	0.0358	-0.0850
0.90	0.0409	0.0438	0.0281	0.0293	-0.0922	0.0275	0.0343	-0.0767
0.95	0.0384	0.0409	0.0290	0.0301	-0.0880	0.0238	0.0328	-0.0746
1.00	0.0360	0.0388	0.0296	0.0306	-0.0839	0.0206	0.0311	-0.0698

边界条件	（3）两对边简支、两对边固定				（4）两邻边简支、两邻边固定			

l_x/l_y	M_x	M_y	M_x^0	M_x	$M_{x,max}$	M_y	$M_{y,max}$	M_x^0	M_y^0
0.50	0.0419	0.0086	-0.0843	0.0572	0.0584	0.0172	0.0229	-0.1179	-0.0786
0.55	0.0415	0.0096	-0.0840	0.0546	0.0556	0.0192	0.0241	-0.1140	-0.0785
0.60	0.0409	0.0109	-0.0834	0.0518	0.0526	0.0212	0.0252	-0.1095	-0.0782
0.65	0.0402	0.0122	-0.0826	0.0486	0.0496	0.0228	0.0261	-0.1045	-0.0777
0.70	0.0391	0.0135	-0.0814	0.0455	0.0465	0.0243	0.0267	-0.0992	-0.0770
0.75	0.0381	0.0149	-0.0799	0.0422	0.0430	0.0254	0.0272	-0.0938	-0.0760
0.80	0.0368	0.0162	-0.0782	0.0390	0.0397	0.0263	0.0278	-0.0883	-0.0748
0.85	0.0355	0.0174	-0.0763	0.0358	0.0366	0.0269	0.0284	-0.0829	-0.0733
0.90	0.0341	0.0186	-0.0743	0.0328	0.0337	0.0273	0.0288	-0.0776	-0.0716
0.95	0.0326	0.0196	-0.0721	0.0299	0.0308	0.0273	0.0289	-0.0726	-0.0698
1.00	0.0311	0.0206	-0.0698	0.0273	0.0281	0.0273	0.0289	-0.0677	-0.0677

边界条件	（5）一边简支、三边固定								

l_x/l_y	M_x	$M_{x,max}$	M_y	$M_{y,max}$	M_x^0	M_y^0	M_x	$M_{x,max}$	M_y
0.50	0.0413	0.0424	0.0096	0.0157	-0.0836	-0.0569	0.0551	0.0605	0.0188
0.55	0.0405	0.0415	0.0108	0.0160	-0.0827	-0.0570	0.0517	0.0563	0.0210
0.60	0.0394	0.0404	0.0123	0.0169	-0.0814	-0.0571	0.0480	0.0520	0.0229
0.65	0.0381	0.0390	0.0137	0.0178	-0.0796	-0.0572	0.0441	0.0476	0.0244
0.70	0.0366	0.0375	0.0151	0.0186	-0.0774	-0.0572	0.0402	0.0433	0.0256
0.75	0.0349	0.0358	0.0164	0.0193	-0.0750	-0.0572	0.0364	0.0390	0.0263
0.80	0.0331	0.0339	0.0176	0.0199	-0.0722	-0.0570	0.0327	0.0348	0.0267
0.85	0.0312	0.0319	0.0186	0.0204	-0.0693	-0.0567	0.0293	0.0312	0.0268
0.90	0.0295	0.0300	0.0201	0.0209	-0.0663	-0.0563	0.0261	0.0277	0.0265
0.95	0.0274	0.0281	0.0204	0.0214	-0.0631	-0.0558	0.0232	0.0246	0.0261
1.00	0.0255	0.0261	0.0206	0.0219	-0.0600	-0.0500	0.0206	0.0219	0.0255

（续）

| 边界条件 | (5)一边简支、三边固定 | | (6)四边固定 | | | | |

l_x/l_y	$M_{y,max}$	M_y^0	M_x^0	M_x	M_y	M_x^0	M_y^0
0.50	0.0201	-0.0784	-0.1146	0.0406	0.0105	-0.0829	-0.0570
0.55	0.0223	-0.0780	-0.1093	0.0394	0.0120	-0.0814	-0.0571
0.60	0.0242	-0.0773	-0.1033	0.0380	0.0137	-0.0793	-0.0571
0.65	0.0256	-0.0762	-0.0970	0.0361	0.0152	-0.0766	-0.0571
0.70	0.0267	-0.0748	-0.0903	0.0340	0.0167	-0.0735	-0.0569
0.75	0.0273	-0.0729	-0.0837	0.0318	0.0179	-0.0701	-0.0565
0.80	0.0267	-0.0707	-0.0772	0.0295	0.0189	-0.0664	0.0559
0.85	0.0277	-0.0683	-0.0711	0.0272	0.0197	-0.0626	-0.0551
0.90	0.0273	-0.0656	-0.0653	0.0249	0.0202	-0.0588	-0.0541
0.95	0.0269	-0.0629	-0.0599	0.0227	0.0205	-0.0550	-0.0528
1.00	0.0261	-0.0600	-0.0550	0.0205	0.0205	-0.0513	-0.0513

| 边界条件 | (7)三边固定、一边自由 | | | | | |

l_x/l_y	M_x	M_y	M_x^0	M_y^0	M_{0x}	M_{0x}^0
0.30	0.0018	-0.0039	-0.0135	-0.0344	0.0068	-0.0345
0.35	0.0039	-0.0026	-0.0179	-0.0406	0.0112	-0.0432
0.40	0.0063	0.0008	-0.0227	-0.0454	0.0160	-0.0506
0.45	0.0090	0.0014	-0.0275	-0.0489	0.0207	-0.0564
0.50	0.0166	0.0034	-0.0322	-0.0513	0.0250	-0.0607
0.55	0.0142	0.0054	-0.0368	-0.0530	0.0288	-0.0635
0.60	0.0166	0.0072	-0.0412	0.0541	0.0320	-0.0652
0.65	0.0188	0.0087	-0.0453	-0.0548	0.0347	-0.0661
0.70	0.0209	0.0100	-0.0490	0.0553	0.0368	-0.0663
0.75	0.0228	0.0111	-0.0526	0.0557	0.0385	-0.0661
0.80	0.0246	0.0119	-0.0558	-0.0560	0.0399	-0.0656
0.85	0.0262	0.0125	-0.558	-0.0562	0.0409	-0.0651
0.90	0.0277	0.0129	-0.0615	-0.0563	0.0417	-0.0644
0.95	0.0291	0.0132	-0.0639	-0.0564	0.0422	-0.0638
1.00	0.0304	0.0133	-0.0662	-0.0565	0.0427	-0.0632
1.10	0.0327	0.0133	-0.0701	-0.0566	0.0431	-0.0623
1.20	0.0345	0.0130	-0.0732	-0.0567	0.0433	-0.0617
1.30	0.0368	0.0125	-0.0758	-0.0568	0.0434	-0.0614
1.40	0.0380	0.0119	-0.0778	-0.0568	0.0433	-0.0614
1.50	0.0390	0.0113	0.0794	0.0569	0.0433	0.0616
1.75	0.0405	0.0099	-0.0819	-0.0569	0.0431	-0.0625
2.00	0.0413	0.0087	-0.0832	-0.0569	0.0431	-0.0637

附表18 钢筋混凝土结构伸缩缝最大间距 （单位：m）

结构类别		室内或土中	露 天
排架结构	装配式	100	70
框架结构	装配式	75	50
	现浇式	55	35
剪力墙结构	装配式	65	40
	现浇式	45	30
挡土墙、地下室墙壁等类结构	装配式	40	30
	现浇式	30	20

注：1. 装配整体式结构房屋的伸缩缝间距宜按表中现浇式的数值取用。

2. 框架-剪力墙结构或框架-核心筒结构房屋的伸缩缝间距可根据结构的具体布置情况取表中框架结构与剪力墙结构之间的数值。

3. 当屋面无保温或隔热措施时；框架结构剪力墙结构的伸缩继间距，宜按表中露天栏的数值取用。

4. 现浇挑檐、雨罩等外露结构的伸缩缝间距不宜大于12m。

5. 对下列情况表中的伸缩缝最大间距宜适当减小：

（1）柱高（从基础顶面算起）低于8m的排架结构。

（2）屋面无保温或隔热措施的排架结构。

（3）位于气候干燥地区夏季炎热且暴雨频繁地区的结构或经常处于高温作用下的结构。

（4）采用滑模类施工工艺的剪力墙结构。

（5）材料收缩较大室内结构因施工外露时间较长等。

6. 对下列情况如有充分依据和可靠措施表中的伸缩缝最大间距可适当增大。

（1）混凝土浇筑采用后浇带分段施工。

（2）采用专门的预加应力措施。

（3）采取能减小混凝土温度变化或收缩的措施，当增大伸缩缝间距时尚应考虑温度变化和混凝土收缩对结构的影响。

7. 具有独立基础的排架框架结构当设置伸缩缝时其双柱基础可不断开。

附表19 规则框架承受均布水平作用时标准反弯点高度比 y_0 值

m	$\overline{K}$ \\ n	0.1	0.2	0.3	0.4	0.5	0.6	0.7	0.8	0.9	1.0	2.0	3.0	4.0	5.0
1	1	0.80	0.75	0.70	0.65	0.65	0.60	0.60	0.60	0.60	0.55	0.55	0.55	0.55	0.55
2	2	0.45	0.40	0.35	0.35	0.35	0.35	0.40	0.40	0.40	0.40	0.45	0.45	0.45	0.45
	1	0.95	0.80	0.75	0.70	0.65	0.65	0.65	0.60	0.60	0.60	0.55	0.55	0.55	0.50
3	3	0.15	0.20	0.20	0.25	0.30	0.30	0.30	0.35	0.35	0.35	0.40	0.45	0.45	0.45
	2	0.55	0.50	0.45	0.45	0.45	0.45	0.45	0.45	0.45	0.45	0.50	0.50	0.50	0.50
	1	1.00	0.85	0.80	0.75	0.70	0.70	0.65	0.65	0.65	0.60	0.55	0.55	0.55	0.55
4	4	−0.05	0.05	0.15	0.20	0.25	0.30	0.30	0.35	0.35	0.35	0.40	0.45	0.45	0.45
	3	0.25	0.30	0.30	0.35	0.35	0.40	0.40	0.40	0.40	0.40	0.45	0.50	0.50	0.50
	2	0.65	0.55	0.50	0.50	0.45	0.45	0.45	0.45	0.45	0.45	0.50	0.50	0.50	0.50
	1	1.10	0.90	0.80	0.75	0.70	0.70	0.65	0.65	0.65	0.60	0.55	0.55	0.55	0.55
5	5	−0.20	0.00	0.15	0.20	0.25	0.30	0.30	0.30	0.35	0.35	0.40	0.45	0.45	0.45
	4	0.10	0.20	0.25	0.30	0.35	0.35	0.40	0.40	0.40	0.40	0.45	0.50	0.50	0.50
	3	0.40	0.40	0.40	0.40	0.40	0.45	0.45	0.45	0.45	0.45	0.50	0.50	0.50	0.50
	2	0.65	0.55	0.50	0.50	0.50	0.50	0.50	0.50	0.50	0.50	0.50	0.50	0.50	0.50
	1	1.20	0.95	0.80	0.75	0.75	0.70	0.70	0.65	0.65	0.65	0.55	0.55	0.55	0.55

（续）

m	n	0.1	0.2	0.3	0.4	0.5	0.6	0.7	0.8	0.9	1.0	2.0	3.0	4.0	5.0
6	6	-0.30	0.00	0.10	0.20	0.25	0.25	0.30	0.30	0.35	0.35	0.40	0.45	0.45	0.45
	5	0.00	0.20	0.25	0.30	0.35	0.35	0.40	0.40	0.40	0.40	0.45	0.45	0.50	0.50
	4	0.20	0.30	0.35	0.35	0.40	0.40	0.40	0.45	0.45	0.45	0.45	0.50	0.50	0.50
	3	0.40	0.40	0.40	0.45	0.45	0.45	0.45	0.45	0.45	0.45	0.50	0.50	0.50	0.50
	2	0.70	0.60	0.55	0.50	0.50	0.50	0.50	0.50	0.50	0.50	0.50	0.50	0.50	0.50
	1	1.20	0.95	0.85	0.80	0.75	0.70	0.70	0.65	0.65	0.65	0.55	0.55	0.55	0.55
7	7	-0.35	-0.05	0.10	0.20	0.20	0.25	0.30	0.30	0.35	0.35	0.40	0.45	0.45	0.45
	6	-0.10	0.15	0.25	0.30	0.35	0.35	0.35	0.40	0.40	0.40	0.45	0.45	0.50	0.50
	5	0.10	0.25	0.30	0.35	0.40	0.40	0.40	0.45	0.45	0.45	0.45	0.50	0.50	0.50
	4	0.30	0.35	0.40	0.40	0.40	0.45	0.45	0.45	0.45	0.45	0.50	0.50	0.50	0.50
	3	0.50	0.45	0.45	0.45	0.45	0.45	0.45	0.45	0.45	0.50	0.50	0.50	0.50	0.50
	2	0.75	0.60	0.55	0.50	0.50	0.50	0.50	0.50	0.50	0.50	0.50	0.50	0.50	0.50
	1	1.20	0.95	0.85	0.80	0.75	0.70	0.70	0.65	0.65	0.65	0.55	0.55	0.55	0.55
8	8	-0.35	-0.15	0.10	0.15	0.25	0.25	0.30	0.30	0.35	0.35	0.40	0.45	0.45	0.45
	7	-0.10	0.15	0.25	0.30	0.35	0.35	0.40	0.40	0.40	0.40	0.45	0.50	0.50	0.50
	6	0.05	0.25	0.30	0.35	0.40	0.40	0.40	0.45	0.45	0.45	0.45	0.50	0.50	0.50
	5	0.20	0.30	0.35	0.40	0.40	0.45	0.45	0.45	0.45	0.45	0.50	0.50	0.50	0.50
	4	0.35	0.40	0.40	0.45	0.45	0.45	0.45	0.45	0.45	0.45	0.50	0.50	0.50	0.50
	3	0.50	0.45	0.45	0.45	0.45	0.45	0.45	0.45	0.50	0.50	0.50	0.50	0.50	0.50
	2	0.75	0.60	0.55	0.55	0.50	0.50	0.50	0.50	0.50	0.50	0.50	0.50	0.50	0.50
	1	1.20	1.00	0.85	0.80	0.75	0.70	0.70	0.65	0.65	0.65	0.55	0.55	0.55	0.55
9	9	-0.40	-0.05	0.10	0.20	0.25	0.25	0.30	0.30	0.35	0.35	0.45	0.45	0.45	0.45
	8	-0.15	0.15	0.25	0.30	0.35	0.35	0.35	0.40	0.40	0.40	0.45	0.45	0.50	0.50
	7	0.05	0.25	0.30	0.35	0.40	0.40	0.40	0.45	0.45	0.45	0.45	0.50	0.50	0.50
	6	0.15	0.30	0.35	0.40	0.40	0.45	0.45	0.45	0.45	0.45	0.50	0.50	0.50	0.50
	5	0.25	0.35	0.40	0.40	0.45	0.45	0.45	0.45	0.45	0.45	0.50	0.50	0.50	0.50
	4	0.40	0.40	0.40	0.45	0.45	0.45	0.45	0.45	0.45	0.45	0.50	0.50	0.50	0.50
	3	0.55	0.45	0.45	0.45	0.45	0.45	0.45	0.45	0.50	0.50	0.50	0.50	0.50	0.50
	2	0.80	0.65	0.55	0.55	0.50	0.50	0.50	0.50	0.50	0.50	0.50	0.50	0.50	0.50
	1	1.20	1.00	0.85	0.80	0.75	0.70	0.70	0.65	0.65	0.65	0.55	0.55	0.55	0.55
10	10	-0.40	-0.05	0.10	0.20	0.25	0.30	0.30	0.30	0.35	0.35	0.40	0.45	0.45	0.45
	9	-0.15	0.15	0.25	0.30	0.35	0.35	0.40	0.40	0.40	0.40	0.45	0.45	0.50	0.50
	8	0.00	0.25	0.30	0.35	0.40	0.40	0.40	0.45	0.45	0.45	0.45	0.50	0.50	0.50
	7	0.10	0.30	0.35	0.40	0.40	0.45	0.45	0.45	0.45	0.45	0.50	0.50	0.50	0.50
	6	0.20	0.35	0.40	0.40	0.45	0.45	0.45	0.45	0.45	0.45	0.50	0.50	0.50	0.50
	5	0.30	0.40	0.40	0.45	0.45	0.45	0.45	0.45	0.45	0.50	0.50	0.50	0.50	0.50
	4	0.40	0.40	0.45	0.45	0.45	0.45	0.45	0.45	0.45	0.50	0.50	0.50	0.50	0.50
	3	0.55	0.50	0.45	0.45	0.45	0.50	0.50	0.50	0.50	0.50	0.50	0.50	0.50	0.50
	2	0.80	0.65	0.55	0.55	0.55	0.50	0.50	0.50	0.50	0.50	0.50	0.50	0.50	0.50
	1	1.30	1.00	0.85	0.80	0.75	0.70	0.70	0.65	0.65	0.65	0.60	0.55	0.55	0.55
11	11	-0.40	0.05	0.10	0.20	0.25	0.30	0.30	0.30	0.35	0.35	0.40	0.45	0.45	0.45
	10	-0.15	0.15	0.25	0.30	0.35	0.35	0.40	0.40	0.40	0.40	0.45	0.45	0.50	0.50
	9	0.00	0.25	0.30	0.35	0.40	0.40	0.40	0.45	0.45	0.45	0.45	0.50	0.50	0.50
	8	0.10	0.30	0.35	0.40	0.40	0.45	0.45	0.45	0.45	0.45	0.50	0.50	0.50	0.50
	7	0.20	0.35	0.40	0.45	0.45	0.45	0.45	0.45	0.45	0.45	0.50	0.50	0.50	0.50
	6	0.25	0.35	0.40	0.45	0.45	0.45	0.45	0.45	0.45	0.45	0.50	0.50	0.50	0.50
	5	0.35	0.40	0.40	0.45	0.45	0.45	0.45	0.45	0.45	0.50	0.50	0.50	0.50	0.50
	4	0.40	0.45	0.45	0.45	0.45	0.45	0.45	0.50	0.50	0.50	0.50	0.50	0.50	0.50
	3	0.55	0.50	0.50	0.50	0.50	0.50	0.50	0.50	0.50	0.50	0.50	0.50	0.50	0.50
	2	0.80	0.65	0.60	0.55	0.55	0.50	0.50	0.50	0.50	0.50	0.50	0.50	0.50	0.50
	1	1.30	1.00	0.85	0.80	0.75	0.70	0.70	0.65	0.65	0.65	0.60	0.55	0.55	0.55

参 考 文 献

[1] 中国建筑科学研究院. GB 50009—2012 建筑结构荷载规范[S]. 北京：中国建筑工业出版社，2006.
[2] 中国建筑科学研究院. GB 50010—2010 混凝土结构设计规范[S]. 北京：中国建筑工业出版社，2002.
[3] 中国建筑工业出版社. 一、二级注册结构工程师必备规范汇编[M]. 北京：中国建筑工业出版社，2004.
[4] 王铁成. 混凝土结构基本构件设计原理[M]. 北京：中国建材工业出版社，2002.
[5] 宗兰，宋群. 建筑结构：上册[M]. 北京：机械工业出版社，2003.
[6] 丁天庭. 建筑结构[M]. 北京：高等教育出版社，2003.
[7] 林宗凡. 建筑结构原理与设计[M]. 北京：高等教育出版社，2002.
[8] 彭明，王建伟. 建筑结构[M]. 郑州：黄河水利出版社，2004.
[9] 侯治国，周绥平. 建筑结构[M]. 武汉：武汉理工大学出版社，2004.
[10] 刘丽华，王晓天. 建筑力学与建筑结构[M]. 北京：中国电力出版社，2004.
[11] 郭继武，龚伟. 建筑结构：上册[M]. 北京：中国建筑工业出版社，1991.
[12] 邓雪松，王晖. 《混凝土结构》学习指导及案例分析[M]. 武汉：武汉理工大学出版社，2005.
[13] 张丽华. 混凝土结构[M]. 北京：科学出版社，2002.
[14] 陶红林. 建筑结构[M]. 北京：化学工业出版社，2002.
[15] 张学宏. 建筑结构[M]. 2 版. 北京：中国建筑工业出版社，2004.
[16] 沈蒲生，罗国强，熊丹安. 混凝土结构：下册[M]. 4 版. 北京：中国建筑工业出版社，2004.
[17] 罗向荣. 钢筋混凝土结构[M]. 北京：高等教育出版社，2003.
[18] 张丽华. 混凝土结构[M]. 北京：科学出版社，2001.

教材使用调查问卷

尊敬的老师：

您好！欢迎您使用机械工业出版社出版的"高职高专土建类专业规划教材"，为了进一步提高我社教材的出版质量，更好地为我国教育发展服务，欢迎您对我社的教材多提宝贵的意见和建议。敬请您留下您的联系方式，我们将向您提供周到的服务，向您赠阅我们最新出版的教学用书、电子教案及相关图书资料。

本调查问卷复印有效，请您通过以下方式返回：

邮寄：北京市西城区百万庄大街 22 号机械工业出版社建筑分社（100037）

　　　张荣荣　（收）

传真：010-68994437（张荣荣收）　　　Email：r.r.00@163.com

一、基本信息

姓名：＿＿＿＿＿＿职称：＿＿＿＿＿＿＿＿＿＿职务：＿＿＿＿＿＿＿＿＿＿

所在单位：＿＿＿＿＿＿＿＿＿＿＿＿＿＿＿＿＿＿＿＿＿＿＿＿＿＿＿＿＿＿

任教课程：＿＿＿＿＿＿＿＿＿＿＿＿＿＿＿＿＿＿＿＿＿＿＿＿＿＿＿＿＿＿

邮编：＿＿＿＿＿＿＿＿＿＿地址：＿＿＿＿＿＿＿＿＿＿＿＿＿＿＿＿＿＿

电话：＿＿＿＿＿＿＿＿＿＿电子邮件：＿＿＿＿＿＿＿＿＿＿＿＿＿＿＿＿

二、关于教材

1. 贵校开设土建类哪些专业？

□建筑工程技术　　　　　□建筑装饰工程技术　　　　□工程监理　　　　　□工程造价

□房地产经营与估价　　　□物业管理　　　　　　　　□市政工程

2. 您使用的教学手段：　□传统板书　□多媒体教学　　□网络教学

3. 您认为还应开发哪些教材或教辅用书？＿＿＿＿＿＿＿＿＿＿＿＿＿＿＿＿＿

4. 您是否愿意参与教材编写？希望参与哪些教材的编写？

课程名称：＿＿＿＿＿＿＿＿＿＿＿＿＿＿＿＿＿＿＿＿＿＿＿＿＿＿＿＿＿

形式：　□纸质教材　　□实训教材（习题集）　　□多媒体课件

5. 您选用教材比较看重以下哪些内容？

□作者背景　　□教材内容及形式　　□有案例教学　　□配有多媒体课件

□其他＿＿＿＿＿＿＿＿＿＿＿＿＿＿＿＿＿＿＿＿＿＿＿＿＿＿＿＿＿＿＿

三、您对本书的意见和建议（欢迎您指出本书的疏误之处）＿＿＿＿＿＿＿＿

＿＿＿＿＿＿＿＿＿＿＿＿＿＿＿＿＿＿＿＿＿＿＿＿＿＿＿＿＿＿＿＿＿＿＿

＿＿＿＿＿＿＿＿＿＿＿＿＿＿＿＿＿＿＿＿＿＿＿＿＿＿＿＿＿＿＿＿＿＿＿

＿＿＿＿＿＿＿＿＿＿＿＿＿＿＿＿＿＿＿＿＿＿＿＿＿＿＿＿＿＿＿＿＿＿＿

四、您对我们的其他意见和建议＿＿＿＿＿＿＿＿＿＿＿＿＿＿＿＿＿＿＿＿

＿＿＿＿＿＿＿＿＿＿＿＿＿＿＿＿＿＿＿＿＿＿＿＿＿＿＿＿＿＿＿＿＿＿＿

＿＿＿＿＿＿＿＿＿＿＿＿＿＿＿＿＿＿＿＿＿＿＿＿＿＿＿＿＿＿＿＿＿＿＿

请与我们联系：

100037　北京百万庄大街 22 号

机械工业出版社·建筑分社　张荣荣　收

Tel：010—88379777（O），68994437（Fax）

E-mail：r.r.00@163.com

http://www.cmpedu.com（机械工业出版社·教材服务网）

http://www.cmpbook.com（机械工业出版社·门户网）

http://www.golden-book.com（中国科技金书网·机械工业出版社旗下网站）